Linux 操作系统应用——Ubuntu 项目式教程

主　　编　郑艳森

副 主 编　骆旭坤　赖伟骏　戴宝燕

主　　审　刘凯旋

北京理工大学出版社
BEIJING INSTITUTE OF TECHNOLOGY PRESS

内 容 简 介

本书带领读者深入探索 Linux 世界，以项目化教学为特色，分为五大模块：Linux 虚拟机安装与连接、Ubuntu 桌面版开发环境搭建、Linux 典型应用项目部署、Linux 网络服务搭建以及综合项目：systemd 管理与应用。每个模块都通过实际项目任务，将 Linux 命令和操作融入其中，层次分明，易于掌握。

本书可用作相关专业的教材和参考书，也可作为相关工程技术人员的参考用书。

版权专有　侵权必究

图书在版编目（CIP）数据

Linux 操作系统应用：Ubuntu 项目式教程 / 郑艳森主编. -- 北京：北京理工大学出版社，2025.5.
ISBN 978 - 7 - 5763 - 5484 - 3

Ⅰ. TP316.85

中国国家版本馆 CIP 数据核字第 20258FV066 号

责任编辑： 钟　博　　　**文案编辑：** 钟　博
责任校对： 刘亚男　　　**责任印制：** 施胜娟

出版发行 / 北京理工大学出版社有限责任公司
社　　址 / 北京市丰台区四合庄路 6 号
邮　　编 / 100070
电　　话 / (010) 68914026（教材售后服务热线）
　　　　　　 (010) 63726648（课件资源服务热线）
网　　址 / http://www.bitpress.com.cn

版 印 次 / 2025 年 5 月第 1 版第 1 次印刷
印　　刷 / 涿州市新华印刷有限公司
开　　本 / 787 mm×1092 mm　1/16
印　　张 / 18.5
字　　数 / 410 千字
定　　价 / 89.00 元

图书出现印装质量问题，请拨打售后服务热线，负责调换

前言

本书是以党的二十大精神为指导，以深化职业教育产教融合理念为目的开发的 Linux 操作系统实践教材。本书贯彻"项目引领、任务驱动"的教学理念，紧扣企业真实工作场景，系统构建五大教学模块——"Linux 虚拟机安装与连接""Ubuntu 桌面版开发环境搭建""Linux 典型应用项目部署""网络服务搭建"以及"综合项目：systemd 管理"。本书采用"做中学、学中做"的职教特色模式，依托 Ubuntu 桌面版、服务器版及云主机三大实践平台，每个模块精心设计 2~3 个企业级典型项目，通过"项目分析""任务分解""任务实施""任务评价""相关知识"等环节渐进推进。这种结构化项目训练体系既能帮助学习者熟练运用 Linux 操作系统进行开发与管理，又能通过真实项目成果体验使学生者获得沉浸式学习成就感，从而有效激发学习内驱力，为适应数字经济时代的技术变革需求奠定坚实的基础。

本书基于黎明职业大学"十四五"校企共建项目，由黎明职业大学郑艳森担任主编，骆旭坤、赖伟骏、戴宝燕担任副主编，黄美璇、林雪萍、陈纯纯、骆惠清、吴少宝参与编写。本书的编者均为长期从事职业教育的一线教师。具体编写分工如下：模块 1 由郑艳森、黄美璇编写，模块 2 的项目 1 和模块 3 的项目 1 由林雪萍编写，模块 2 的项目 2 和模块 3 的项目 2 由郑艳森、骆惠清编写，模块 4 的项目 1 由吴少宝、赖伟骏编写，模块 4 的项目 2、项目 3 由戴宝燕编写，模块 5 的项目 1、项目 2 由陈纯纯、骆旭坤编写，模块 5 的项目 3 由吴少宝编写。全书由郑艳森统稿，由福建国科信息科技有限公司副董事长、高级工程师刘凯旋主审。

本书可作为计算机类、电子信息类等专业 Linux 操作系统等课程的教材，也可作为计算机爱好者的自学参考书。由于编者水平有限，书中难免存在不足之处，敬请广大读者批评指正。

编　者

目 录

模块 1

Linux虚拟机安装与连接

模块导读

在当今的科技领域，Linux 操作系统因其稳定性、可靠性及强大的社区支持而占据重要地位。这个免费且开源的系统不仅在国际云服务巨头如 Amazon Web Services（AWS）、Microsoft Azure 和 Google Cloud Platform 中发挥核心作用，也是国内云服务提供商如阿里云（Alibaba Cloud）、腾讯云（Tencent Cloud）和华为云（Huawei Cloud）的技术基础。随着国产化推进和智能硬件开发的兴起，掌握 Linux 技能变得尤为重要。

对于初学者来说，选择拥有良好软件生态的 Linux 发行版至关重要。Debian、Arch Linux 和 Red Hat 等主流分支提供了成熟的软件仓库和包管理工具，简化了软件的安装和管理。在这些选择中，基于 Debian 的 Ubuntu 是最受欢迎的 Linux 发行版之一，它是免费开源操作系统，用户可以轻松、免费地下载该操作系统。Ubuntu 因其用户友好性和易安装性受到广泛欢迎，它拥有丰富的中文资源和强大的社区支持，兼容多种硬件，能够满足国产化需求。

鉴于 Debian 的稳定性、安全性和对多种硬件架构的支持，它在智能硬件开发中被广泛采用。学习基于 Debian 的 Ubuntu 将为智能硬件开发提供坚实的基础。因此，在当前智能硬件开发国产化的趋势下，选择 Ubuntu 作为 Linux 入门学习的发行版是一个理想的选择。

项目 1 安装 Ubuntu 20.04 虚拟机

项目描述

龙师傅是 IT 公司资深的 Linux 高级运维工程师。小全是 IT 学院的大二学生（下文简称"IT 学员"），他和其他 IT 学员一起参加 IT 学院组织的 IT 学员培训。据负责 IT 学员培训的龙师傅介绍，使用 Ubuntu 可以为学习后续课程和进入企业后进行智能硬件开发项目做准备。

龙师傅给 IT 学员布置的第一个实践项目是在已有的 Windows 操作系统中安装并登录测试 Ubuntu 20.04 的桌面版和服务器版，且有时需要同时运行和使用这 3 个操作系统，同时因为后续 Ubuntu 20.04 桌面版需要安装开发环境，所以需要预留足够的空间。

项目分析

本项目需要用到 Windows、Ubuntu 20.04 桌面版、Ubuntu 20.04 服务器版 3 个不同的操作系统，且有时需要它们能够并发运行和使用。如果采用多系统引导的方法安装 3 个操作系统，则无法达到同时运行这些操作系统的目的，并且频繁地在它们之间进行切换也会显得相当麻烦。那么，应该如何解决这个问题？

解决这个问题的一个很好的办法是在 Windows 操作系统中安装虚拟机软件 VMware，利用 VMware 新建一台虚拟机，安装 Ubuntu 20.04 桌面版，再新建一台虚拟机，安装 Ubuntu 20.04 服务器版，如图 1–1 所示。这样，Windows 宿主机、Ubuntu 20.04 桌面版虚拟机和 Ubuntu 20.04 服务器版虚拟机可以同时使用，实现了不同实验环境的共存。因为后续 Ubuntu 20.04 桌面版需要安装开发环境，需要更大的存储空间，所以可以为 Ubuntu 20.04 桌面版虚拟机准备 40 GB 硬盘空间，为 Ubuntu 20.04 服务器版虚拟机准备 20 GB 硬盘空间。

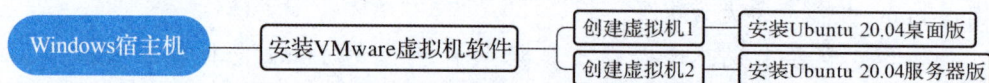

图 1–1 "安装 Ubuntu 20.04 虚拟机" 项目分析

项目任务分解

根据项目分析的结果，可以把本项目分解为图 1–2 所示的 4 个任务。

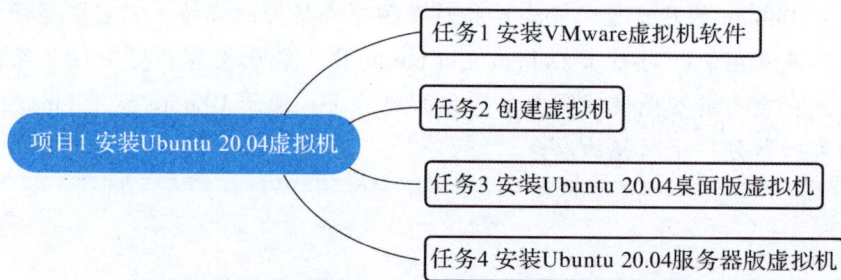

图 1–2 "安装 Ubuntu 20.04 虚拟机" 项目任务分解

项目目标

知识目标

（1）了解虚拟机软件的特点和用途。

（2）了解 Ubuntu 操作系统。

（3）了解安装 VMware 虚拟机软件所需的软/硬件资源及步骤。

（4）了解创建虚拟机的意义。

（5）了解在 VMware 中创建虚拟机的方法。

（6）了解虚拟机的网络连接类型。

（7）了解为虚拟机安装操作系统的方法和步骤。

（8）了解 VMware 导出操作系统 OVA 文件的方法。

技能目标

（1）会安装 VMware 虚拟机软件。

（2）会为 Ubuntu 20.04 桌面版创建虚拟机。

（3）会为 Ubuntu 20.04 服务器版创建虚拟机。

（4）会安装 Ubuntu 20.04 桌面版虚拟机。

（5）能从 VMware 导出 Ubuntu 20.04 桌面版 OVA 文件。

（6）会安装 Ubuntu 20.04 服务器版虚拟机。

（7）能从 VMware 导出 Ubuntu 20.04 服务器版 OVA 文件。

素质目标

（1）通过分析和解决 VMware 虚拟机软件、Ubuntu 操作系统安装和配置过程中可能遇到的常见问题，提高解决问题的能力。

（2）通过团队共同讨论学习，提高团队合作与沟通能力。

（3）在处理虚拟机软件和操作系统时，体现对知识产权和软件授权的尊重，培养专业责任感和道德感。

任务1 安装 VMware 虚拟机软件

【任务分析】

在 Windows 操作系统中安装 VMware 虚拟机软件，主要需要根据计算机的配置，选择合适的 VMware 版本进行安装。

IT 学员使用的计算机大多采用当前主流的配置，可以选择安装 VMware Workstation Pro 16，如果遇到与 VMware Workstation Pro 16 不兼容的情况，可以选择安装 VMware Workstation Pro 15 或 VMware Workstation Pro 12。

【任务准备】

安装 VMware Workstation Pro 16，后续创建一台 Ubuntu 20.04 桌面版虚拟机，用于开发，再创建一台 Ubuntu 20.04 服务器版虚拟机，用于学习服务器功能，需要准备表 1-1 所示的软/硬件资源。

表 1-1 软/硬件资源准备

硬件资源	处理器	使用具有兼容性的处理器，通常建议至少为 Intel 或 AMD 的 x86/x86_64架构。支持虚拟化技术（如 Intel VT-x 或 AMD-V）将提供更好的性能和稳定性

硬件资源	内存	建议至少有 8 GB 的 RAM，更高配置可以提供更好的性能。如果主机内存充足，则可以为虚拟机分配更多内存以提升其响应速度
	硬盘空间	至少需要 40 GB 的可用硬盘空间用于安装 VMware Workstation Pro 16 和后续的虚拟机。考虑到未来的数据存储需求，更大的硬盘空间更为理想
	显卡	确保显卡驱动程序是最新的，以获得最佳的兼容性和性能。虽然本次安装的虚拟机不涉及复杂的图形处理，但更新的驱动程序能保障系统稳定运行
	网络适配器	需要具有兼容性的网络适配器以支持网络连接
软件资源	操作系统	需要具有兼容性的操作系统，如 Windows 10 或更高版本，以及最新补丁和驱动程序
	VMware Workstation Pro 软件包	需要从官方网站下载相应版本的安装包，并确保与操作系统版本兼容
	许可证	在安装过程中需要输入有效的许可证密钥，以激活软件的全部功能

【任务实施】

（1）双击 VMware Workstation Pro 16 安装程序文件 VMwareworkstation.exe，运行安装包，进入安装向导欢迎界面，如图 1-3 所示。

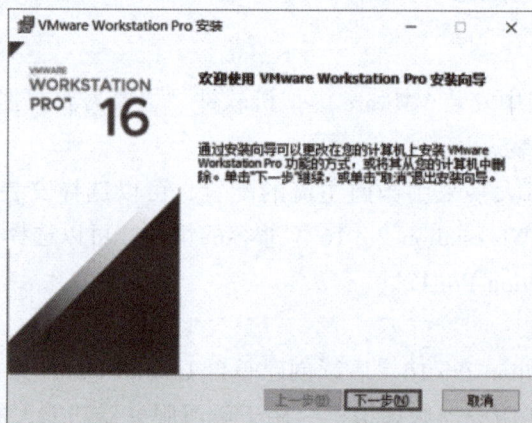

图 1-3 安装向导欢迎界面

小贴士

如果出现需要重启计算机的提示，则单击"yes"按钮，等待计算机重启完成，再次尝试。

（2）在安装向导欢迎界面中，单击"下一步"按钮，进入"最终用户许可协议"界面，如图 1-4 所示，勾选"我接受许可协议中的条款"复选框，再单击"下一步"按钮，进入"自定义安装"界面，如图 1-5 所示。可单击"更改"按钮，在弹出的对话框中选择自定义安装路径，此处使用默认安装路径。"增强型键盘驱动程序"复选框可根据需要勾选。注意勾选"将 VMware Workstation 控制台工具添加到系统 PATH"复选框，之后单击"下一步"按钮。

图 1-4 "最终用户许可协议"界面　　　　图 1-5 "自定义安装"界面

（3）用户体验设置中，所有选项均不选，然后单击"下一步"按钮。

（4）在图 1-6 所示的"快捷方式"界面中，勾选"桌面"和"开始菜单程序文件夹"复选框，然后单击"下一步"按钮。

（5）准备好后单击"安装"按钮开始安装，如图 1-7 所示。

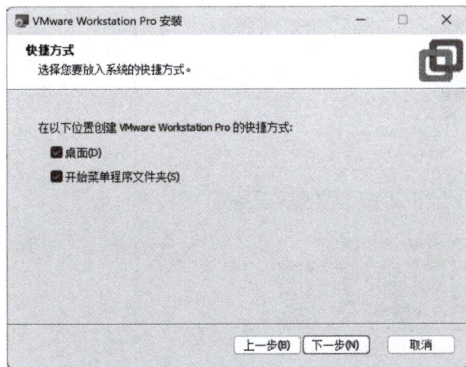

图 1-6 "快捷方式"界面　　　　图 1-7 单击"安装"按钮

（6）等待安装完成后，进入图 1-8 所示界面，可单击"许可证"按钮。如果直接单击"完成"按钮，则之后需要另外激活。

（7）在图 1-9 所示"输入许可证密钥"界面，输入对应版本的许可证密钥，之后单击"输入"按钮。

（8）如果许可证密钥验证通过，则完成安装。

（9）VMware 安装成功后，在"网络连接"界面可以看到多了 VMnet1 和 VMnet8 两张虚拟网卡，如图 1-10 所示。

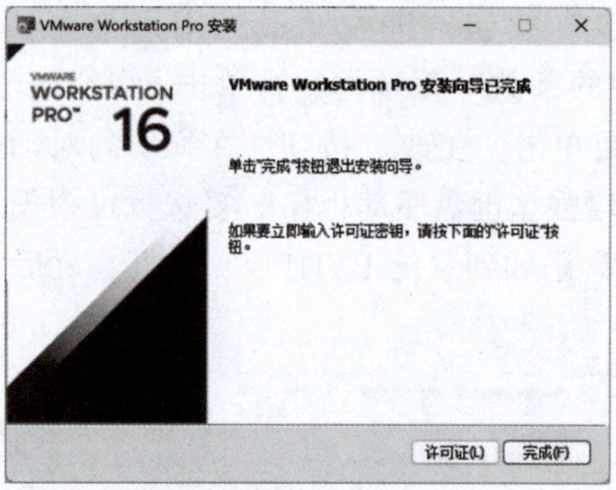

图 1-8　安装完成界面

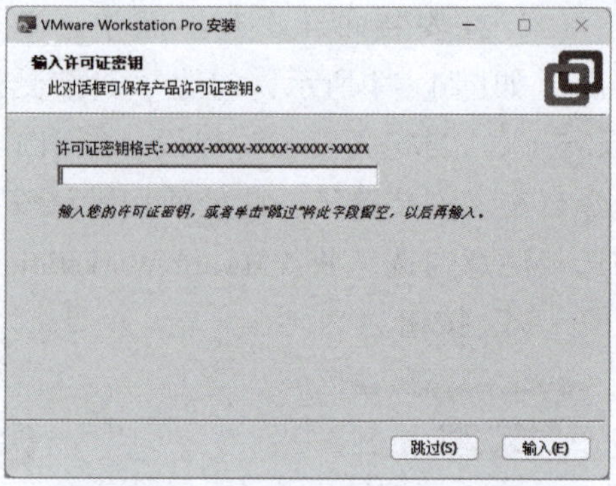

图 1-9　"输入许可证密钥"界面

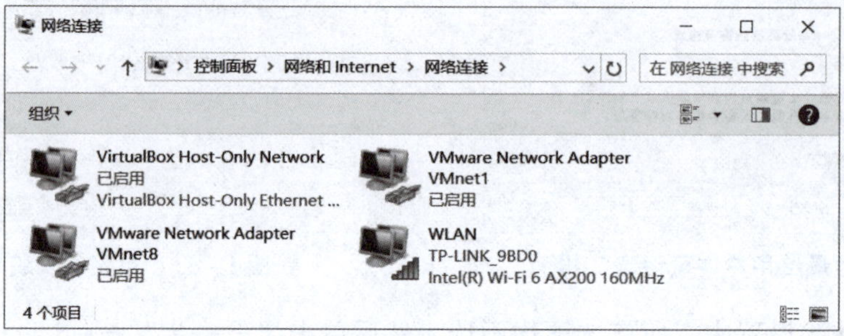

图 1-10　VMware 虚拟网卡

【任务评价】

评价内容	评价标准参考	参考分	得分
1. 桌面上有 VMware 快捷方式图标		30	
2. 双击 VMware 快捷方式图标，能正常打开 VMware 工作窗口	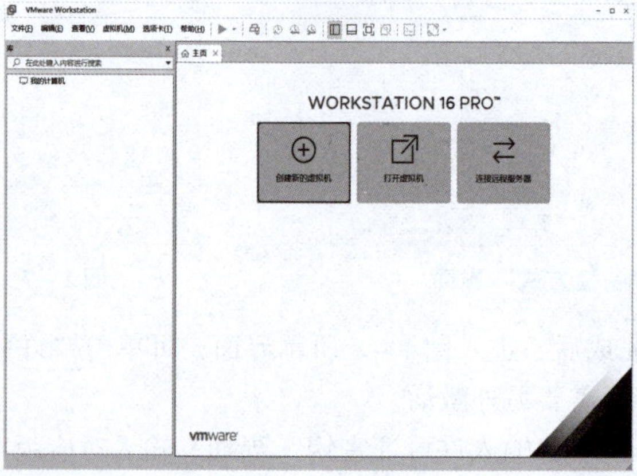	30	
3. 两张虚拟网卡安装成功		40	

【相关知识】

常用的虚拟机软件有很多，VMware 和 VirtualBox 都是常用的虚拟机软件。VMware 是由 VMware 公司推出的。VirtualBox 是由甲骨文（Oracle）公司推出的。这两款软件都可以在 Windows、MacOS、Linux 等操作系统中运行，而且都支持多种操作系统的安装和使用。

1. VMware 的优点

（1）VMware 是一款功能强大的虚拟机软件，支持多种操作系统的安装和使用。

（2）VMware 具有高效的虚拟机性能，可以提供更好的用户体验。

（3）VMware 提供了丰富的虚拟网络功能，可以方便地配置和管理网络。

2. VMware 的缺点

（1）VMware 是一款商业软件，需要付费使用。

（2）VMware 对计算机硬件要求较高，可能影响计算机的运行速度。

3. VirtualBox 的优点

（1）VirtualBox 是一款开源的虚拟机软件，可以免费使用。

（2）VirtualBox 可以在 Windows、MacOS、Linux 等操作系统中运行。

（3）VirtualBox 具有较低的成本和较高的速度，可以帮助用户创建操作系统的表示，降低硬件成本，同时提高生产力和效率。

（4）VirtualBox 的安装和设置很简单，无论技术人员还是缺乏技术经验的人，都可以轻松完成。

4. VirtualBox 的缺点

（1）VirtualBox 相比 VMware 功能较为简单，可能无法满足一些高级用户的需求。

（2）VMware 相比 VirtualBox 更加稳定和安全，并且提供了更多功能和特性。

任务 2　创建虚拟机

【任务分析】

在 VMware 虚拟机软件中创建一台虚拟机，相当于购置一台虚拟的计算机，之后就可以在这台虚拟机上安装需要的操作系统。

任务 1 已经在 Windows 系统操作中安装了 VMware 虚拟机软件，接下来需要安装 Ubuntu 20.04 桌面版操作系统和 Ubuntu 20.04 服务器版操作系统，还需要在 VMware 虚拟机软件中创建两台虚拟机，即相当于购置两台虚拟的计算机，再分别安装需要的操作系统。两台虚拟机主要是名称和存储位置不同，其余基本相同。

根据任务需求，创建虚拟机的注意点如图 1-11 所示。

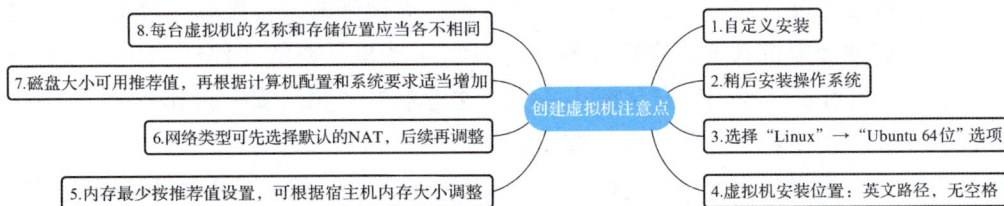

图 1-11　创建虚拟机的注意点

【任务准备】

完成本项目的任务 1，在 Windows 操作系统中成功安装 VMware 虚拟机软件。

【任务实施】

（1）双击 VMware 图标 ，打开图 1-12 所示界面，单击"创建新的虚拟机"按钮。

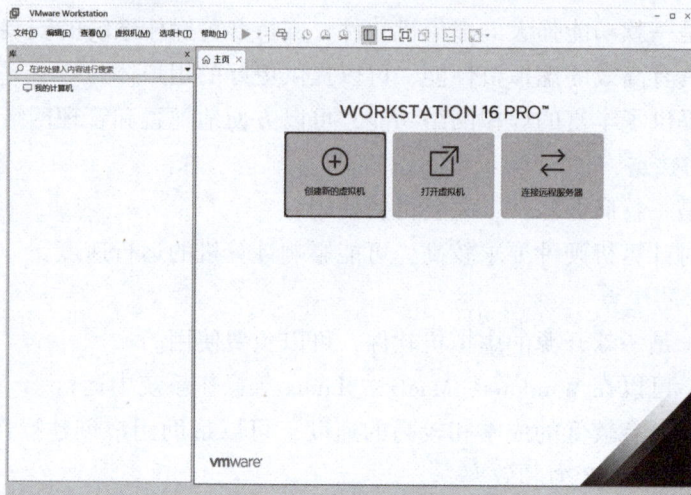

图 1-12　创建新的虚拟机

（2）进入"欢迎使用新建虚拟机向导"界面，如图 1-13 所示，因为典型安装易出问题，所以这里选择自定义安装，然后单击"下一步"按钮。

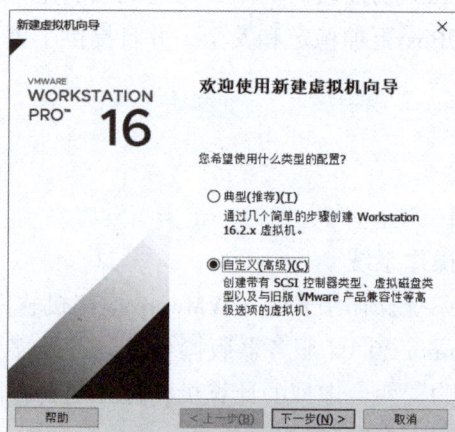

图 1-13　"欢迎使用新建虚拟机向导"界面

（3）选择虚拟机硬件兼容性，如图 1-14 所示，无须修改，直接单击"下一步"按钮。

（4）选择创建虚拟机系统的安装来源，可以利用光盘、映像文件在创建虚拟机时直接安装操作系统，也可以选择稍后安装操作系统。这里单击"稍后安装操作系统"单选按钮，如图 1-15 所示，然后单击"下一步"按钮。

（5）选择客户机操作系统（"Linux"→"Ubuntu 64 位"），然后单击"下一步"按钮。

图 1-14 选择虚拟机硬件兼容性

图 1-15 选择虚拟机操作系统来源

（6）如图 1-16 所示，将虚拟机命名为"Ubuntu20.04desktop"，并选择安装位置"D:\LinuxVM\Ubuntu20.04desktop"，然后单击"下一步"按钮。这里注意，每台虚拟机的安装位置都需要一个独立的空文件夹，安装位置的路径最好都是英文并且没有空格，例如此处，"D:\LinuxVM"是之前已经创建的文件夹，而"Ubuntu20.04desktop"文件夹是之前不存在的。

（7）处理器数、内核数可根据需要设置，后续也可通过虚拟机设置修改，现在可使用默认值，然后单击"下一步"按钮。

（8）内存一般至少按推荐值设置，建议根据真机内存进行修改，如真机内存≥16 GB，则可以使用默认推荐内存 4 GB 或更大，否则可以修改为最低推荐内存 2 GB，后续也可根据需要修改，如图 1-17 所示，然后单击"下一步"按钮。

（9）网络连接类型可采用默认选项，如图 1-18 所示，后续也可通过虚拟机设置修改，然后单击"下一步"按钮。

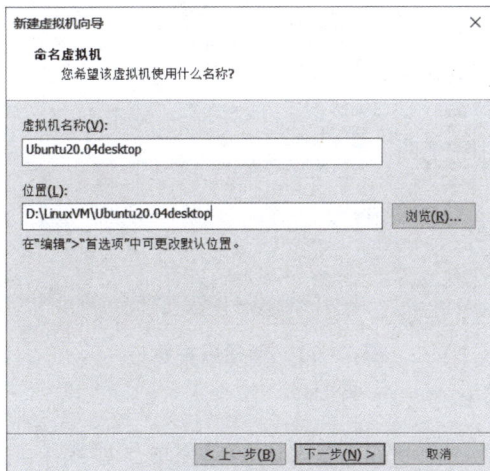

图 1-16 设置虚拟机名称与安装位置

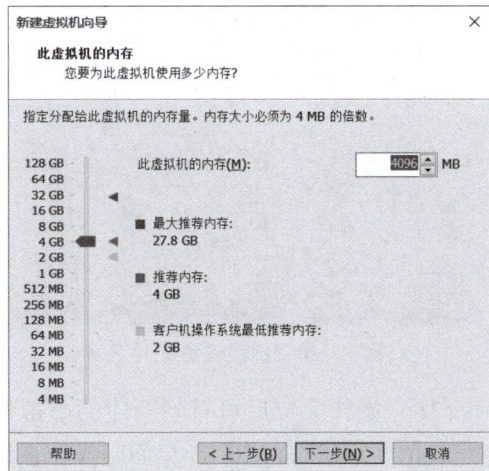

图 1-17 设置虚拟机内存

（10）I/O 控制器类型默认选择推荐的"LSI logic（L）"，然后单击"下一步"按钮。

（11）磁盘类型默认选择推荐的"SCSI（S）"，然后单击"下一步"按钮。

（12）磁盘使用类型选择"创建新虚拟磁盘（V）"，然后单击"下一步"按钮。

（13）磁盘大小可用推荐值，或根据计算机配置适当增加，此处将 Ubuntu 20.04 桌面版虚拟机最大磁盘大小修改为 40.0 GB，可以单击"将虚拟磁盘存储为单个文件"单选按钮，如图 1-19 所示，然后单击"下一步"按钮。

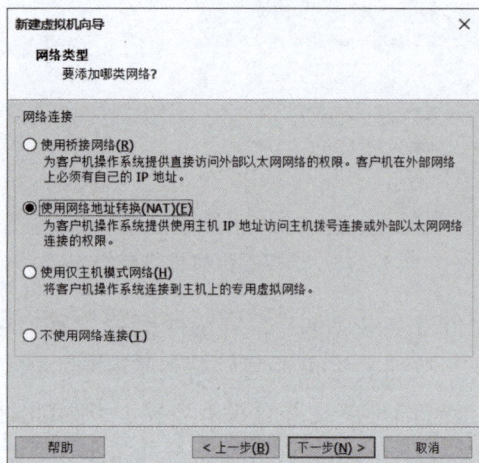

图 1-18　选择网络连接类型

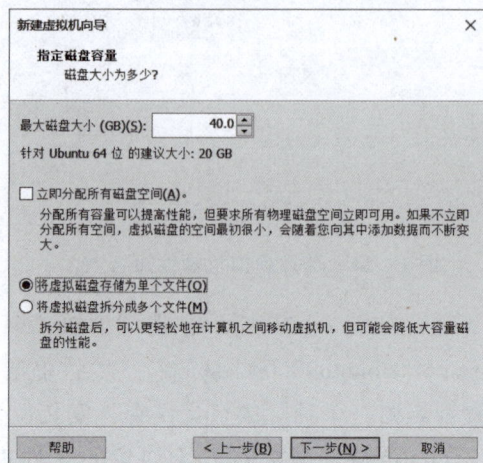

图 1-19　指定磁盘容量

（14）指定磁盘文件名称，默认为虚拟机名称，如图 1-20 所示，然后单击"下一步"按钮。

（15）检查虚拟机相关设置，确认无误后，单击"完成"按钮创建虚拟机，如图 1-21 所示。

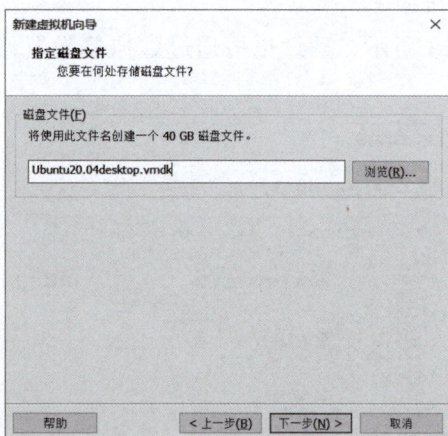

图 1-20　指定磁盘文件名称

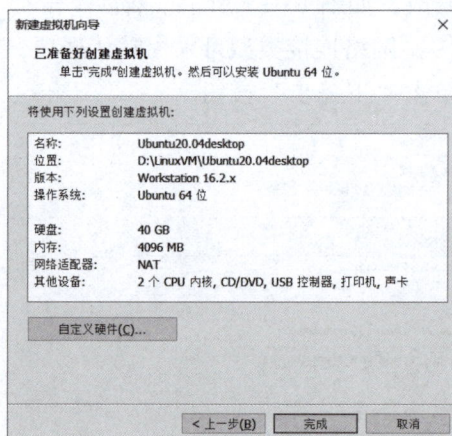

图 1-21　创建虚拟机

（16）操作完成后可看到新建的虚拟机。

至此，为 Ubuntu 20.04 桌面版操作系统准备的第一台 Linux 虚拟机创建完毕，如图 1-22 所示。

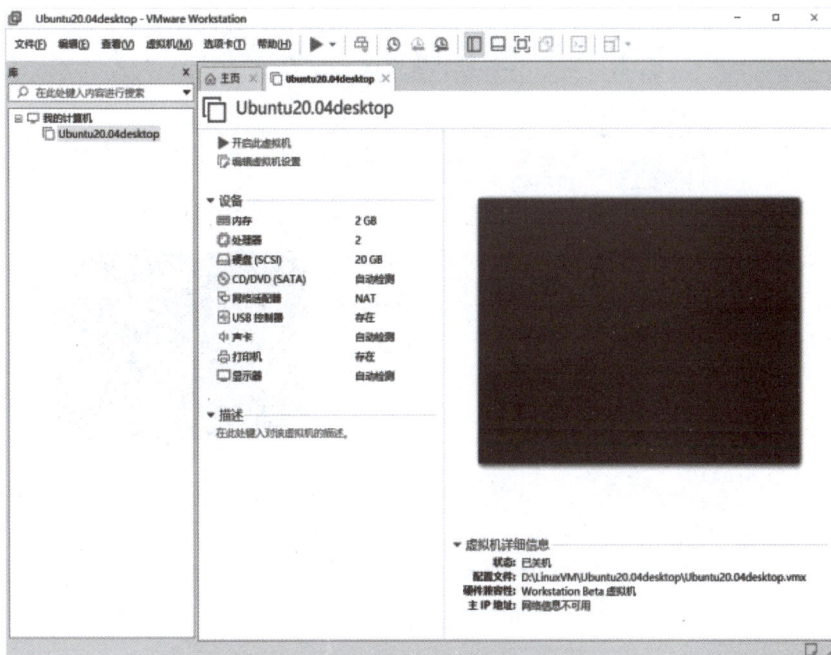

图 1 – 22　第一台 Linux 虚拟机

第二台为 Ubuntu 20.04 服务器版操作系统准备的 Linux 虚拟机可以按照同样的步骤创建，注意在步骤（6）中应设置两台虚拟机的名称和安装位置不同（如设置虚拟机名称为"Ubuntu20.04server"，安装位置为"D：\LinuxVM\Ubuntu20.04server"），在步骤（13）中虚拟机最大磁盘大小可设置为 20.0 GB，其余步骤基本相同。创建好的第二台 Linux 虚拟机如图 1 – 23 所示。

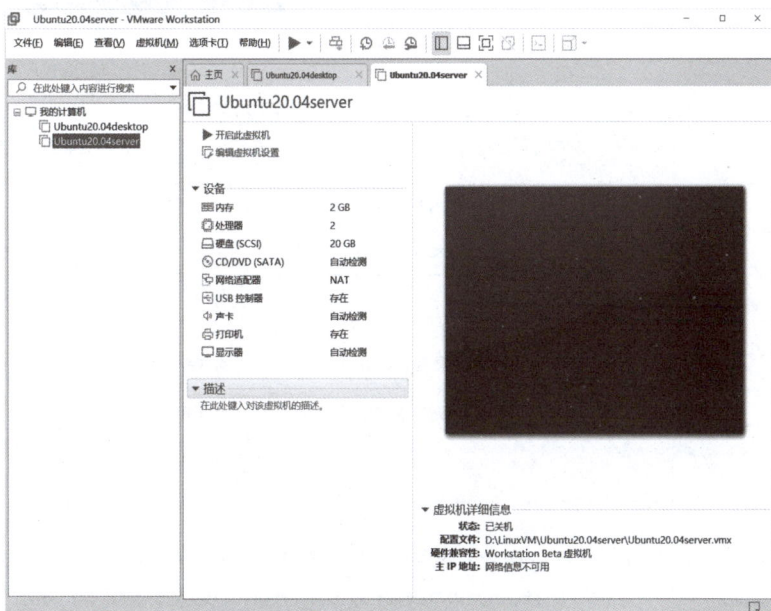

图 1 – 23　第二台 Linux 虚拟机

【任务评价】

评价内容	评价标准参考	参考分	得分
1. 为 Ubuntu 20.04 桌面版操作系统创建虚拟机		20	
2. 为 Ubuntu 20.04 服务器版操作系统创建虚拟机		20	
3. 内存为 2~4 GB	内存　　　　4 GB　　　内存　　　　2 GB	10	
4. Ubuntu 20.04 桌面版虚拟机硬盘大小在 40 GB 以上，Ubuntu 20.04 服务器版虚拟机硬盘大小在 20 GB 以上	硬盘 (SCSI)　　　40 GB　　　硬盘 (SCSI)　　　20 GB	20	
5. 两台虚拟机的名称和安装位置各不相同	**配置文件:** D:\LinuxVM\Ubuntu20.04desktop\Ubuntu20.04desktop.vmx **配置文件:** D:\LinuxVM\Ubuntu20.04server\Ubuntu20.04server.vmx	30	

【相关知识】

虚拟机的网络连接类型如下。

（1）桥接模式：增加的虚拟机所拥有的独立 IP 地址与 PC 主机 IP 地址处于同一网段。

（2）NAT 模式：用于共享主机的 IP 地址，不需要设置，自动获取（常用推荐模式）。如果遇到网络 IP 地址限制，没有足够多的独立 IP 地址可使用，则使用 NAT 模式。

（3）仅主机模式：在某些特殊的网络调试环境中，如果要求将真实环境和虚拟环境隔离，则需要采用仅主机模式。

虚拟机安装完成后，也可根据需要修改网络连接类型。

任务 3　安装 Ubuntu 20. 04 桌面版虚拟机

【任务分析】

任务 2 在 VMware 虚拟机软件中创建了虚拟机，相当于购置一台虚拟计算机，接下来就可以在这台虚拟机上安装 Ubuntu 20. 04 桌面版操作系统。对于 Linux 操作系统的初学者，可以选择中文（简体）安装，以降低学习难度。

安装 Ubuntu 20. 04 桌面版虚拟机操作要点如图 1 - 24 所示。

图 1 - 24　安装 Ubuntu 20. 04 桌面版虚拟机操作要点

【任务准备】

（1）完成本项目的任务 1，在 Windows 操作系统中成功安装 VMware 虚拟机软件。

（2）完成本项目的任务 2，在 VMware 中为 Ubuntu 20. 04 桌面版创建虚拟机。

（3）准备好 Ubuntu 20. 04 桌面版的映像文件（可以到 Ubuntu 官网下载）。

【任务实施】

（1）为虚拟机设置要安装的映像文件。

打开 VMware Workstation，找到创建好的虚拟机 Ubuntu20.04desktop，选择该虚拟机下的"CD/DVD（SATA）"设备，如图 1 - 25 所示。

打开"虚拟机设置"对话框，如图 1 - 26 所示，在左侧"硬件"选项卡中选择"CD/DVD（SATA）"设备，在右侧"连接"区域单击"使用 ISO 映像文件"单选按钮，单击"浏览"按钮，找到下载的 Ubuntu 映像文件"ubuntu - 20. 04. 6 - desktop - amd64. iso"，如图 1 - 27 所示，单击"打开"按钮，回到图 1 - 26 所示的"虚拟机设置"对话框，单击"确定"按钮。

（2）开启虚拟机，准备安装系统，如图 1 - 28 所示。

图 1 – 25　选择设备

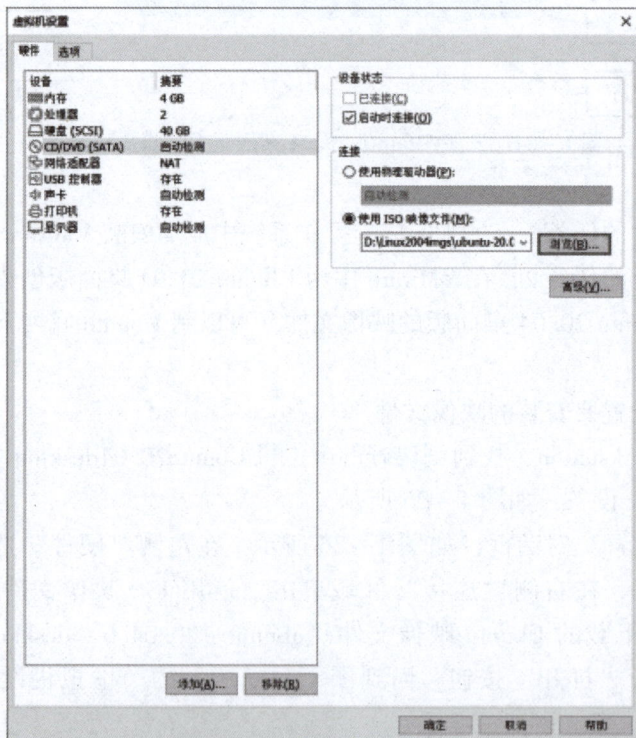

图 1 – 26　"虚拟机设置" 对话框

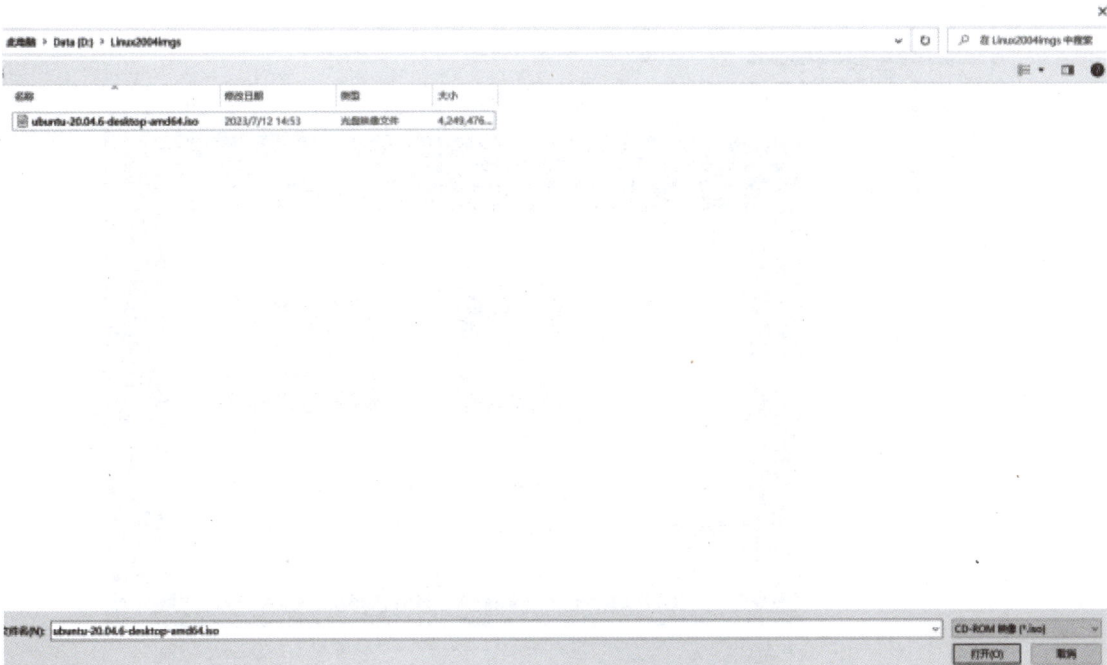

图 1 – 27　选择要安装的系统映像文件

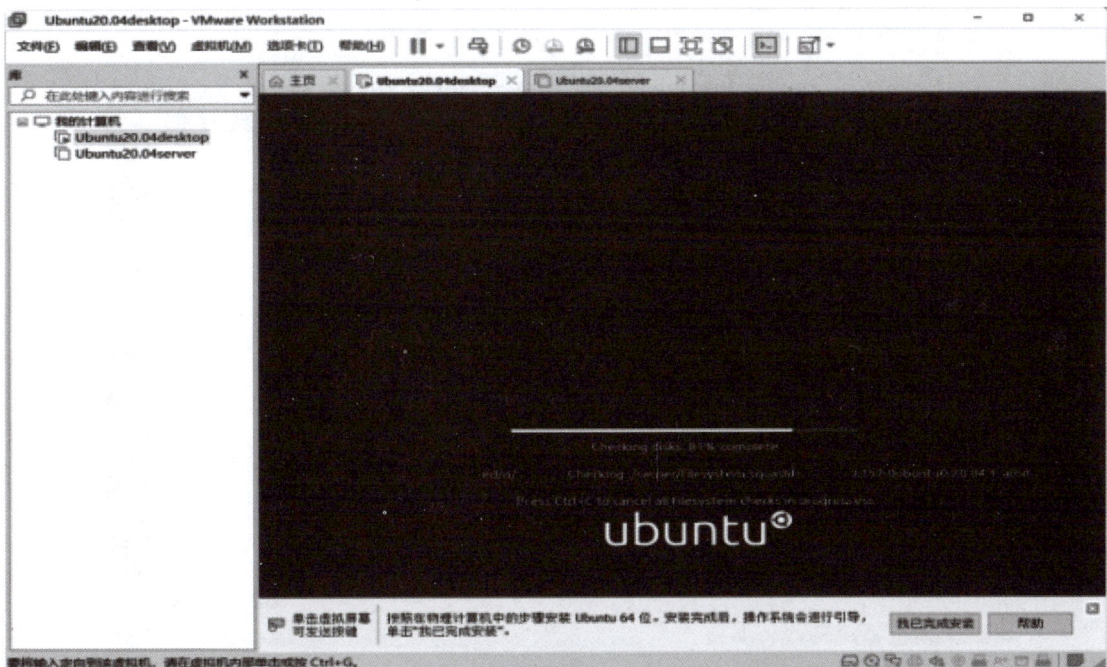

图 1 – 28　开启虚拟机

（3）进入"欢迎"界面，选择"中文（简体）"选项，单击"安装 Ubuntu"按钮，如图 1 – 29 所示。

（4）在"键盘布局"界面中采用默认选项，直接单击"继续"按钮，如图 1 – 30 所示。

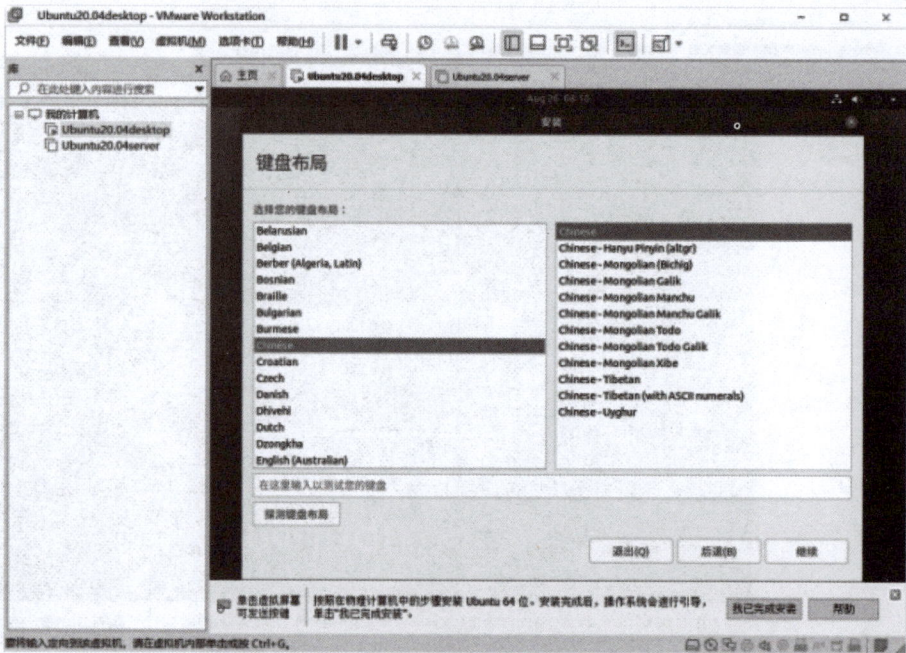

图 1－29　"欢迎"界面

图 1－30　"键盘布局"界面

小贴士

如果在安装过程中，按钮无法完全显示，可以按"Alt＋F7"组合键。

（5）"更新和其他软件"界面中单击"正常安装"单选按钮，"其他选项"区域的复选框都不勾选，特别是不勾选"安装 Ubuntu 时下载更新"复选框，以免安装时间过长，直接单击"继续"按钮，如图 1 – 31 所示。

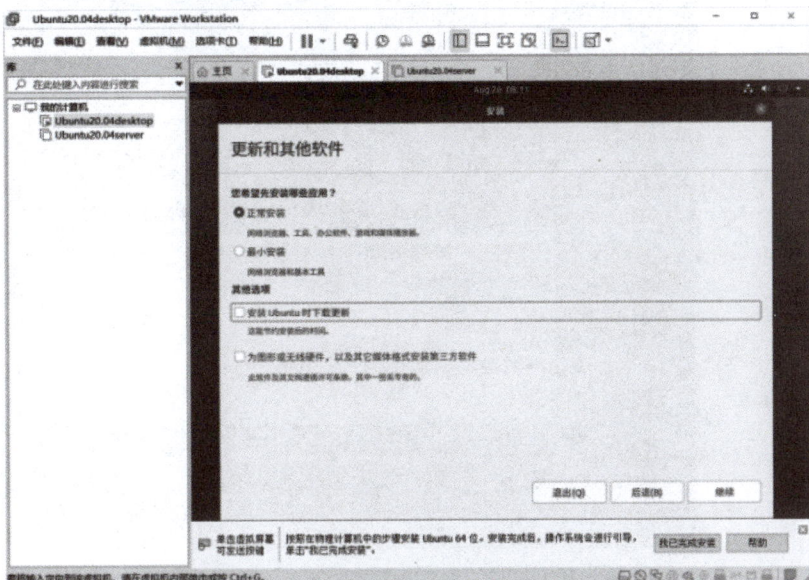

图 1 – 31　"更新和其他软件"界面

（6）在"安装类型"界面单击"清除整个磁盘并安装 Ubuntu"单选按钮，然后单击"现在安装"按钮，如图 1 – 32 所示。

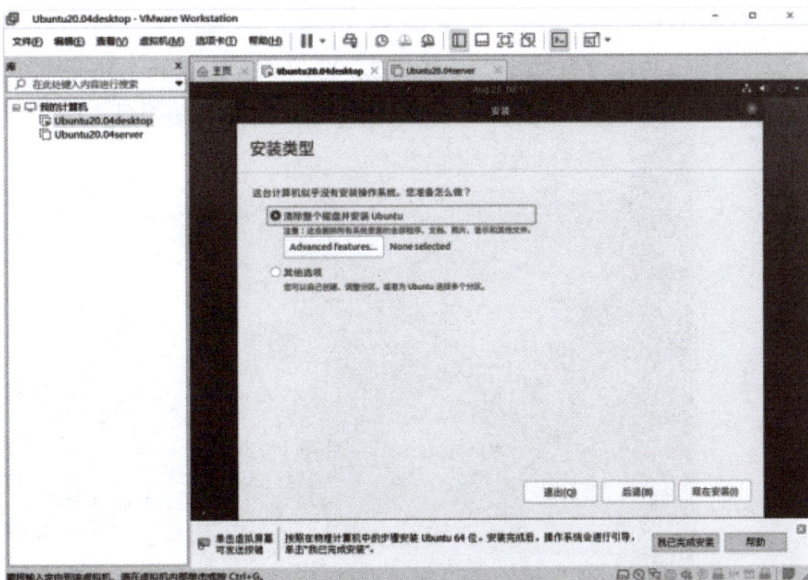

图 1 – 32　"安装类型"界面

（7）单击"继续"按钮，确认将改动写入磁盘，如图 1 – 33 所示。

（8）选择时区为"Shanghai"，如图 1 – 34 所示。

（9）设置主机名、用户名、密码，如图 1 – 35 所示。

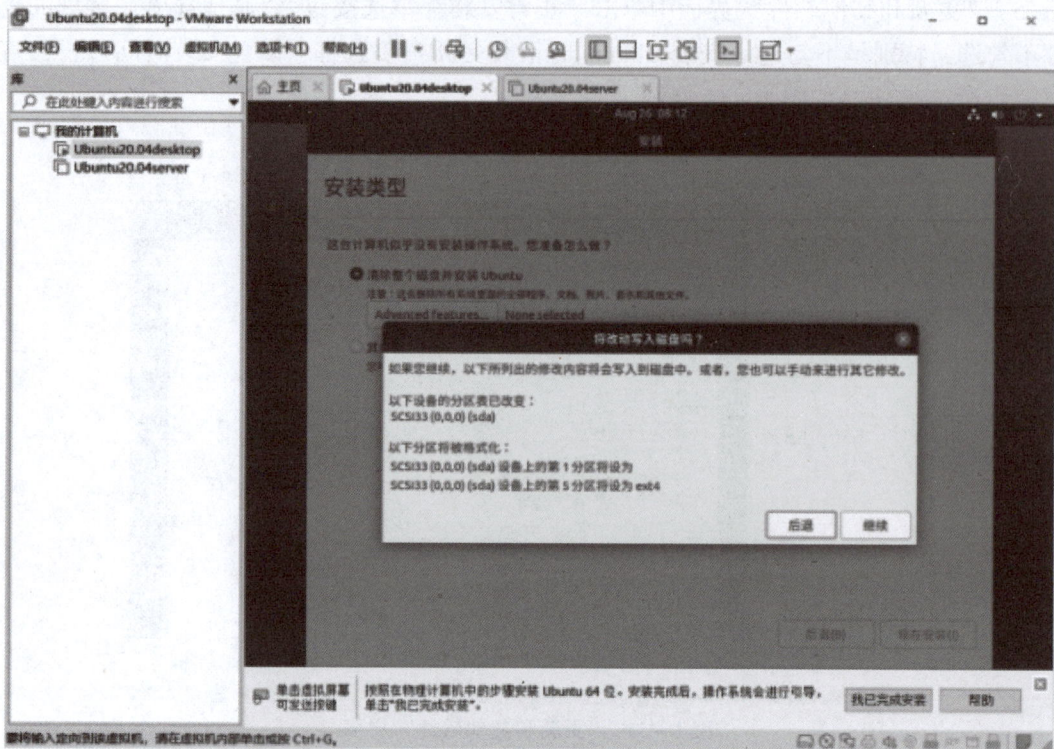

图 1-33　确认将改动写入磁盘

图 1-34　选择时区为"Shanghai"

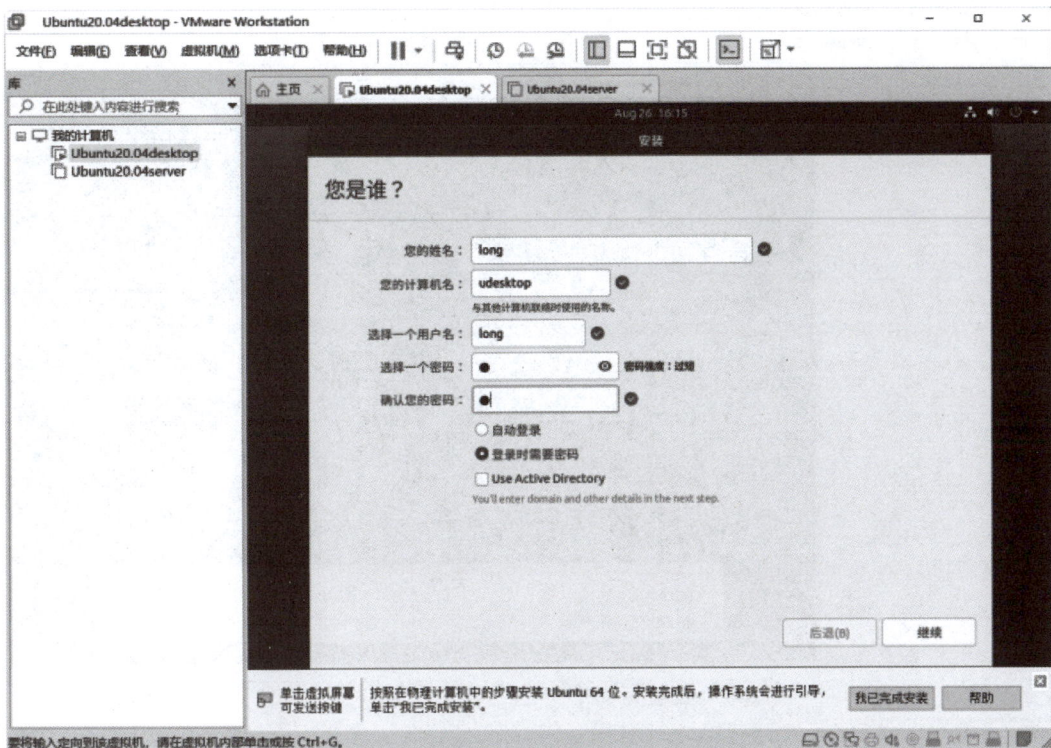

图 1-35　设置主机名、用户名、密码

> **小贴士**
>
> 　　这里使用 root 用户以外的具有 sudo 权限的普通用户，这是 Linux 操作系统管理中常见的一种安全实践。它允许这些用户执行一些需要超级用户权限的操作，而不必直接使用 root 用户。

> **小贴士**
>
> 　　这里的密码可以设置为简单、便于交流和记忆的密码，以方便学习。

　　（10）设置完成后，开始安装过程，如图 1-36 所示。

　　（11）安装完成后，在弹出的对话框中单击"现在重启"按钮，如图 1-37 所示。

　　（12）进入 Ubuntu 启动界面，如图 1-38 所示。

　　（13）进入登录系统界面，如图 1-39 所示。选择用户名并输入密码。

　　（14）进入 Ubuntu 系统桌面，如图 1-40 所示。

　　（15）打开 Ubuntu 20.04 桌面版自带的 Firefox 网络浏览器，输入网址，浏览网页，如图 1-41 所示。

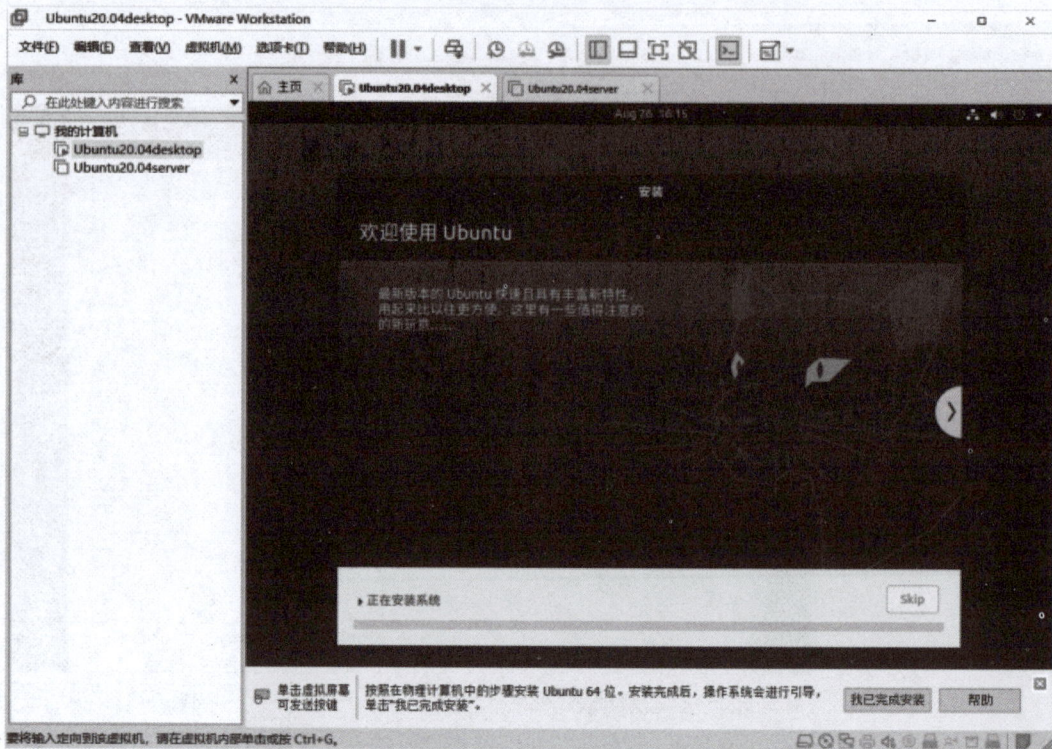

图 1 – 36　开始安装过程

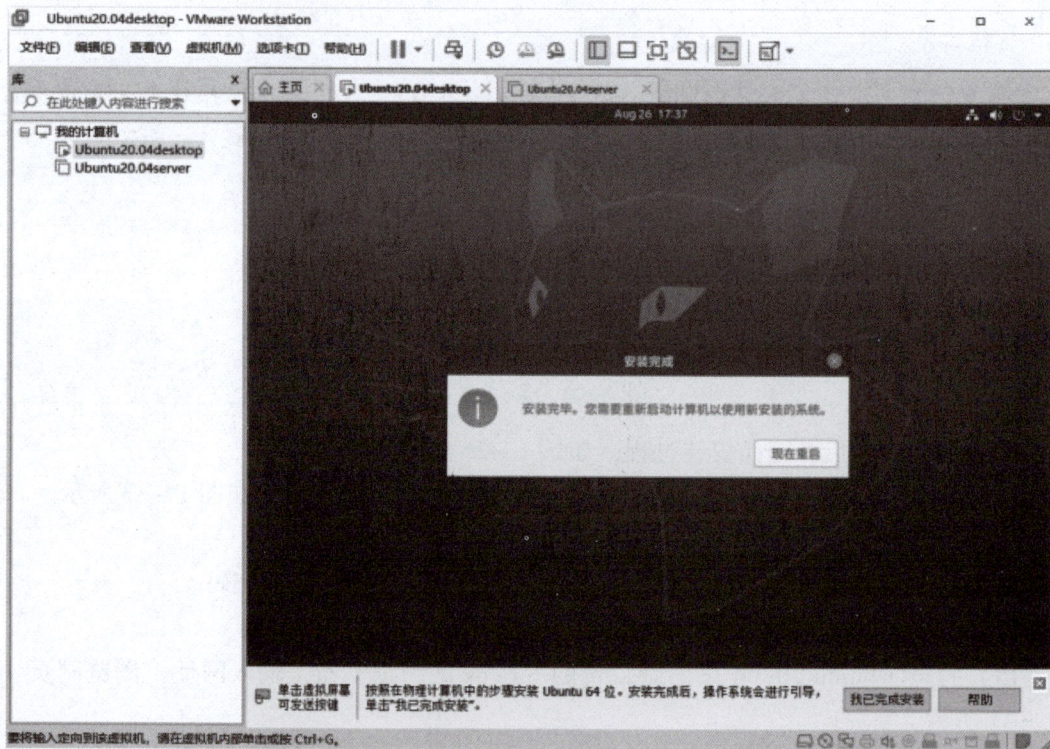

图 1 – 37　安装完成

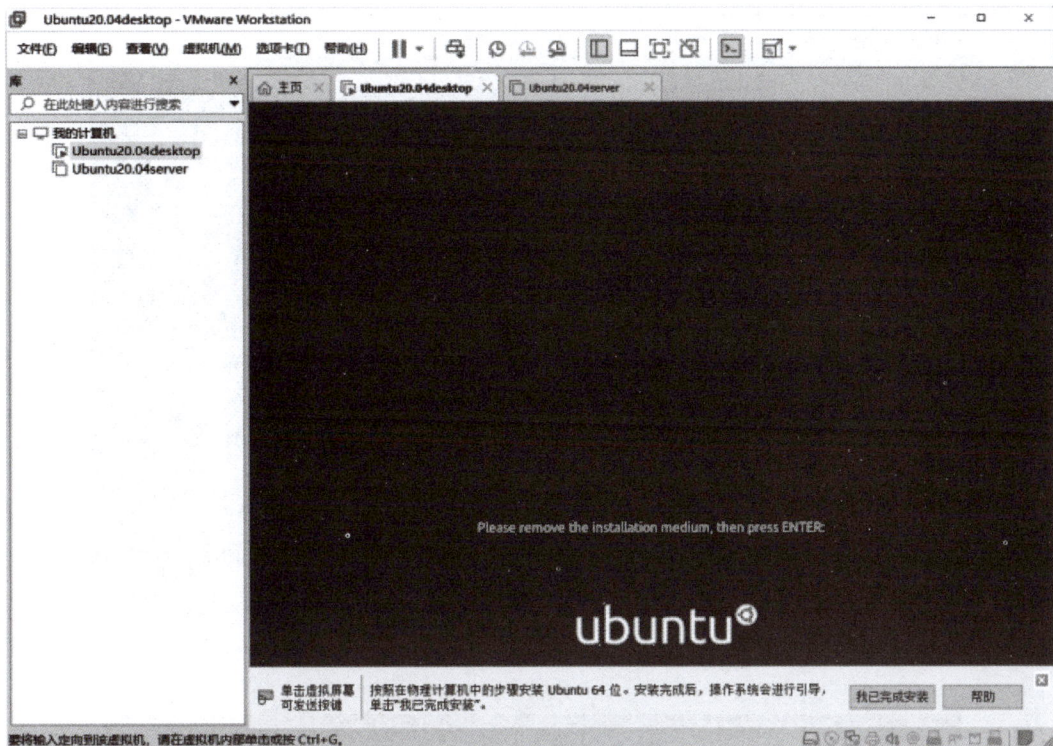

图 1 – 38 Ubuntu 启动界面

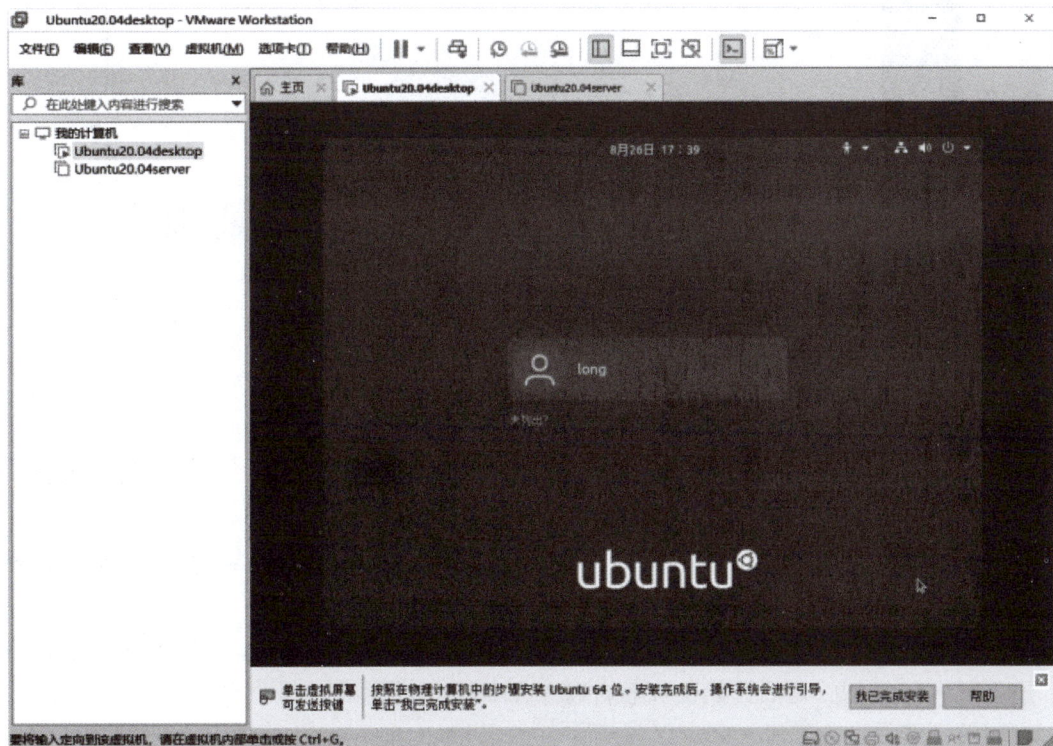

图 1 – 39 登录系统界面

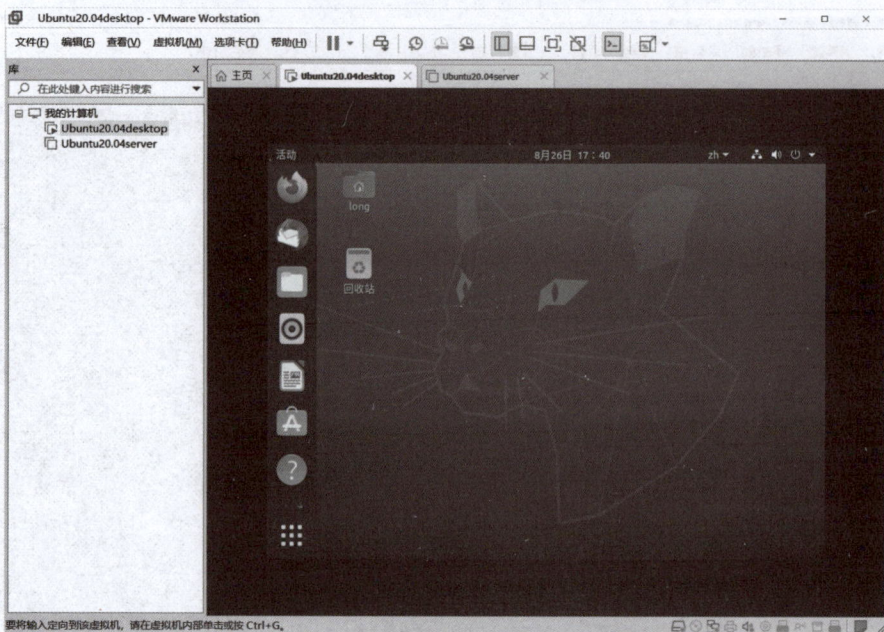

图 1 – 40　Ubuntu 系统桌面

图 1 – 41　浏览网页

（16）修改软件更新源为国内源。

①选择"显示应用程序"→"全部"→"设置"→"关于"→"软件更新"选项，如图 1 – 42 所示。

②在"软件和更新"对话框中选择位于中国的服务器，如图 1 – 43 所示。更改软件源设置，必须通过身份验证，如图 1 – 44 所示，单击"认证"按钮。

③通过身份验证后，完成下载服务器选择，单击"关闭"按钮，在弹出的对话框中单击"重新载入"按钮，之后开始更新软件源，如图 1 – 45、图 1 – 46 所示。

④如果步骤③过程缓慢，则可以先结束，然后按"Ctrl + Alt + T"组合键打开终端，用命令换源。

图 1-42 选择"软件更新"选项

图 1-43 选择位于中国的服务器

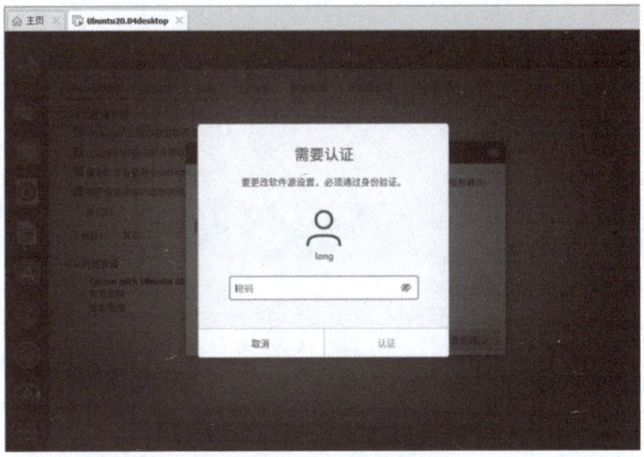

图 1-44 身份验证

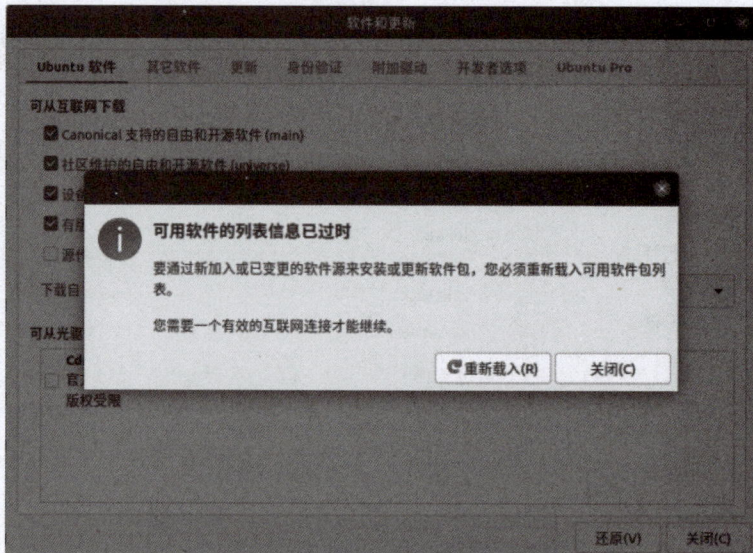

图1-45 重新载入可用软件包列表

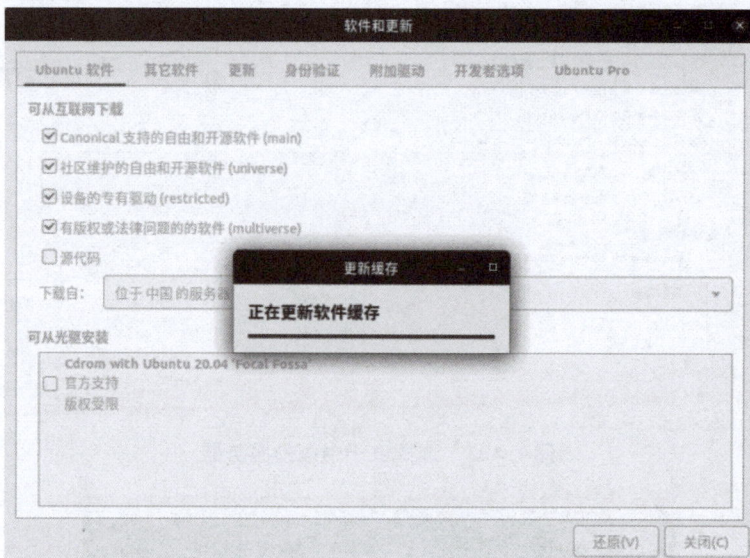

图1-46 正在更新软件缓存

换源命令如下。

```
sudo apt update
```

命令运行结果如图1-47所示。

⑤换源成功，如图1-48所示。

（17）关机，导出 OVA 文件。

关机后，选择"文件"→"导出为 OVF"选项，选择保存位置，修改文件保存类型为 OVA，等待正在导出进度条完成，得到导出的 OVA 文件，如图1-49~图1-52所示。

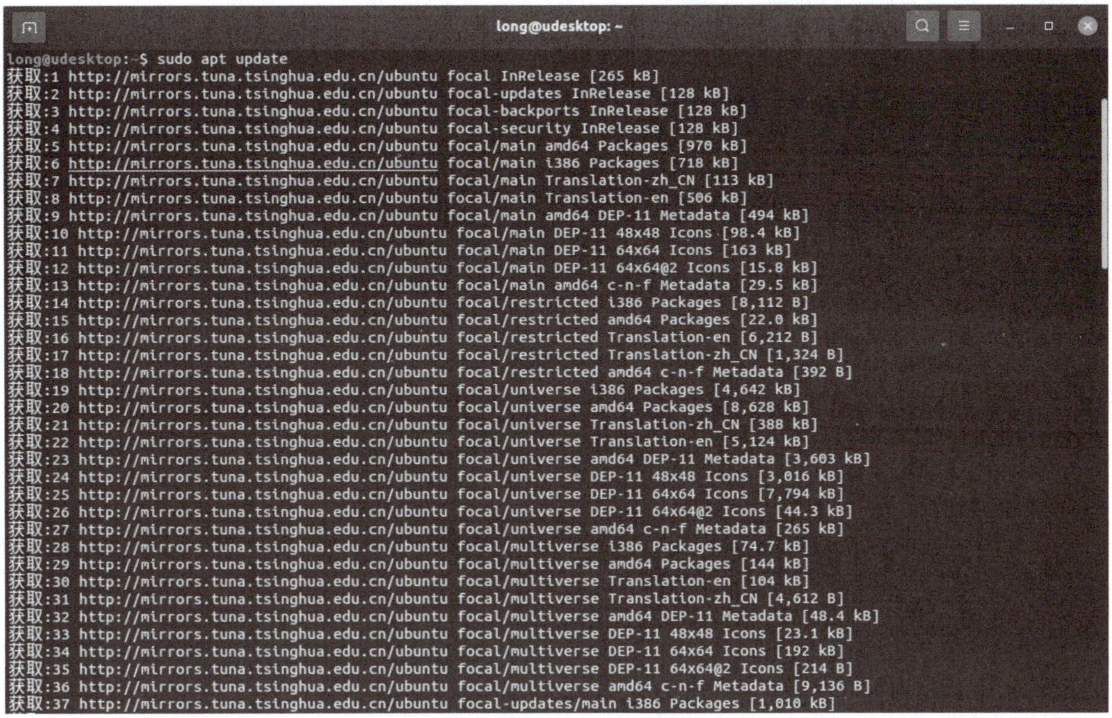

图 1-47　在终端运行更新软件命令

图 1-48　换源成功

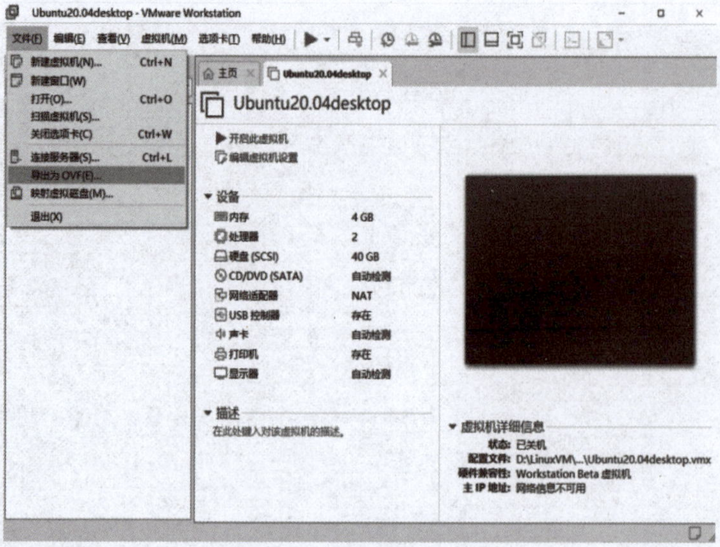

图 1 – 49　导出为 OVF

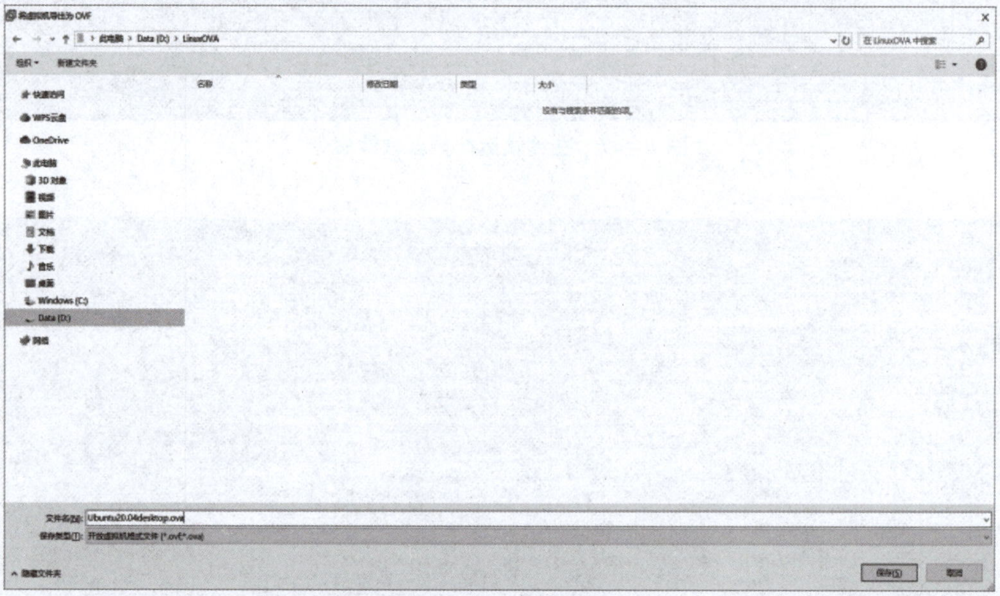

图 1 – 50　修改文件保存类型为 OVA

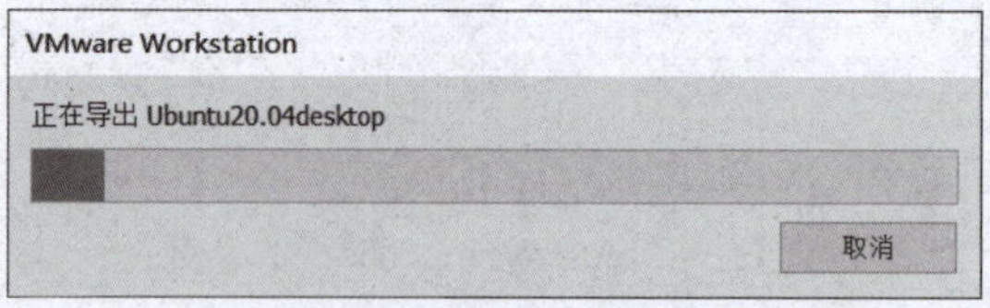

图 1 – 51　正在导出进度条

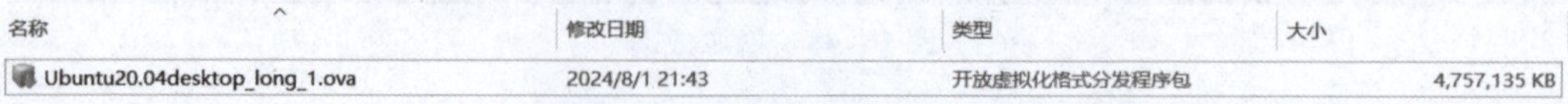

名称	修改日期	类型	大小
Ubuntu20.04desktop_long_1.ova	2024/8/1 21:43	开放虚拟化格式分发程序包	4,757,135 KB

图 1 – 52　得到导出的 OVA 文件

至此，Ubuntu 20.04 桌面版虚拟机安装完毕，其能够上网，且已导出为 OVA 文件。最后需要验证导出的 OVA 文件是否可用。

> **小贴士**
>
> 在导出 OVA 文件前注意把"CD/DVD（SATA）"→"连接"改回"使用物理驱动器"→"自动检测"。

（18）打开虚拟机，导入 OVA 文件。

打开 VMware Workstation 主页，单击"打开虚拟机"按钮，选择要导入的 OVA 文件，单击"打开"按钮，在"导入虚拟机"对话框中输入新虚拟机的名称和存储路径，单击"导入"按钮，等待正在导入进度条完成，得到导入完成的虚拟机。单击"开启此虚拟机"按钮，选择用户名，输入密码，登录成功，进入桌面，如图 1-53~图 1-58 所示。

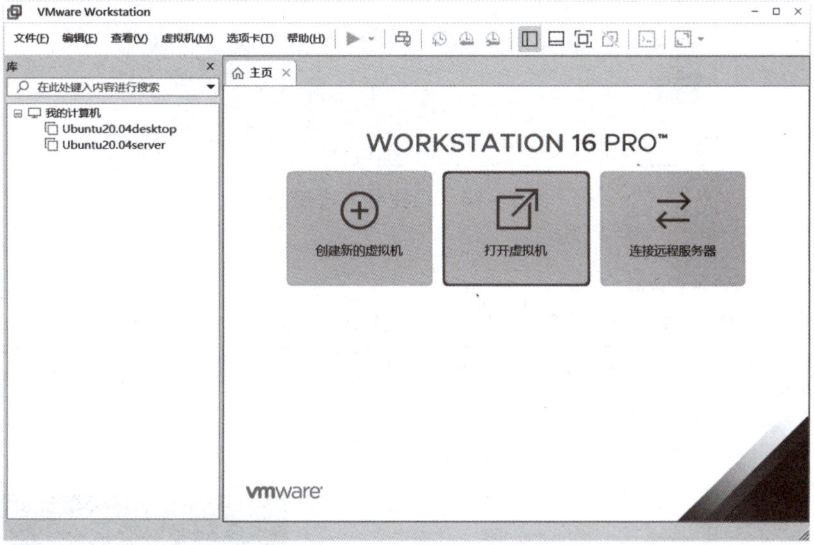

图 1-53   打开虚拟机

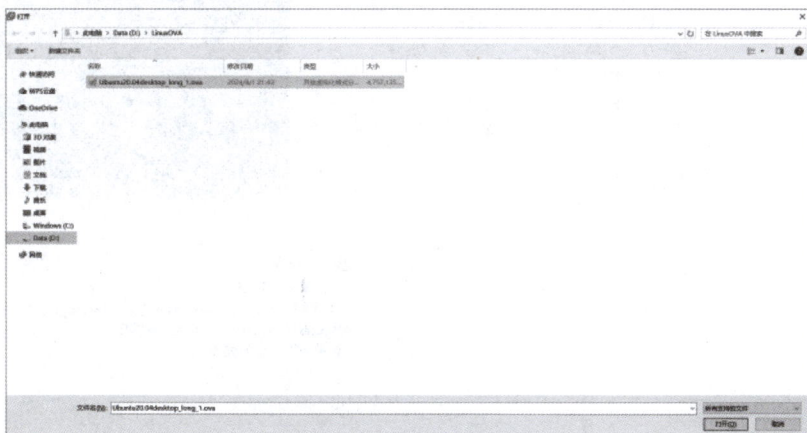

图 1-54   选择 OVA 文件

图 1 – 55　导入虚拟机

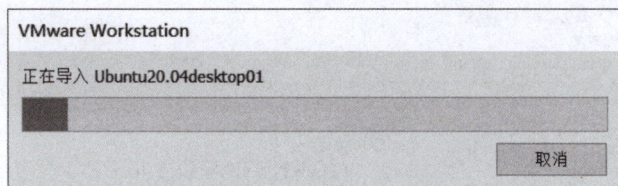

图 1 – 56　正在导入进度条

图 1 – 57　导入完成的虚拟机

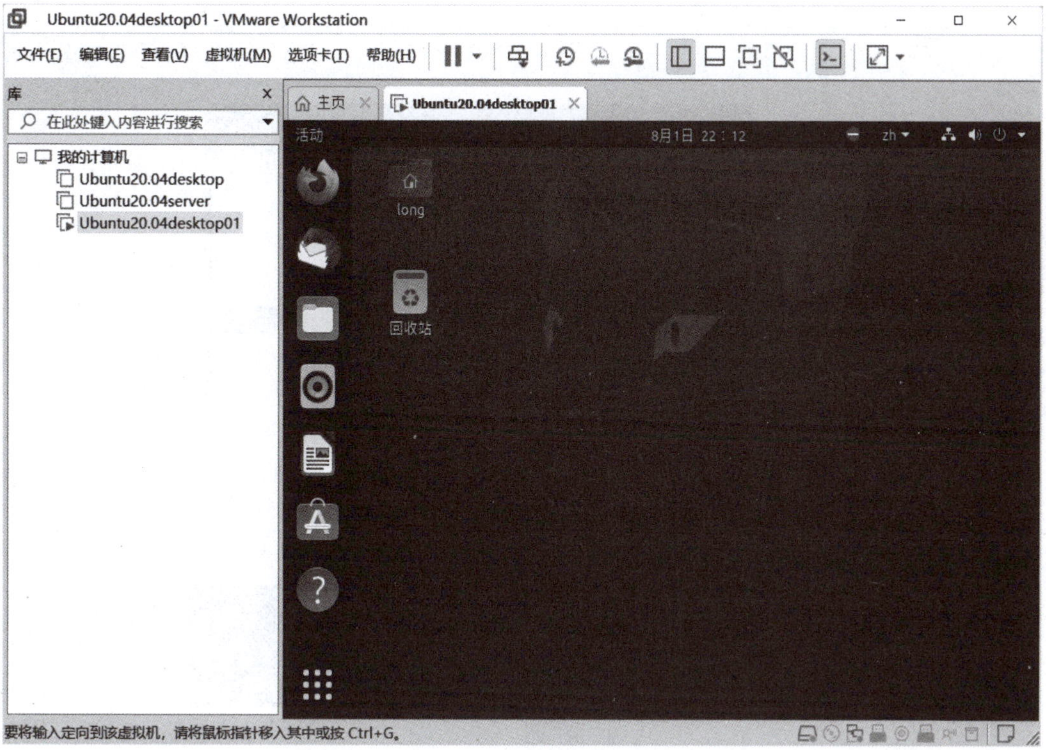

图 1-58　登录成功

小贴士

注意本步骤中的虚拟机和之前的虚拟机的名称和存储路径不同。

【任务评价】

评价内容	评价标准参考	参考分	得分
1. 能正常开启并登录 Ubuntu 20.04 桌面版	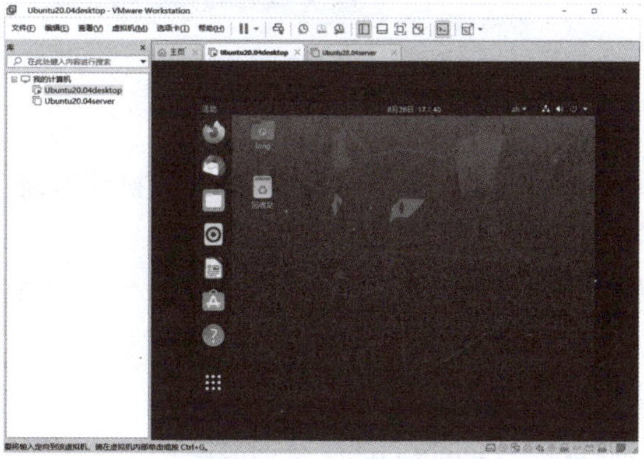	40	

续表

评价内容	评价标准参考	参考分	得分
2. 能通过 Ubuntu 20.04 桌面版自带的 Firefox 网络浏览器浏览网页		20	
3. Ubuntu 20.04 桌面版软件更新源为国内源（可能是其他位于中国的服务器）		20	
4. 打开导出的 OVA 文件，能创建一台新的 Ubuntu 20.04 桌面版虚拟机，并测试登录成功		20	

【相关知识】

Ubuntu 20.04 桌面版是一套基于 Linux 内核的开源操作系统，旨在为家庭和商业用户提供一个易于使用、自由且开放的计算平台。

Ubuntu 20.04 桌面版操作系统的常见操作涵盖了从基础界面介绍到高级功能使用，为日常使用者提供便利。Ubuntu 20.04 桌面版操作系统的常见操作如下。

1. 界面与应用管理

（1）GNOME 桌面环境。Ubuntu 20.04 桌面版默认使用 GNOME 桌面环境，包括任务栏、应用程序启动器、通知区域等，可以通过扩展和主题自定义外观和功能。

（2）应用程序的安装和卸载。可以通过"Ubuntu 软件"应用程序或命令行进行应用的安装和卸载。

（3）文件管理。Nautilus 文件管理器用于浏览和管理文件，通过终端可以使用 ls、cd、mkdir、touch 等命令高效地进行文件操作。

2. 系统设置与配置

（1）中文显示与输入。选择"设置"→"Region&Language"选项，安装中文（简体）支持并在"Language for menus and Windows"中选择汉语（中国）。

（2）中文输入法安装。通过命令行安装 ibus 拼音输入法（sudo apt‐get install ibus‐libpinyin 和 sudo apt‐get install ibus‐clutter），在"区域与语言"设置中添加中文输入法。

（3）终端基本命令。可以使用 pwd、cd、ls、touch、vim 等基本命令帮助定位、创建和编辑文件，提高操作效率。

3. 系统更新与软件管理

（1）系统更新升级。定期运行 sudo apt update 命令来保持系统软件源处于最新状态，确保安全性和稳定性。

（2）软件源管理。在软件源设置中可以添加、删除或更换软件源，以获得更多或者特定地区的软件包。在实际使用中，一般需要更换国内软件源。

（3）用户权限设置。通过系统设置中的用户管理功能或命令行中的 adduser、useradd、usermod、userdel、passwd 等命令管理用户账号和权限，保证系统安全。

4. 网络连接与配置

（1）网络连接设置。使用 nm‐connection‐editor 命令打开网络连接设置，管理有线和无线网络配置。

（2）浏览器及邮件客户端配置。Firefox 和 Thunderbird 分别是 Ubuntu 20.04 桌面版预装的浏览器和邮件客户端，通过设置可进行个性化配置和网络连接优化。

5. 文件备份恢复

Deja Dup 是 Ubuntu 20.04 桌面版自带的备份工具，可用于定期备份重要文件，并通过其恢复功能恢复到不同位置或时间点。

综上所述，Ubuntu 20.04 桌面版操作系统提供了丰富且实用的功能，从基础安装到高级操作都易于上手和使用。对于初学者来说，掌握这些常见操作不仅能提高日常使用的便捷性，还能进一步提升系统管理和维护的能力。

任务 4　安装 Ubuntu 20.04 服务器版虚拟机

【任务分析】

任务 2 在 VMware 虚拟机软件中为 Ubuntu 20.04 服务器版创建虚拟机，相当于为学习和使用 Ubuntu 20.04 服务器版操作系统购置一台虚拟的计算机，接下来就可以在这台虚拟机中安装 Ubuntu 20.04 服务器版操作系统。Ubuntu 20.04 服务器版操作系统一般选择英文安装。

安装 Ubuntu 20.04 服务器版虚拟机操作要点如图 1‐59 所示。

7.导出OVA文件

6.安装完成后重启登录测试

安装Ubuntu 20.04服务器版虚拟机操作要点

5.用户名、密码简单脱敏

4.设置时区为"Shanghai"

1.选择安装语言为英文

2.安装时不下载更新

3.清除整个磁盘并安装Ubuntu

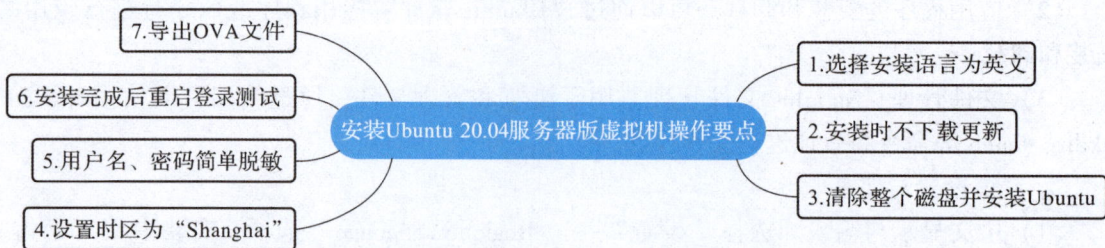

图 1 – 59　安装 Ubuntu 20. 04 服务器版虚拟机操作要点

【任务准备】

（1）完成本项目的任务 1，在 Windows 操作系统中成功安装 VMware 虚拟机软件。

（2）完成本项目的任务 2，在 VMware 中为 Ubuntu 20. 04 服务器版创建虚拟机。

（3）准备好 Ubuntu 20. 04 服务器版的映像文件（可以到 Ubuntu 官网下载）。

【任务实施】

（1）为虚拟机设置要安装的映像文件。

打开 VMware Workstation，如图 1 – 60 所示，选择创建好的 Ubuntu 20. 04 服务器版虚拟机，单击右侧的"编辑虚拟机设置"按钮，打开图 1 – 61 所示的"虚拟机设置"对话框。在左侧"硬件"选项卡中选择"CD/DVD（SATA）"设备，在右侧"连接"区域单击"使用 ISO 映像文件"单选按钮，单击"浏览"按钮找到下载的 Ubuntu 映像文件"ubuntu – 20. 04. 6 – live – server – amd64. iso"，如图 1 – 62 所示，单击"打开"按钮，回到图 1 – 61 所示"虚拟机设置"对话框，单击"确定"按钮，回到图 1 – 60 所示 VMware Workstation 界面，单击"开启此虚拟机"按钮，准备安装 Ubuntu 20. 04 服务器版操作系统。

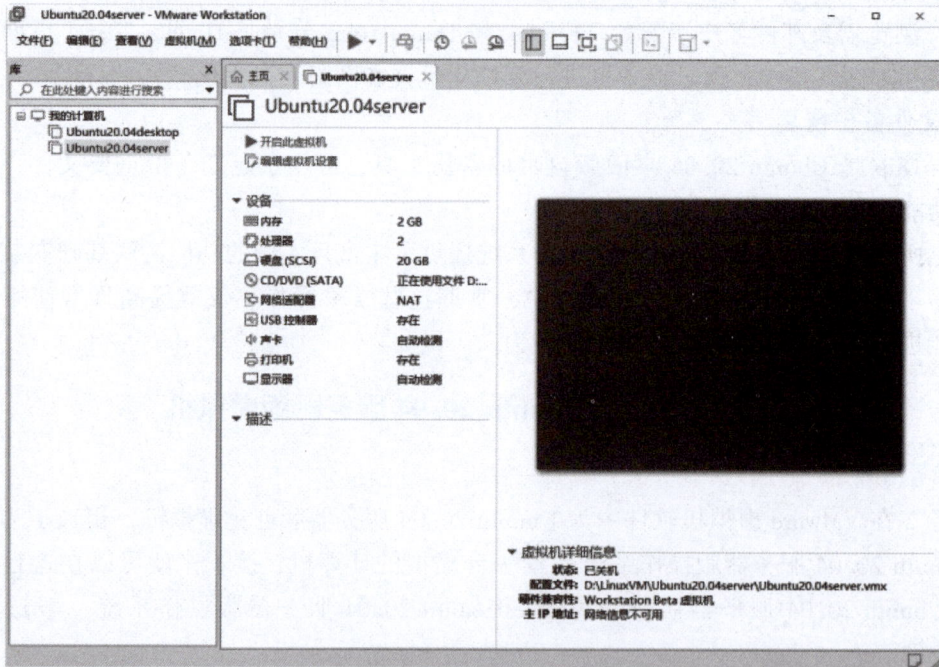

图 1 – 60　打开 VMware Workstation

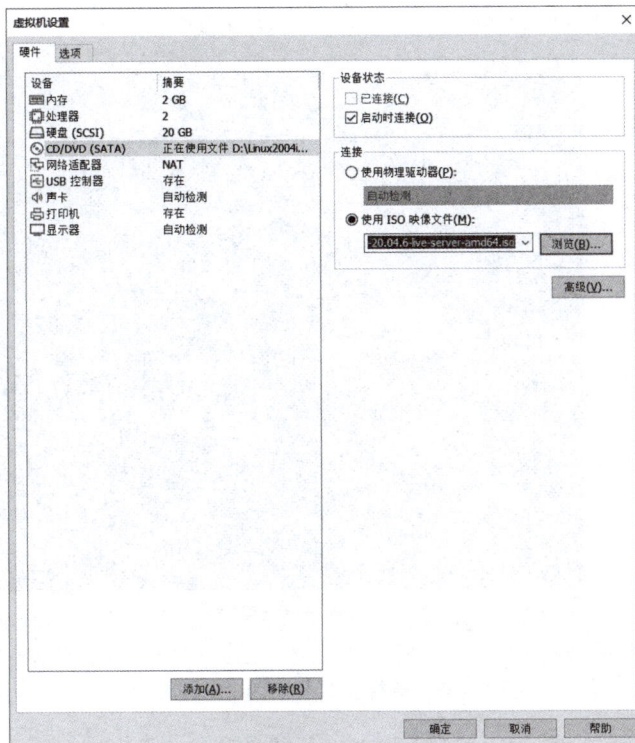

图 1 – 61　设置使用 ISO 映像文件

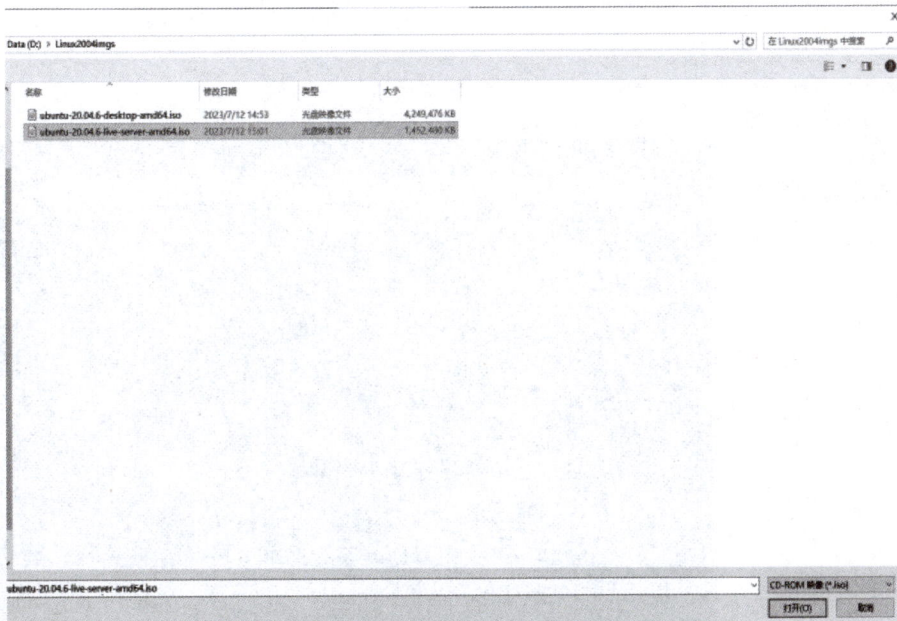

图 1 – 62　选择 Ubuntu 20.04 服务器版映像文件

（2）进入图 1 – 63 所示选择安装语言界面，选择安装语言为 "English"。

（3）选择升级方式，不进行自动升级，即选择 "continue without updating" 选项。

图 1-63　选择安装语言为 "English"

（4）默认选择键盘类型［English（US）］和键盘布局［English（US）］。

（5）自动进行网络配置，如图 1-64 所示，完成后，确认光标在 "Done" 处，直接按 Enter 键。

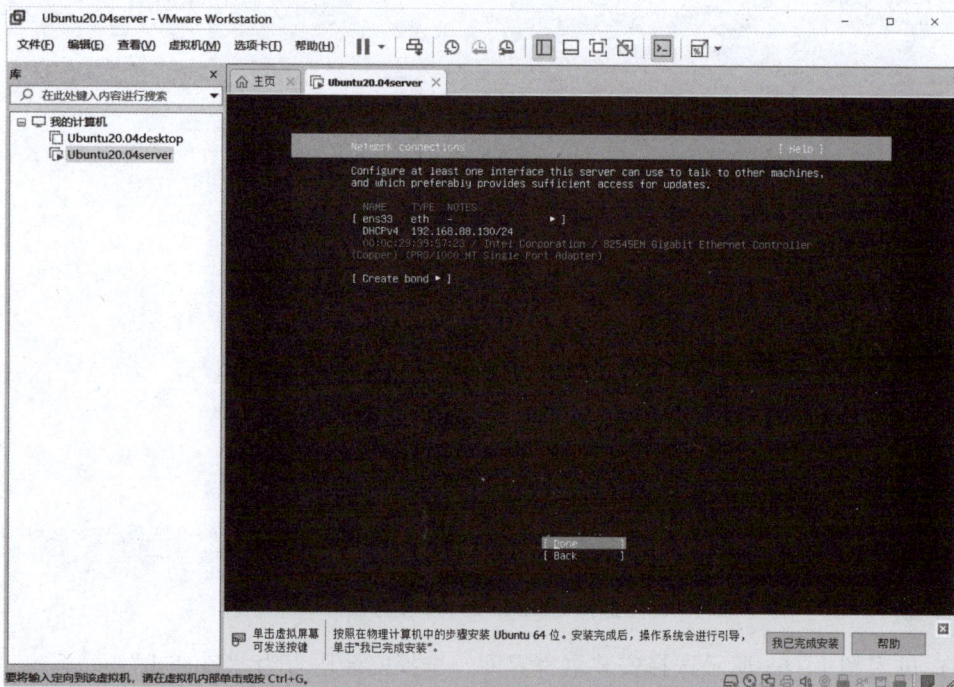

图 1-64　自动进行网络配置

（6）设置 HTTP 代理，如图 1−65 所示。

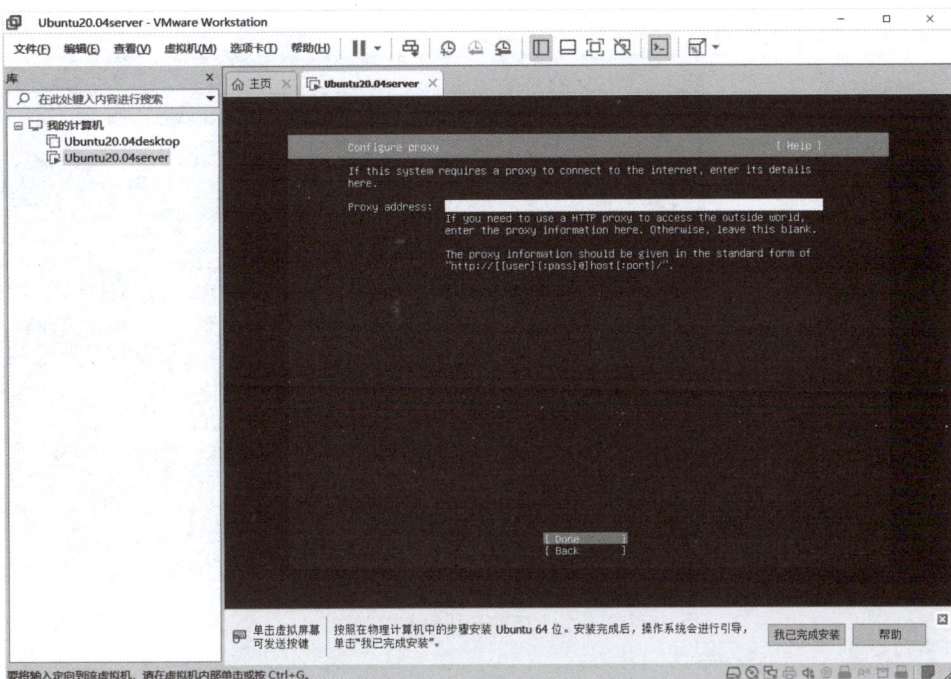

图 1−65　设置 HTTP 代理

（7）设置映像源，如图 1−66 所示。如果这里设置国内源，例如中国科学技术大学的 Ubuntu 映像源（https://mirrors.ustc.edu.cn/ubuntu），如图 1−67 所示，以提高安装速度。

图 1−66　设置映像源

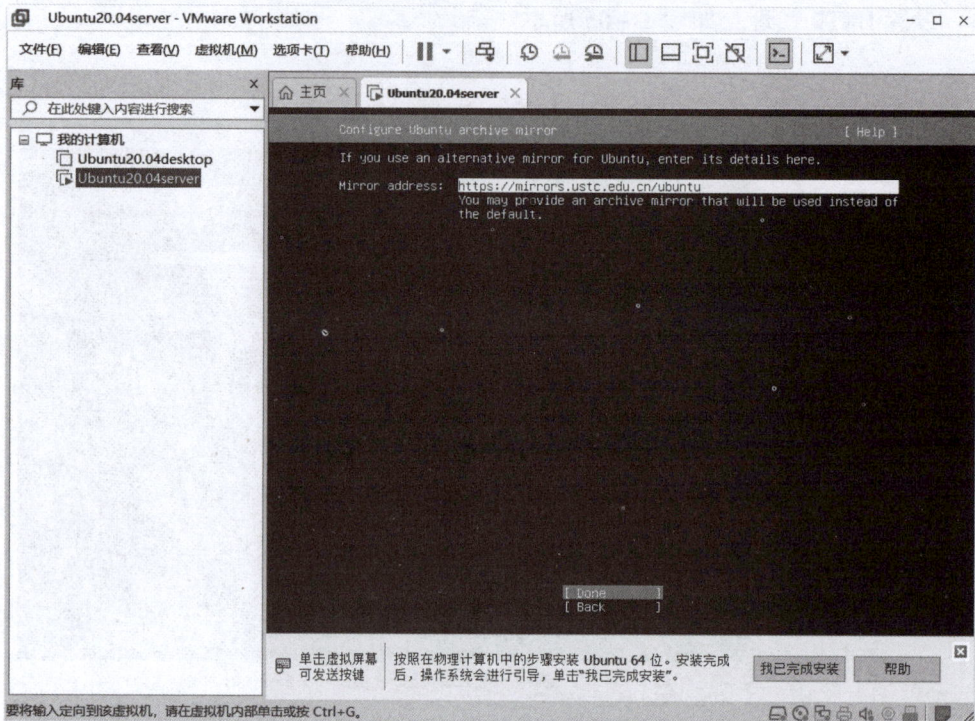

图 1-67　设置国内源

（8）选择默认磁盘分区方式（"Use an entire disk"和"set up this disk as an LVM group"），然后按 Tab 键到"Done"处按 Enter 键确认，如图 1-68、图 1-69 所示。

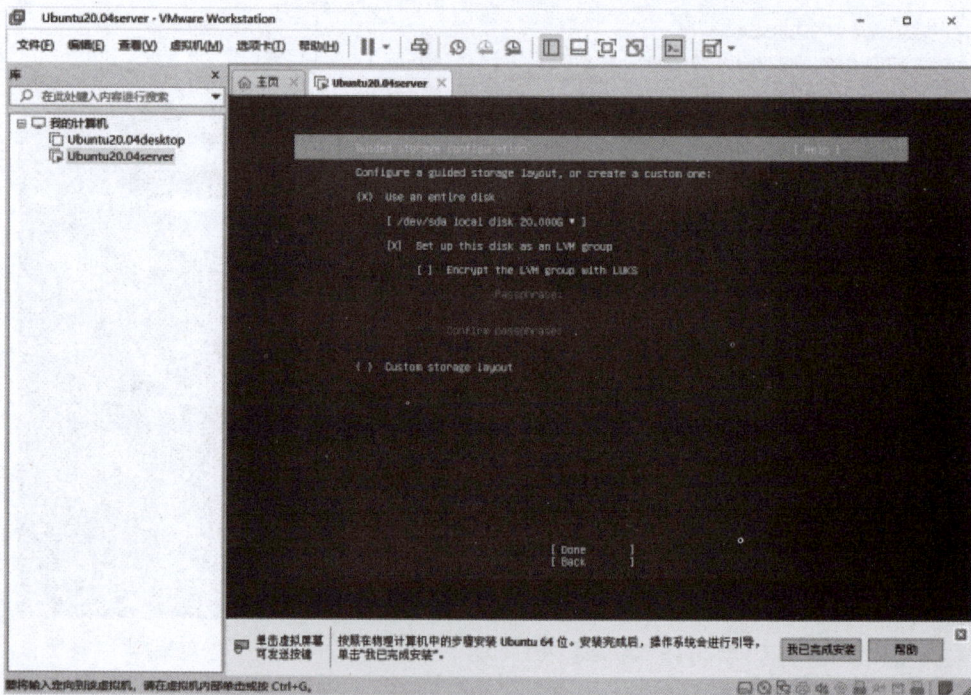

图 1-68　选择默认磁盘分区方式

图 1−69　确认默认磁盘分区方式

（9）保存磁盘设置，按 Tab 键到"Done"处按 Enter 键确认，然后选择"Continue"选项，继续安装过程，如图 1−70 所示。

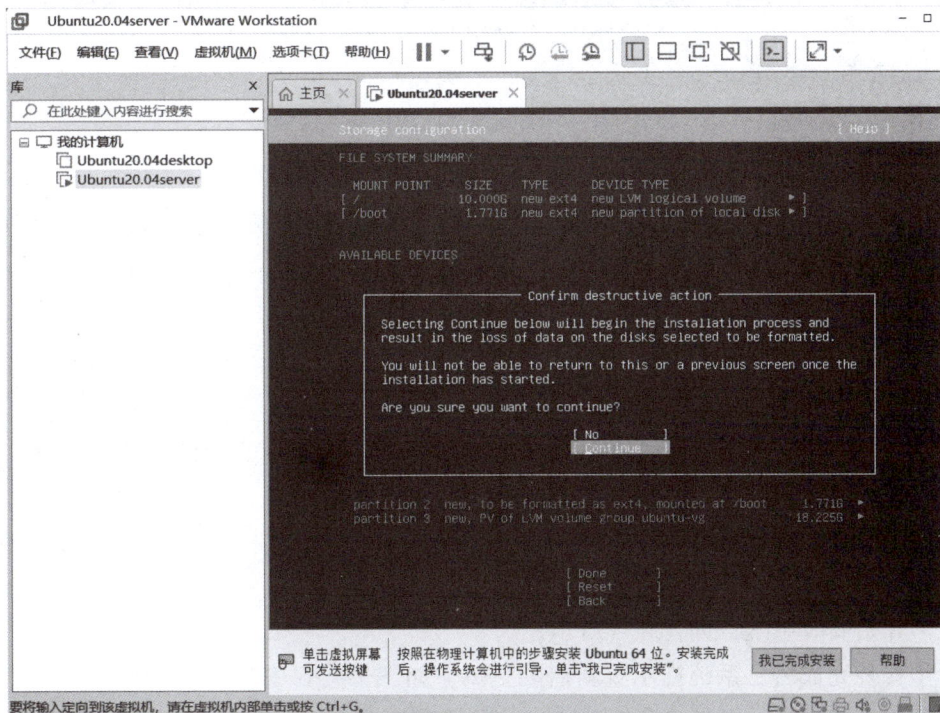

图 1−70　保存磁盘设置

（10）设置主机名、用户名、密码。

设置 name、和其他计算机交互时所用的服务器名（即主机名，Server's name）、登录系统的用户名(username)和密码(password)。这里设置主机名为 userver，用户名为 long，密码为 1，并再次输入"1"，确认密码，如图 1 - 71 所示。

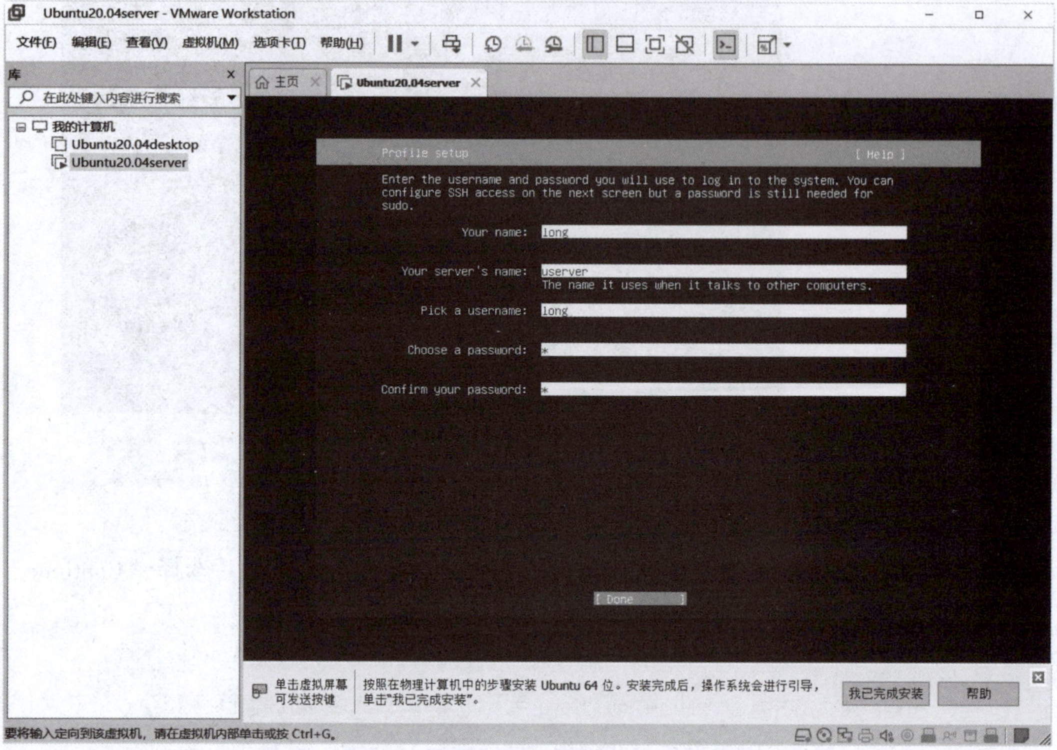

图 1 - 71　设置主机名、用户名、密码

（11）选择要安装的软件。

只有选择"Install OpenSSH Server"选项（光标移到该选项处，按 Space 键，出现"x"，即选中），才能用 Xshell 等工具远程连接，然后按 Tab 键回到"Done"处按 Enter 键确认，如图 1 - 72、图 1 - 73 所示。

小贴士

　　如果没有选择该选项，则完成虚拟机安装后可以用命令安装 OpenSSH Server。

（12）可根据需要选择安装其他软件，然后按 Tab 键回到"Done"处按 Enter 键确认，这里都不选择，如图 1 - 74 所示。

（13）开始安装系统，如图 1 - 75 所示。

（14）安装完成后，系统提示重新启动主机，如图 1 - 76、图 1 - 77 所示。

（15）重新启动后，进入 Ubuntu 20.04 服务器版命令行界面，输入用户名和密码，如图 1 - 78 所示。

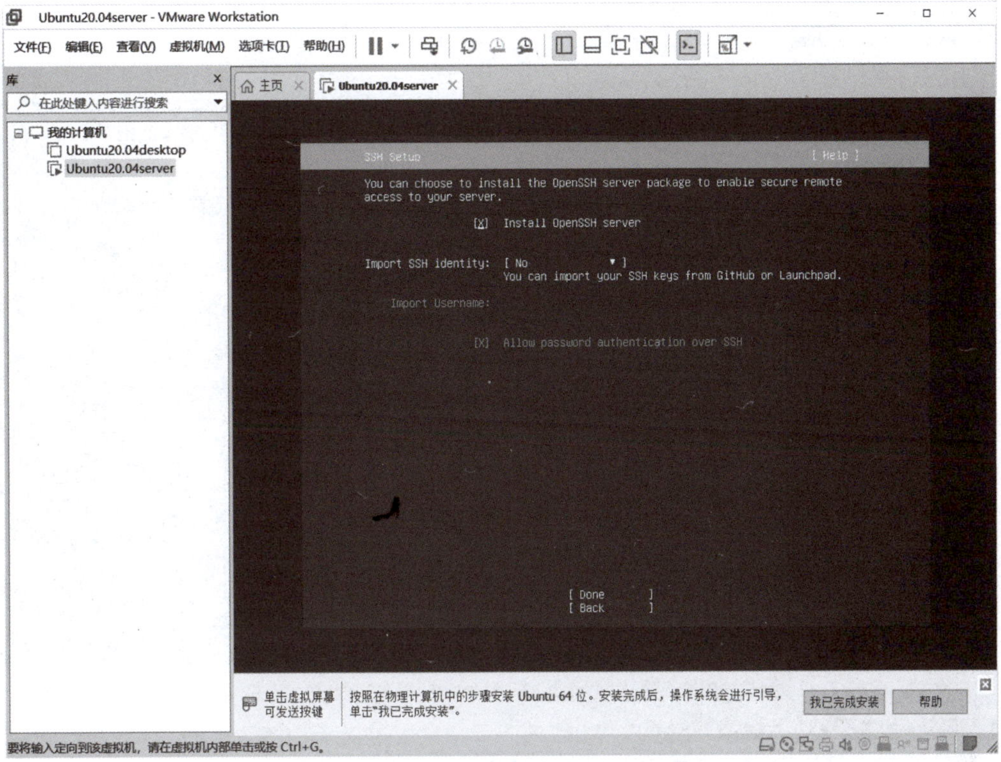

图 1 – 72   选择安装 OpenSSH Server

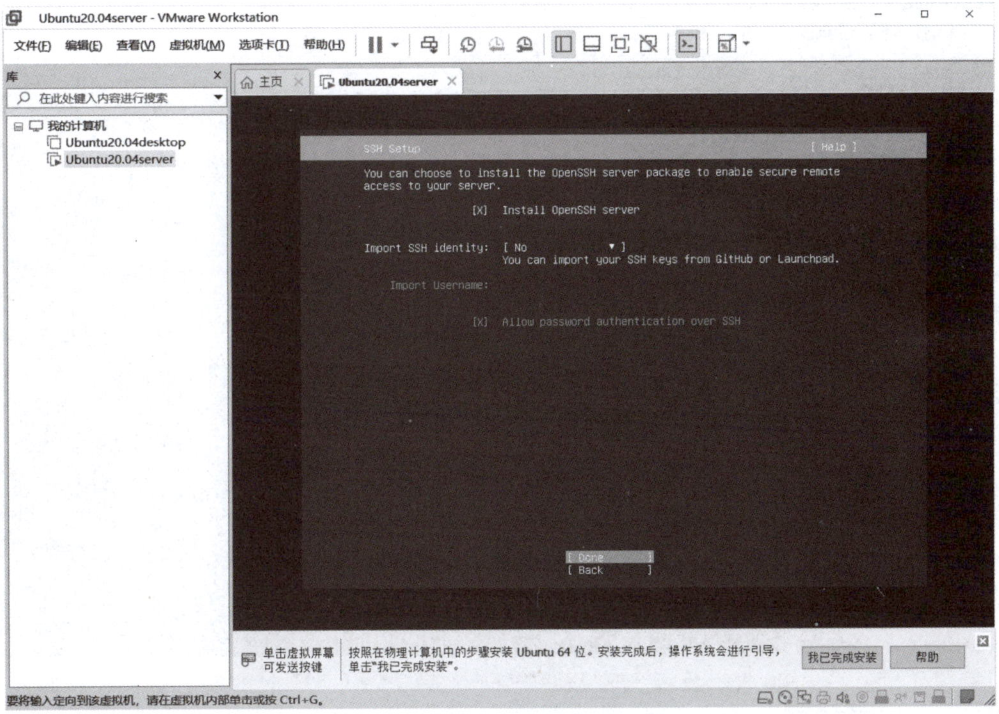

图 1 – 73   确认安装 OpenSSH Server

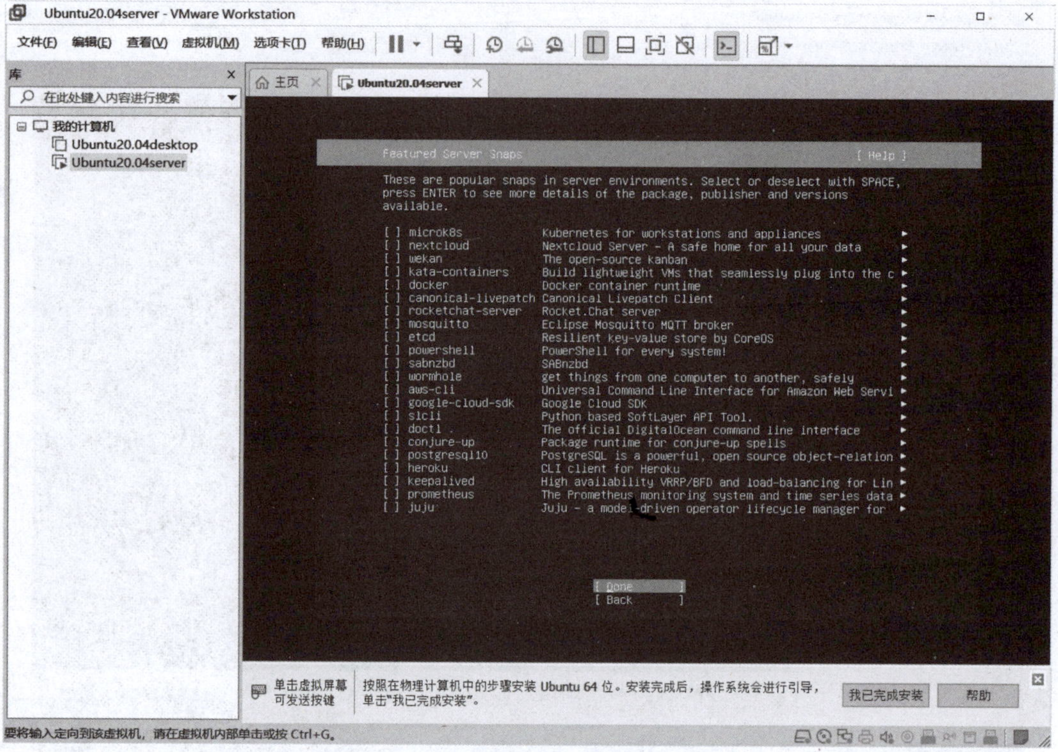

图 1 - 74　选择其他需要安装的软件

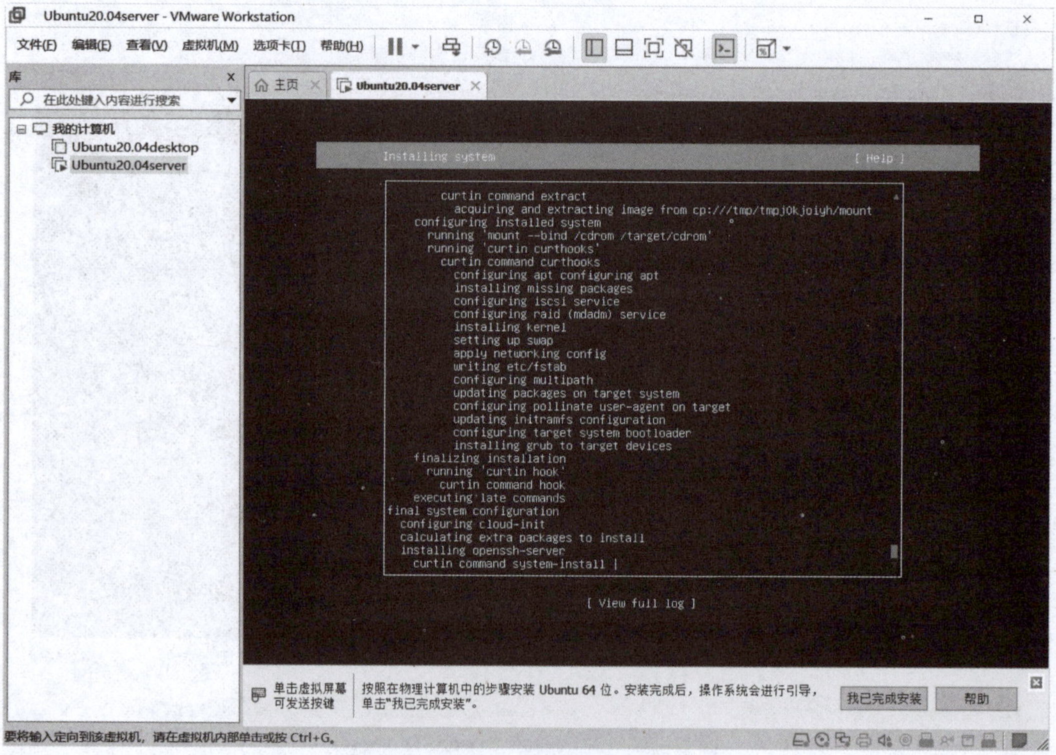

图 1 - 75　开始安装系统

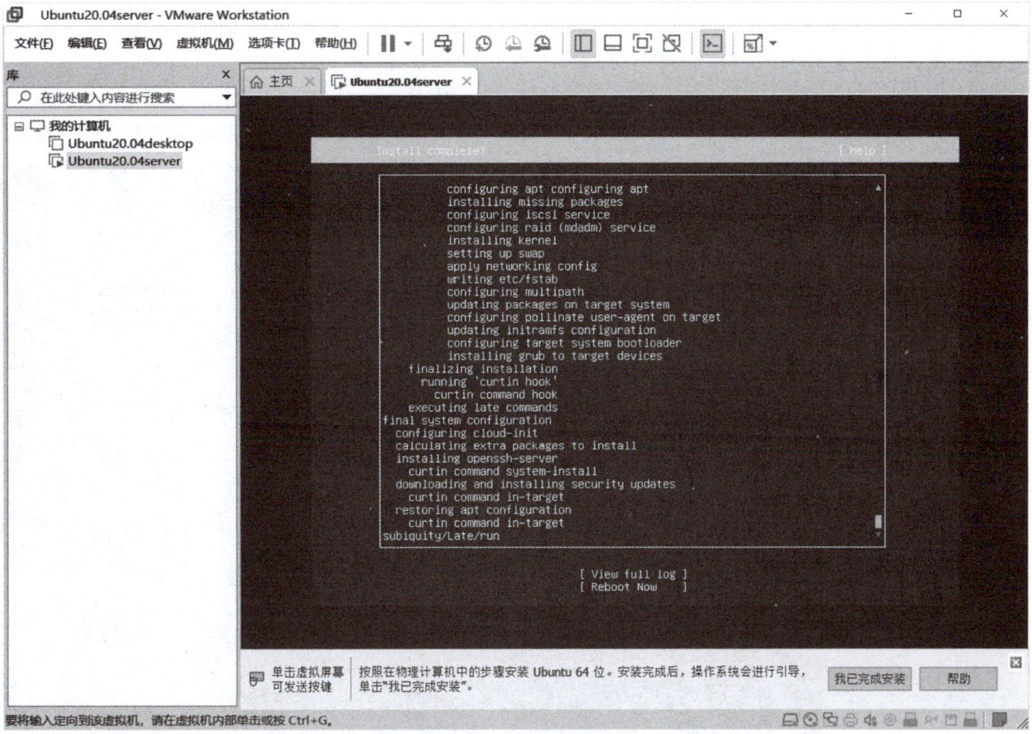

图 1－76　安装完成

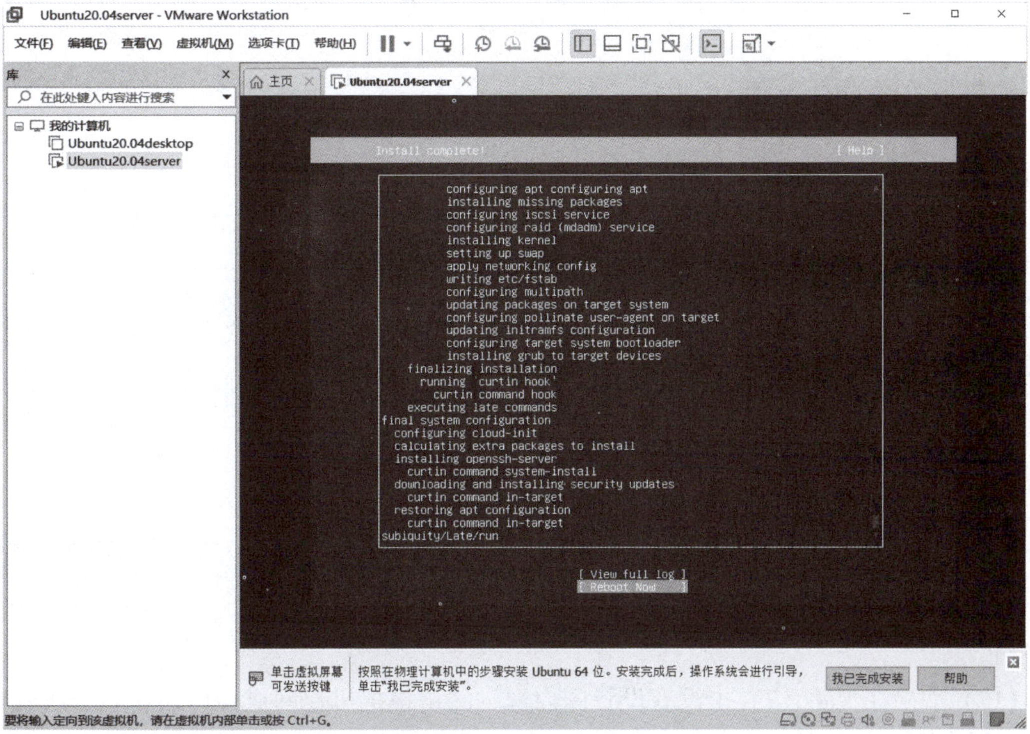

图 1－77　重新启动主机

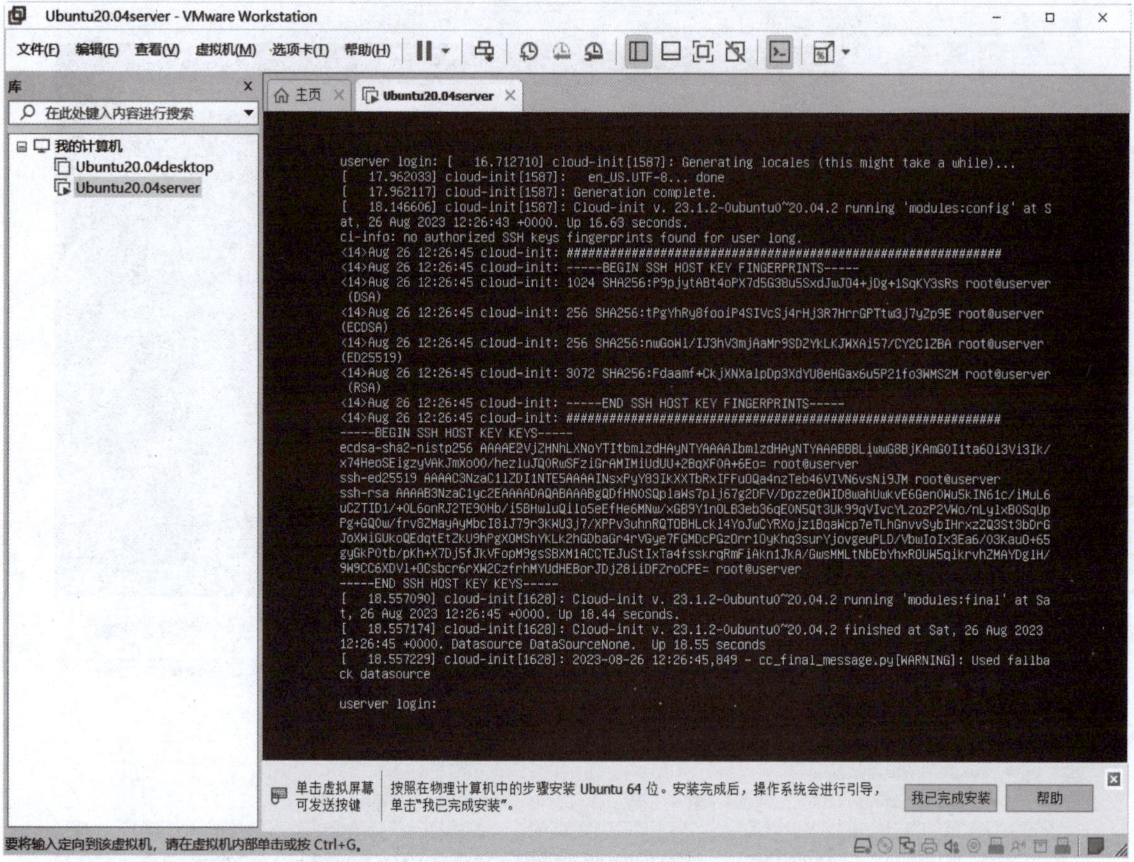

图 1 – 78　Ubuntu 20.04 服务器版命令行界面

小贴士

在 Linux 命令行终端输入密码时，出于安全性考虑，在默认情况下密码不会显示为可见字符。因此，在命令行界面输入密码时不显示可见字符，输入正确后直接按 Enter 键即可。

（16）登录成功后，可以 ping 百度网址，测试虚拟机连网情况。

ping 百度网址命令如下。

```
ping www.baidu.com
```

命令运行结果如图 1 – 79 所示，虚拟机已 ping 通百度网址，说明虚拟机可以成功访问互联网。

（17）如果在步骤（7）中没有设置国内源，测试虚拟机连网成功后还需要修改软件更新源为国内源，参考步骤如下。

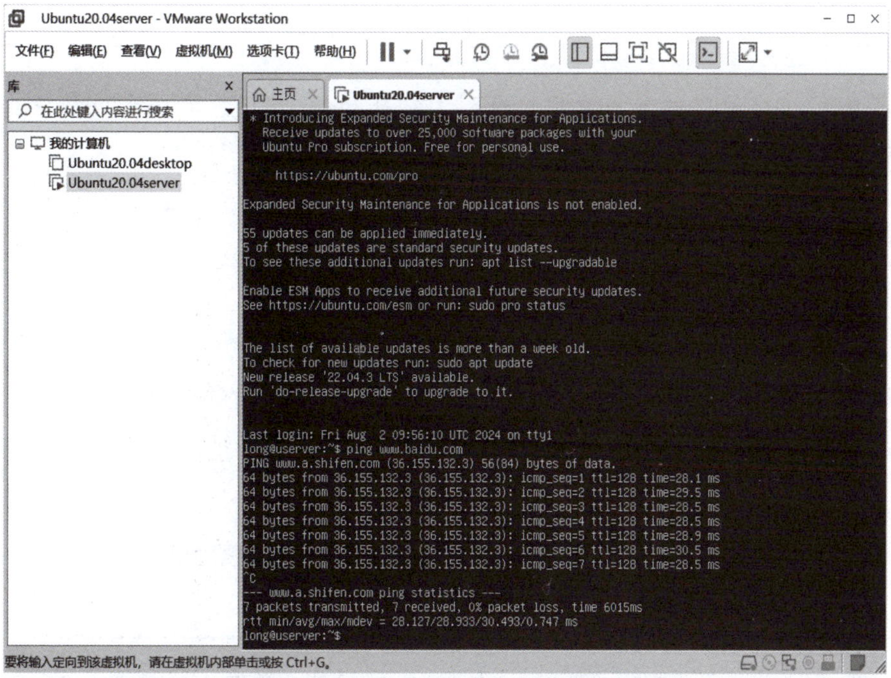

图 1-79 ping 百度网址命令运行结果

①切换目录，命令如下。

```
cd /etc/apt
```

命令运行结果如图 1-80 所示。

图 1-80 命令运行结果

②查看目录下的文件，命令如下。

```
ls
```

命令运行结果如图 1-81 所示。

图 1-81 命令运行结果

③备份软件源配置文件/etc/apt/sources.list，命令如下。

```
sudo cp /etc/apt/sources.list /etc/apt/sources.list.bak
```

命令运行结果如图 1-82 所示。

图 1-82 命令运行结果

📕**小贴士**

使用具有 sudo 权限的非 root 用户有利于学习 Linux 权限, 在操作过程中应注意什么时候加 sudo, 什么时候不加 sudo, 初步了解权限问题。

④修改/etc/apt/sources.list。

使用 nano 编辑器修改文件, 命令如下。

```
sudo nano /etc/apt/sources.list
```

也可以在/etc/apt 目录下, 使用 nano 编辑器修改文件, 命令如下。

```
sudo nano sources.list
```

命令运行结果如图 1-83、图 1-84 所示。

long@userver:/etc/apt$ sudo nano sources.list

图 1-83 命令运行结果

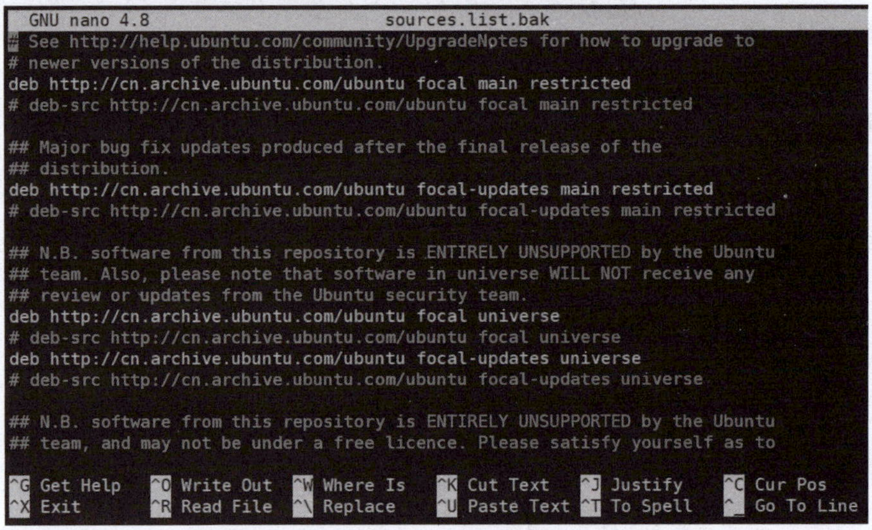

图 1-84 命令运行结果

在 nano 编辑器界面, 根据提示 `^\ Replace`, 按"Ctrl + \"组合键进行软件源地址的查找和替换。

a. 如图 1-85 所示, 输入要查找的软件更新源服务器地址 http://cn.archive.ubuntu.com/ubuntu/, 按 Enter 键确认。

📕**小贴士**

在查找界面, 也可以先选择"http://cn.archive.ubuntu.com/ubuntu/", 接着按"Alt + Insert"组合键复制粘贴所选的"http://cn.archive.ubuntu.com/ubuntu/"到"Search (to replace):"后面, 最后按 Enter 键确认。

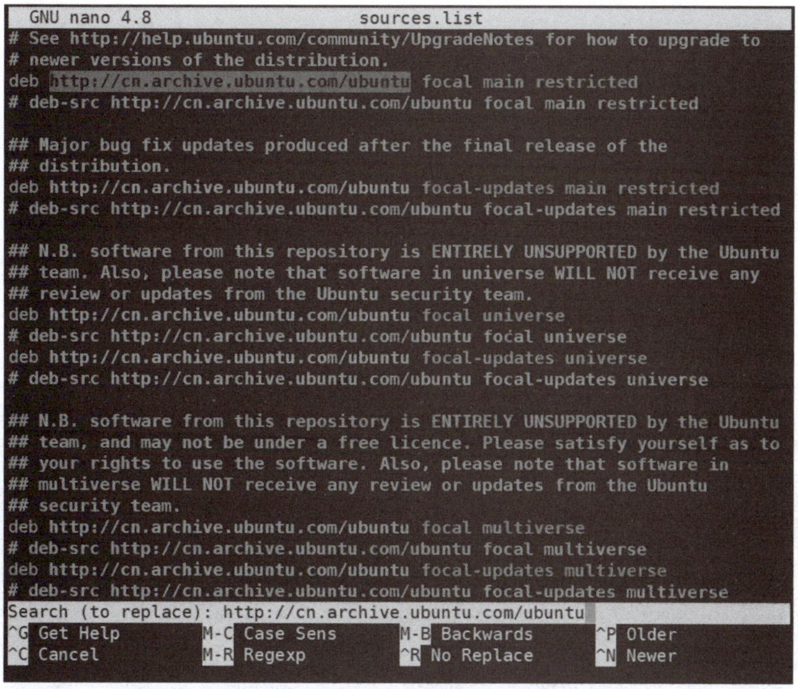

图 1－85　输入要查找的软件更新源服务器地址

b. 如图 1－86 所示，输入要替换成的国内软件更新源服务器地址（如 http://mirrors. aliyun. com/ubuntu，或 http://mirrors. huaweicloud. com/ubuntu，或 http://mirrors. cloud. tencent. com/ubuntu，或其他国内软件更新源服务器地址），然后按 Enter 键确认。

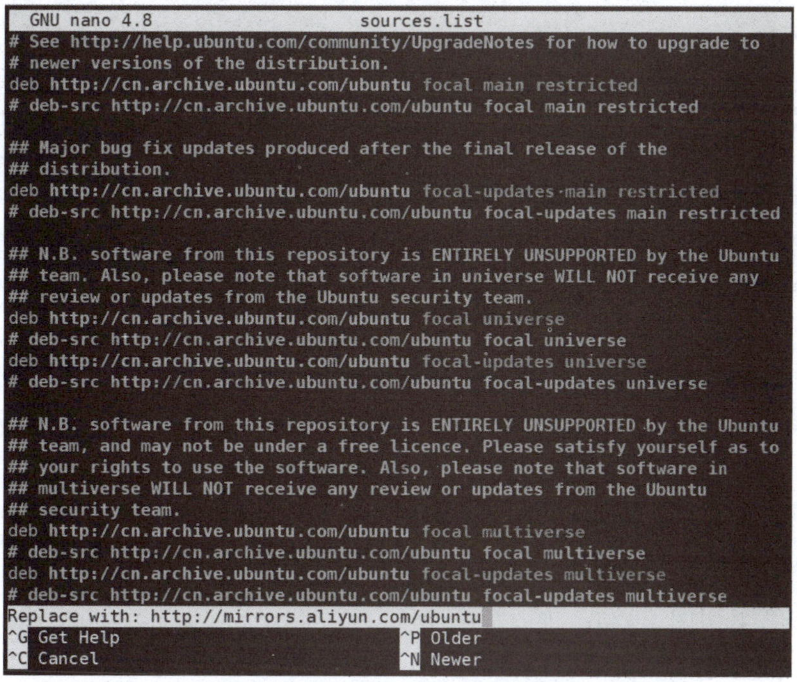

图 1－86　输入要替换成的国内软件更新源服务器地址

小贴士

在替换界面，也可以先在 Windows 操作系统中复制要替换成的国内软件更新源服务器地址，接着进入 nano 编辑器，按“Shift + Insert”组合键将国内软件源服务器地址粘贴到“Replace with:”后面，最后按 Enter 键确认。

c. 如图 1 – 87 所示，输入“Y”可以替换当前查找到的内容，这里输入“A”替换全部查找到的内容。

```
 GNU nano 4.8                     sources.list
# See http://help.ubuntu.com/community/UpgradeNotes for how to upgrade to
# newer versions of the distribution.
deb http://cn.archive.ubuntu.com/ubuntu focal main restricted
# deb-src http://cn.archive.ubuntu.com/ubuntu focal main restricted

## Major bug fix updates produced after the final release of the
## distribution.
deb http://cn.archive.ubuntu.com/ubuntu focal-updates main restricted
# deb-src http://cn.archive.ubuntu.com/ubuntu focal-updates main restricted

## N.B. software from this repository is ENTIRELY UNSUPPORTED by the Ubuntu
## team. Also, please note that software in universe WILL NOT receive any
## review or updates from the Ubuntu security team.
deb http://cn.archive.ubuntu.com/ubuntu focal universe
# deb-src http://cn.archive.ubuntu.com/ubuntu focal universe
deb http://cn.archive.ubuntu.com/ubuntu focal-updates universe
# deb-src http://cn.archive.ubuntu.com/ubuntu focal-updates universe

## N.B. software from this repository is ENTIRELY UNSUPPORTED by the Ubuntu
## team, and may not be under a free licence. Please satisfy yourself as to
## your rights to use the software. Also, please note that software in
## multiverse WILL NOT receive any review or updates from the Ubuntu
## security team.
deb http://cn.archive.ubuntu.com/ubuntu focal multiverse
# deb-src http://cn.archive.ubuntu.com/ubuntu focal multiverse
deb http://cn.archive.ubuntu.com/ubuntu focal-updates multiverse
# deb-src http://cn.archive.ubuntu.com/ubuntu focal-updates multiverse
Replace this instance?
 Y Yes              A All
 N No              ^C Cancel
```

图 1 – 87　确认替换

替换结果如图 1 – 88、图 1 – 89 所示，查看确认所有替换后，可以先按“Ctrl + O”组合键保存修改，接着按“Ctrl + X”组合键退出 nano 编辑器，最后需要使用命令更新软件。

⑤换源命令如下。

```
sudo apt update
```

命令运行结果如图 1 – 90、图 1 – 91 所示。

如果遇到图 1 – 92 所示的问题，可在百度网站查询“Could not get lock /var/lib/apt/lists/lock”，对比搜索到的解决方案后尝试解决。

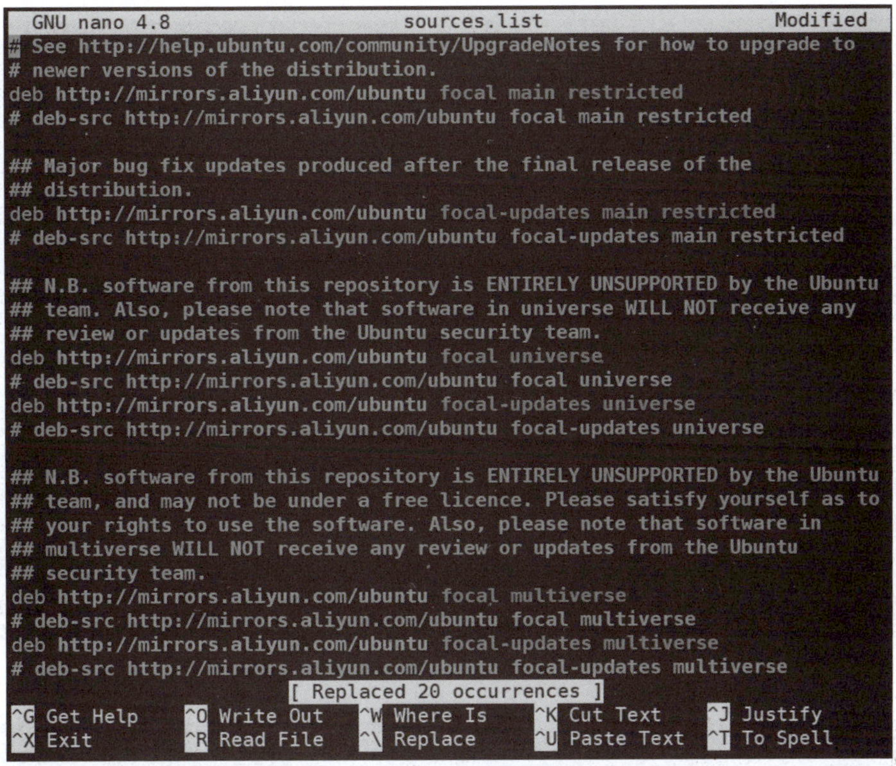

图 1-88　完成替换

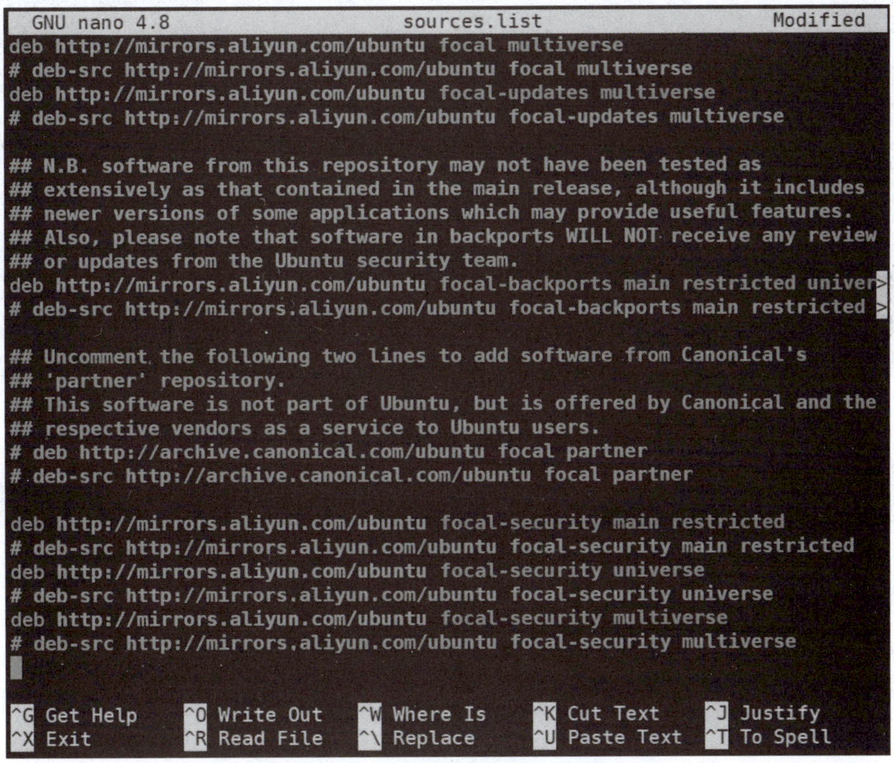

图 1-89　查看并确认所有替换

```
long@userver:/etc/apt$ sudo apt update
Get:1 http://mirrors.aliyun.com/ubuntu focal InRelease [265 kB]
Get:2 http://mirrors.aliyun.com/ubuntu focal-updates InRelease [128 kB]
Get:3 http://mirrors.aliyun.com/ubuntu focal-backports InRelease [128 kB]
Get:4 http://mirrors.aliyun.com/ubuntu focal-security InRelease [128 kB]
Get:5 http://mirrors.aliyun.com/ubuntu focal/main amd64 Packages [970 kB]
Get:6 http://mirrors.aliyun.com/ubuntu focal/main Translation-en [506 kB]
Get:7 http://mirrors.aliyun.com/ubuntu focal/main amd64 c-n-f Metadata [29.5 kB]
Get:8 http://mirrors.aliyun.com/ubuntu focal/restricted amd64 Packages [22.0 kB]
Get:9 http://mirrors.aliyun.com/ubuntu focal/restricted Translation-en [6,212 B]
Get:10 http://mirrors.aliyun.com/ubuntu focal/restricted amd64 c-n-f Metadata [392
B]
Get:11 http://mirrors.aliyun.com/ubuntu focal/universe amd64 Packages [8,628 kB]
Get:12 http://mirrors.aliyun.com/ubuntu focal/universe Translation-en [5,124 kB]
Get:13 http://mirrors.aliyun.com/ubuntu focal/universe amd64 c-n-f Metadata [265 kB]
Get:14 http://mirrors.aliyun.com/ubuntu focal/multiverse amd64 Packages [144 kB]
Get:15 http://mirrors.aliyun.com/ubuntu focal/multiverse Translation-en [104 kB]
Get:16 http://mirrors.aliyun.com/ubuntu focal/multiverse amd64 c-n-f Metadata [9,136 B]
Get:17 http://mirrors.aliyun.com/ubuntu focal-updates/main amd64 Packages [3,462 kB]
Get:18 http://mirrors.aliyun.com/ubuntu focal-updates/main Translation-en [539 kB]
Get:19 http://mirrors.aliyun.com/ubuntu focal-updates/main amd64 c-n-f Metadata [17.7 kB]
Get:20 http://mirrors.aliyun.com/ubuntu focal-updates/restricted amd64 Packages [3,114 kB]
Get:21 http://mirrors.aliyun.com/ubuntu focal-updates/restricted Translation-en [436 kB]
Get:22 http://mirrors.aliyun.com/ubuntu focal-updates/restricted amd64 c-n-f Metadata [540 B]
Get:23 http://mirrors.aliyun.com/ubuntu focal-updates/universe amd64 Packages [1,217 kB]
Get:24 http://mirrors.aliyun.com/ubuntu focal-updates/universe Translation-en [293 kB]
Get:25 http://mirrors.aliyun.com/ubuntu focal-updates/universe amd64 c-n-f Metadata [27.8 kB]
Get:26 http://mirrors.aliyun.com/ubuntu focal-updates/multiverse amd64 Packages [27.1 kB]
Get:27 http://mirrors.aliyun.com/ubuntu focal-updates/multiverse Translation-en [7,936 B]
Get:28 http://mirrors.aliyun.com/ubuntu focal-updates/multiverse amd64 c-n-f Metadata [616 B]
Get:29 http://mirrors.aliyun.com/ubuntu focal-backports/main amd64 Packages [45.7 kB]
```

图 1-90　执行换源命令

```
Get:30 http://mirrors.aliyun.com/ubuntu focal-backports/main Translation-en [16.3 kB]
Get:31 http://mirrors.aliyun.com/ubuntu focal-backports/main amd64 c-n-f Metadata [1,420 B]
Get:32 http://mirrors.aliyun.com/ubuntu focal-backports/restricted amd64 c-n-f Metadata [116 B]
Get:33 http://mirrors.aliyun.com/ubuntu focal-backports/universe amd64 Packages [25.0 kB]
Get:34 http://mirrors.aliyun.com/ubuntu focal-backports/universe Translation-en [16.3 kB]
Get:35 http://mirrors.aliyun.com/ubuntu focal-backports/universe amd64 c-n-f Metadata [880 B]
Get:36 http://mirrors.aliyun.com/ubuntu focal-backports/multiverse amd64 c-n-f Metadata [116 B]
Get:37 http://mirrors.aliyun.com/ubuntu focal-security/main amd64 Packages [3,092 kB]
Get:38 http://mirrors.aliyun.com/ubuntu focal-security/main Translation-en [460 kB]
Get:39 http://mirrors.aliyun.com/ubuntu focal-security/main amd64 c-n-f Metadata [14.1 kB]
Get:40 http://mirrors.aliyun.com/ubuntu focal-security/restricted amd64 Packages [2,996 kB]
Get:41 http://mirrors.aliyun.com/ubuntu focal-security/restricted Translation-en [419 kB]
Get:42 http://mirrors.aliyun.com/ubuntu focal-security/restricted amd64 c-n-f Metadata [544 B]
Get:43 http://mirrors.aliyun.com/ubuntu focal-security/universe amd64 Packages [997 kB]
Get:44 http://mirrors.aliyun.com/ubuntu focal-security/universe Translation-en [211 kB]
Get:45 http://mirrors.aliyun.com/ubuntu focal-security/universe amd64 c-n-f Metadata [21.0 kB]
Get:46 http://mirrors.aliyun.com/ubuntu focal-security/multiverse amd64 Packages [24.8 kB]
Get:47 http://mirrors.aliyun.com/ubuntu focal-security/multiverse Translation-en [5,968 B]
Get:48 http://mirrors.aliyun.com/ubuntu focal-security/multiverse amd64 c-n-f Metadata [540 B]
Fetched 33.9 MB in 1min 39s (342 kB/s)
Reading package lists... Done
Building dependency tree
Reading state information... Done
56 packages can be upgraded. Run 'apt list --upgradable' to see them.
long@userver:/etc/apt$
```

图 1-91　完成换源

```
Reading package lists... Done
E: Could not get lock /var/lib/apt/lists/lock - open (11: Resource temporarily unavailable)
E: Unable to lock directory /var/lib/apt/lists/
```

图 1-92　执行换源报无法获取锁的错误

(18) 关机，导出 OVA 文件。

关机后，选择“文件”→“导出为 OVF”选项，选择保存位置，修改文件保存类型为 OVA，等待正在导出进度条完成，得到导出的 OVA 文件，如图 1-93～图 1-96 所示。

至此，Ubuntu 20.04 服务器版虚拟机安装完毕，且已导出为 OVA 文件。最后需要验证导出的 OVA 文件是否可用。

图 1-93　选择"导出为 OVF"选项

图 1-94　修改文件保存类型为 OVA

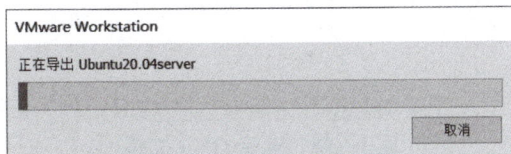

图 1-95　正在导出进度条

图 1-96　得到导出的 OVA 文件

小贴士

在导出 OVA 文件前注意把"CD/DVD（SATA）"→"连接"改回"使用物理驱动器"→"自动检测"。

（19）打开虚拟机，导入 OVA 文件。

打开 VMware Workstation，单击"打开虚拟机"按钮，选择要导入的 OVA 文件，单击"打开"按钮，在"导入虚拟机"对话框中输入新虚拟机的名称和存储路径，单击"导入"按钮，等待正在导入进度条完成，得到导入完成的虚拟机，单击"开启此虚拟机"按钮，选择用户名并输入密码，登录成功，进入桌面，如图 1 – 97 ~ 图 1 – 102 所示。

图 1 – 97　打开虚拟机

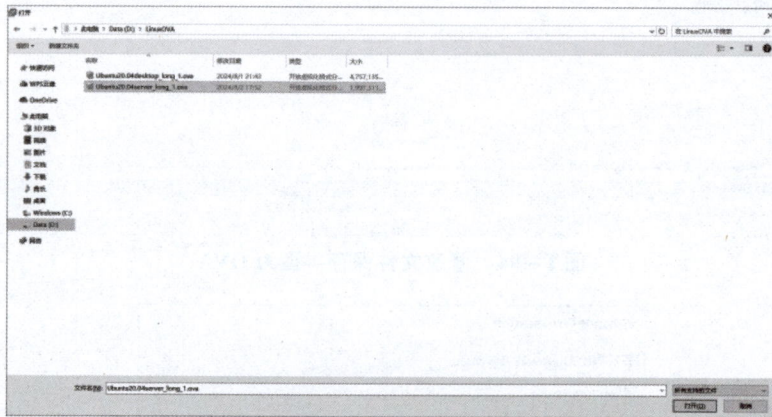

图 1 – 98　选择 OVA 文件

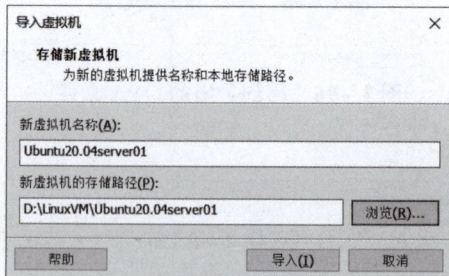

图 1 – 99　导入虚拟机

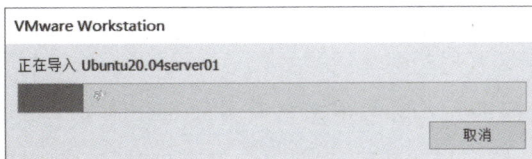

图 1 – 100　正在导入进度条

图 1 – 101　导入完成

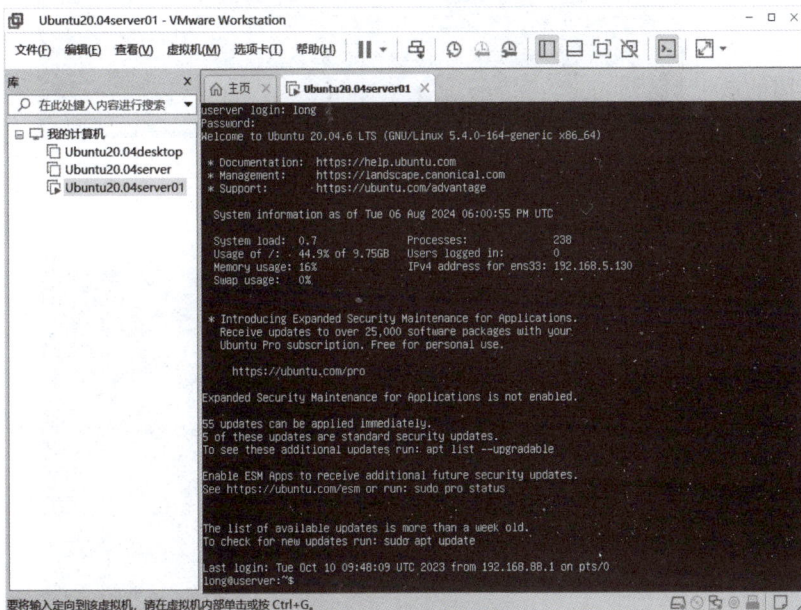

图 1 – 102　登录成功

小贴士

注意本步骤中的虚拟机和之前的虚拟机的名称和存储路径不同。

【任务评价】

评价内容	评价标准参考	参考分	得分
1. 能正常开启并登录 Ubuntu 20.04 服务器版虚拟机	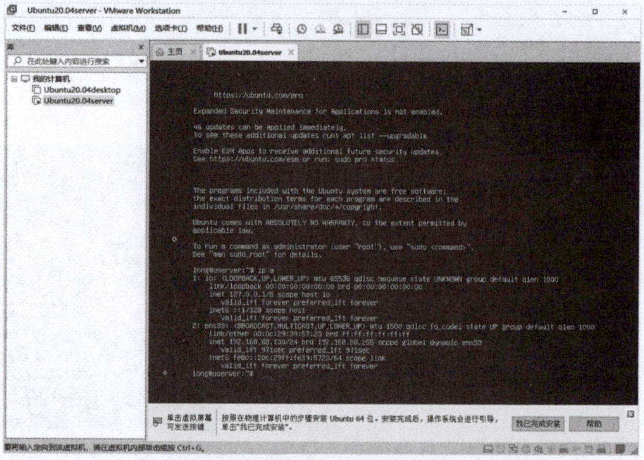	40	
2. 登录后能访问互联网，例如能成功 ping 通百度网址		20	
3. Ubuntu 20.04 服务器版虚拟机软件更新源为国内源（可能是其他位于中国的服务器）		20	
4. 打开导出的 OVA 文件，能创建一台新的 Ubuntu 20.04 服务器版虚拟机，并测试登录成功	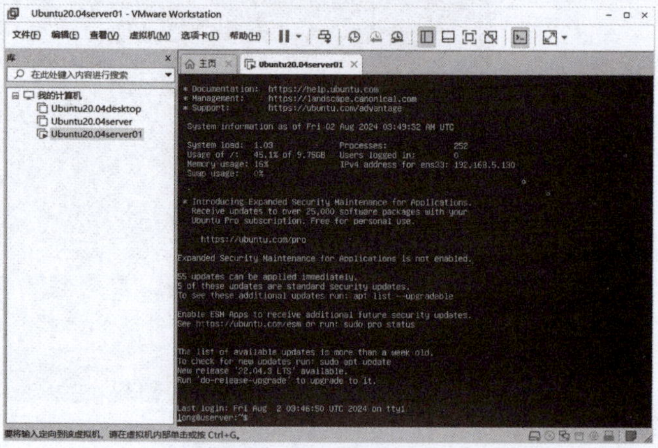	20	

【相关知识】

OVF（Open Virtualization Format）和 OVA（Open Virtualization Appliance）都是开放虚拟化格式的文件规范，用于封装和分布虚拟机。两者的区别在于文件结构和分布方式不同。

OVF 是一种开源的文件规范，主要用于描述一个开源、安全、有效且可拓展的便携式虚拟打包以及软件分布格式。OVF 通常由几个组件组成，包括 OVF 文件、MF 文件、CERT 文件、VMDK 文件和 ISO 文件。其中，OVF 文件负责保证映像文件（VMDK）、资源文件（ISO）与虚拟机配置之间的正确对应。它的作用类似 VMware 中的 VMX 文件和 Xen、KVM 中的 XML 配置文件。OVF 的多文件结构虽然复杂，但它提供了更多的配置选项和更高的灵活性，适合需要详细定制的场景。

相比之下，OVA 是一种更为简化的开放虚拟化设备格式。它包含所有用于部署虚拟机的必要信息，并且是由 DMTF（Distributed Management Task Force）定义的。与 OVF 的多个文件不同，OVA 将所有必要的信息封装在一个单一的 TAR 文件中，这使它在便携性方面具有显著优势。然而，这种单一文件结构也意味着 OVA 在配置灵活性上可能有所欠缺，难以适应复杂的虚拟化环境需求。

此外，从网络传输和存储的角度来看，OVF 由于其结构化的文件组成，可能在初次传输时显得较为复杂，但其组件可以被单独更新或修改，从而在一定程度上减少了重复传输的数据量。OVA 由于是单一文件，虽然首次传输简便，但如果其中一部分内容需要修改，则可能需要重新传输整个文件。

综上所述，对于选择 OVF 还是 OVA 作为虚拟机打包方式，需要根据具体应用场景、配置需求和传输效率综合考虑。OVF 因其强大的配置描述和较高的兼容性，适用于需要高度定制的虚拟化环境；OVA 由于其便携性，更适用于简单和快速的部署场景。

项目 2　远程连接虚拟机

项目描述

Linux 虚拟机被广泛应用于服务器、云设施和开发环境，日常使用 Linux 虚拟机时，通常使用远程连接工具进行连接，这不仅提高了工作效率，也提高了操作的便利性和安全性。龙师傅让 IT 学员们了解并安装合适的远程连接工具，使用远程连接工具连接安装好的 Ubuntu 20.04 桌面版和服务器版虚拟机。

项目分析

远程连接工具不仅提高了工作效率，还使管理工作更为便捷和高效。通过 SSH 等安全协议，远程连接工具确保了数据传输的安全性和访问的灵活性。

常用的远程连接工具有 Xshell、SecureCRT、PuTTY、WindTerm、MobaXterm，还有专为 Mac 系统设计的 iTerm2。其中，Xshell 是最常见的用于连接到远程服务器和执行命令的工具，有商业版和免费版，商业版面向企业用户，提供完整的功能和支持，而免费版则主要针对个人、家庭和学校。

使用远程连接工具连接虚拟机，需要为虚拟机设置 SSH 服务，确保可以从本地计算机安全地远程连接到虚拟机。Ubuntu 20.04 桌面版操作系统在安装过程中，默认没有安装 SSH 服务，而 Ubuntu 20.04 服务器版操作系统在安装过程中，可以选择安装 SSH 服务，因此两个版本的操作系统在进行远程连接时可能有所不同。

项目任务分解

根据项目分析的结果，可以把本项目分解为图 1 – 103 所示的 3 个任务。

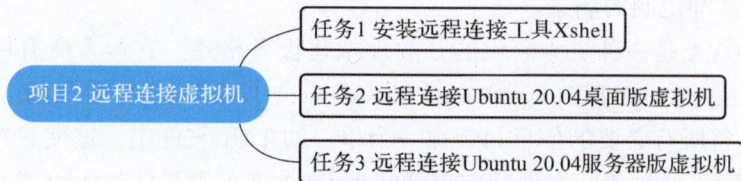

```
                              ┌─ 任务1 安装远程连接工具Xshell
项目2 远程连接虚拟机 ──┼─ 任务2 远程连接Ubuntu 20.04桌面版虚拟机
                              └─ 任务3 远程连接Ubuntu 20.04服务器版虚拟机
```

图 1 – 103 "远程连接虚拟机" 项目任务分解

项目目标

知识目标

（1）了解远程连接工具的作用与重要性。

（2）掌握 Xshell 的安装步骤，能在操作系统中下载、安装并激活 Xshell。

（3）了解远程连接 Ubuntu 20.04 桌面版的方法和步骤。

（4）了解远程连接 Ubuntu 20.04 服务器版的方法和步骤。

（5）初步了解基本的 Linux 命令操作。

（6）初步了解 Linux 文件权限。

能力目标

（1）能独立完成 Xshell 的下载、安装和初步配置。

（2）能进行必要的 Linux 命令操作。

（3）能通过 Xshell 远程连接 Ubuntu 20.04 桌面版。

（4）能通过 Xshell 远程连接 Ubuntu 20.04 服务器版。

素质目标

（1）培养对细节的关注和解决问题的耐心。

（2）通过解决安装和连接过程中可能遇到的错误，提高逻辑分析和解决问题的能力。

（3）鼓励在遇到未知问题时，自主查找资料和学习新知识，以提高自我学习和解决问题的能力。

任务1 安装远程连接工具 Xshell

【任务分析】

要安装远程连接工具 Xshell，需要在 Xshell 官网下载合适的 Xshell 版本：对于商业用途，选择收费的商业版；对于非商业用途，选择免费版。

【任务准备】

根据用途，准备好对应版本的 Xshell 安装程序，Xshell 官网地址为 https://www.xshell.com/zh/free-for-home-school/。

【任务实施】

下面以免费的 Xshell 7 个人版为例说明 Xshell 安装过程。

（1）双击 Xshell 7 个人版安装程序文件 ⚫ Xshell-7.0.0164p.exe 运行安装包，进入欢迎界面，如图 1-104 所示。

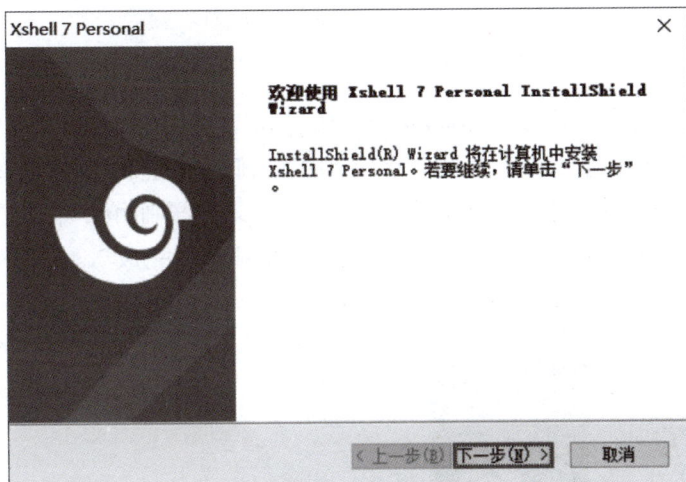

图 1-104　欢迎界面

（2）在欢迎界面中单击"下一步"按钮，进入"许可证协议"界面，勾选"我接受许可协议中的条款"，再单击"下一步"按钮。

（3）进入"选择目的地位置"界面，如图 1-105 所示。可单击"浏览"按钮，在弹出的对话框选择自定义安装路径。此处使用默认目的地文件夹，直接单击"下一步"按钮。

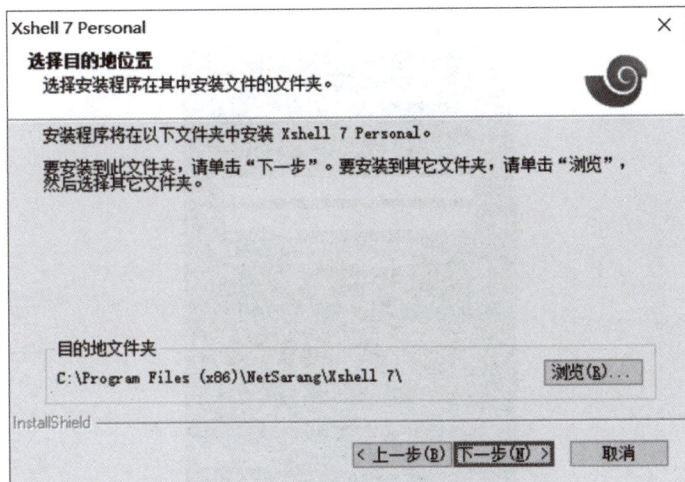

图 1-105　"选择目的地位置"界面

（4）可根据需要选择程序文件夹，如图 1 – 106 所示，然后单击"安装"按钮。

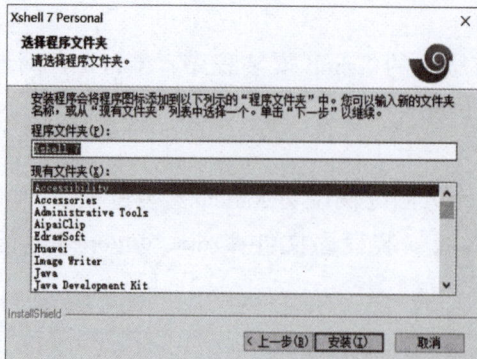

图 1 – 106　"选择程序文件夹"界面

（5）安装程序在计算机中安装 Xshell 个人版，如图 1 – 107 所示，单击"完成"按钮，弹出图 1 – 108 所示对话框，输入自己的名字和电子邮箱地址，单击"提交"按钮，等待 NetSarang 发送注册链接到刚刚输入的电子邮箱后，登录电子邮箱，单击链接以验证电子邮箱地址并完成注册，下次重新启动 Xshell 个人版软件时即可完成 Xshell 7 Personal 免费许可注册，如图 1 – 109、图 1 – 110 所示。

图 1 – 107　安装完成

图 1 – 108　免费许可注册对话框

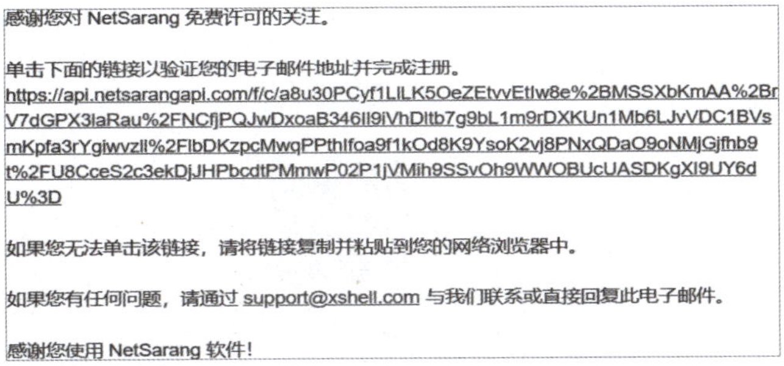

> 感谢您对 NetSarang 免费许可的关注。
>
> 单击下面的链接以验证您的电子邮件地址并完成注册。
> https://api.netsarangapi.com/f/c/a8u30PCyf1LILK5OeZEtvvEtIw8e%2BMSSXbKmAA%2Br
> V7dGPX3IaRau%2FNCfjPQJwDxoaB346Il9IVhDltb7g9bL1m9rDXKUn1Mb6LJvVDC1BVs
> mKpfa3rYgiwvzlI%2FIbDKzpcMwqPPthIfoa9f1kOd8K9YsoK2vj8PNxQDaO9oNMjGjfhb9
> t%2FU8CceS2c3ekDjJHPbcdtPMmwP02P1jVMih9SSvOh9WWOBUcUASDKgXI9UY6d
> U%3D
>
> 如果您无法单击该链接，请将链接复制并粘贴到您的网络浏览器中。
>
> 如果您有任何问题，请通过 support@xshell.com 与我们联系或直接回复此电子邮件。
>
> 感谢您使用 NetSarang 软件!

图 1–109　验证电子邮箱地址的邮件

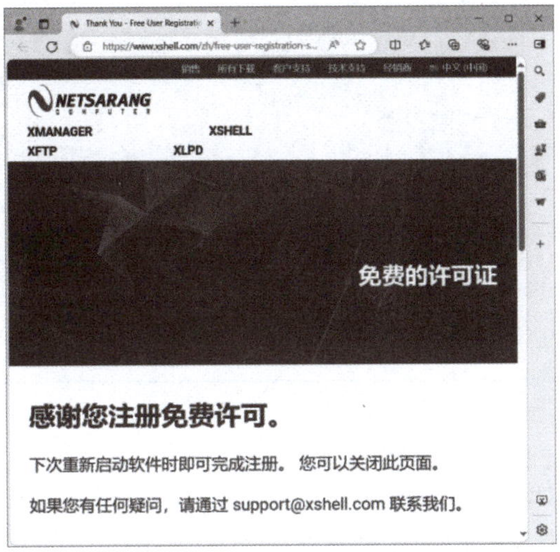

图 1–110　完成注册免费许可

（6）注册成功后，即可以免费使用 Xshell，Xshell 窗口如图 1–111 所示。

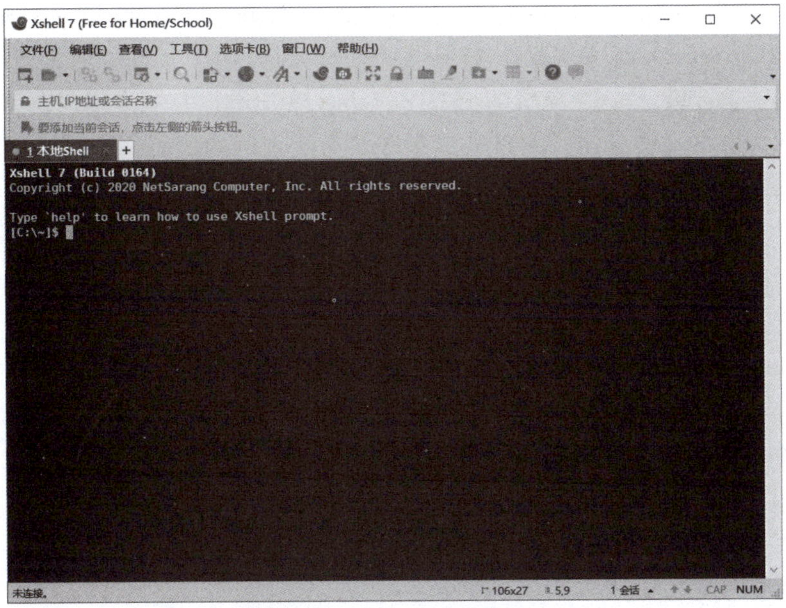

图 1–111　Xshell 窗口

【任务评价】

评价内容	评价标准参考	参考分	得分
1. 桌面上有 Xshell 快捷方式图标		50	
2. 双击 Xshell 快捷方式图标，能正常打开 Xshell 窗口		50	

【相关知识】

常见的远程连接工具如下。

（1）Xshell。Xshell 是一个非常强大的安全终端模拟软件，它支持 SSH1、SSH2，以及 Windows 平台的 Telnet 协议。Xshell 可以在 Windows 界面中访问远端不同系统中的服务器，从而比较好地达到远程控制终端的目的。

（2）SecureCRT。SecureCRT 支持 SSH，同时支持 Telnet 和 rlogin 协议。SecureCRT 是一款用于连接、运行 Windows、UNIX 和 VMS 等的理想工具。

（3）PuTTY。PuTTY 是一个免费的 SSH 和 Telnet 客户端，它允许用户在 Windows 操作系统中连接 UNIX 和 Linux 服务器。PuTTY 具有许多功能，例如代码页选择、多重会话、自定义键映射、鼠标控制等。

（4）MobaXterm。MobaXterm 是一款免费的 X11 服务器管理器，它提供了一组简单的工具来管理远程 Linux 服务器。MobaXterm 包含了 SSH、Telnet、RDP、VNC、SFTP 和 FTP 客户端等。

（5）NXshell。NXshell 是一款开源的 Linux 远程管理工具。针对软件的功能目标，NXshell 提供了丰富的插件支持，可以满足不同用户对 Linux 服务器管理的需求。

其中，Xshell 是最常见的用于连接到远程服务器和执行命令的工具。

任务 2　远程连接 Ubuntu 20.04 桌面版虚拟机

【任务分析】

Ubuntu 20.04 桌面版是最受欢迎的 Linux 桌面操作系统之一，它不仅提供友好的图形化界面，使用户能够在本地轻松地执行日常任务，如文档编辑、网页浏览和多媒体播放，而且在专业环境中，尤其是系统管理和开发场景中，更多地依赖远程连接命令进行操作。这种命令行操作通常通过 SSH 等工具实现，它允许用户在本地通过命令行界面控制远程计算机，这种方式可以大大提高工作的效率和执行力。

在设置虚拟机的过程中，配置 SSH 服务是一个关键步骤，这确保可以从本地安全地远程连接虚拟机。SSH 服务为两台计算机之间的通信加密，保护数据不受外界拦截和篡改。在 Ubuntu 20.04 桌面版虚拟机的安装过程中，默认没有安装 SSH 服务，因此需要为虚拟机安装和配置 SSH 服务，确保可以从本地安全地远程连接到虚拟机。

【任务准备】

（1）完成本模块项目 1 的任务 1 ~ 3，在 Windows 操作系统中成功安装 VMware 虚拟机软件，在 VMware 中为 Ubuntu 20.04 桌面版创建虚拟机，并完成 Ubuntu 20.04 桌面版的安装。

（2）完成本模块项目 2 的任务 1，安装远程连接工具 Xshell。

【任务实施】

1. 查看 IP 地址

远程连接虚拟机，需要知道虚拟机的 IP 地址，可以打开终端，使用命令查看 IP 地址。Ubuntu 20.04 桌面版的终端类似 Windows 的命令提示符，可以到全部应用程序中找到终端，或者按"Ctrl + Alt + T"组合键打开终端。输入命令，查看 IP 地址，如图 1 – 111 所示，ens33 的 IP 地址即虚拟机在 NAT 局域网内的 IP 地址。

查看 IP 地址的命令如下。

```
ip addr
```

命令运行结果如图 1 – 112 所示。

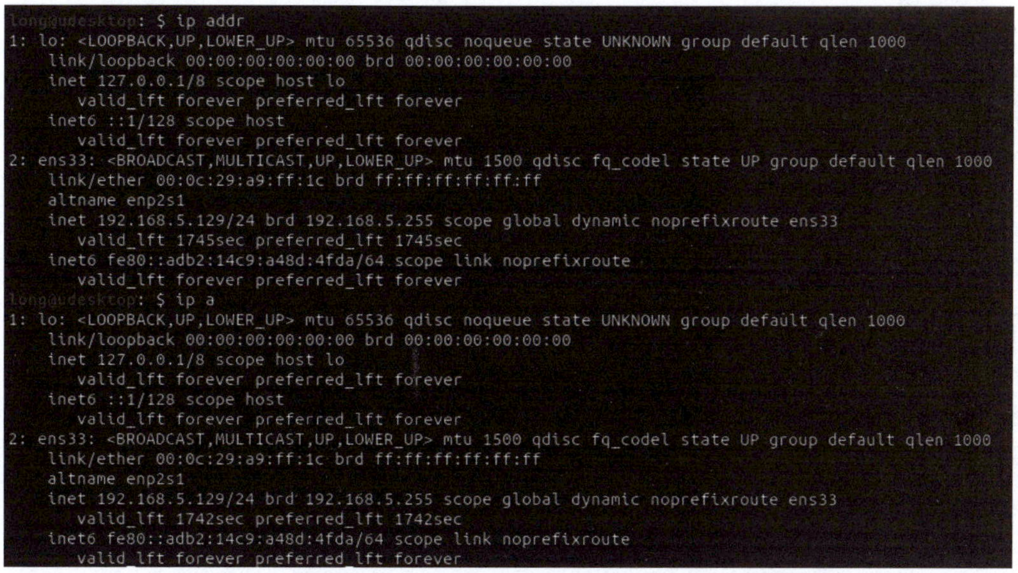

图 1 – 112　查看 IP 地址

📖 **小贴士**

ip addr 也可以简写为 ip a。

2. 尝试 Xshell 连接

如图 1-113、图 1-114 所示，直接使用 Xshell 连接刚安装好操作系统的 Ubuntu 20.04 桌面版虚拟机，会连接失败。可以通过查看 SSH 服务的状态来排查 Xshell 连接失败的原因。

图 1-113 "新建会话属性"对话框

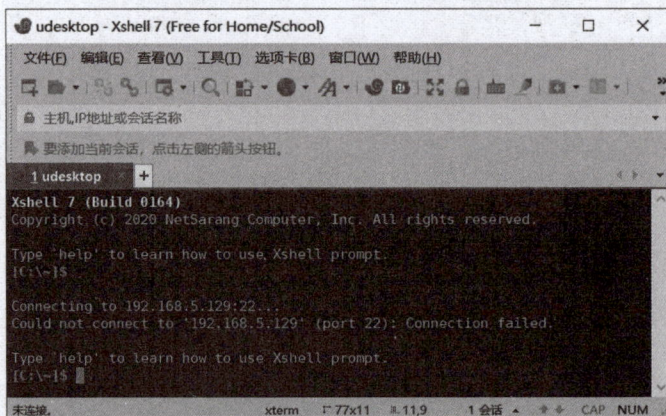

图 1-114 连接失败

查看 SSH 服务状态的命令如下。

```
systemctl status ssh
```

命令运行结果如图 1–115 所示。

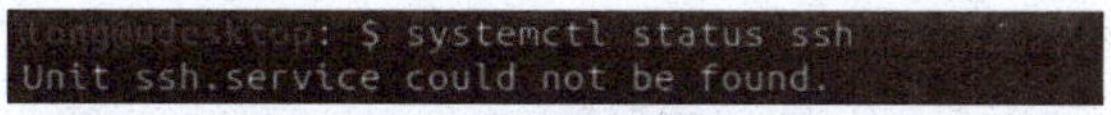

图 1–115　没有找到 SSH 服务

结果显示，在 Ubuntu 20.04 桌面版虚拟机的操作系统安装过程中默认没有安装 SSH 服务，因此需要为虚拟机安装和配置 SSH 服务。

3. 在线安装 openssh – server

在线安装 openssh – server 时，一般需要先更新软件列表，然后执行相关的安装命令。

在线安装 openssh – server 的步骤如下。

（1）更新软件列表，命令如下。

```
sudo apt update
```

命令运行结果如图 1–116 所示。

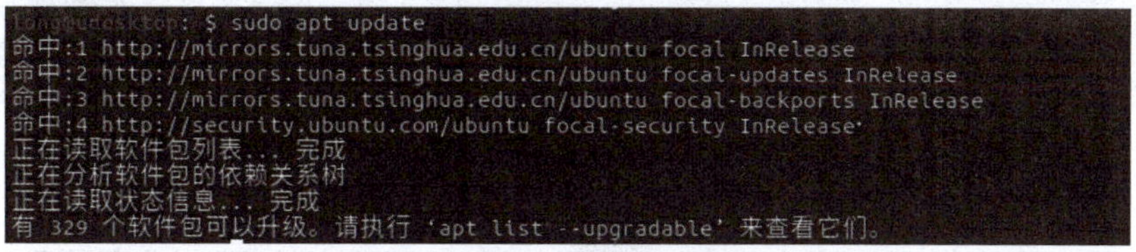

图 1–116　更新软件列表

（2）在线安装 openssh – server，命令如下。

```
sudo apt – get install openssh – server
```

命令运行结果如图 1–117、图 1–118 所示。

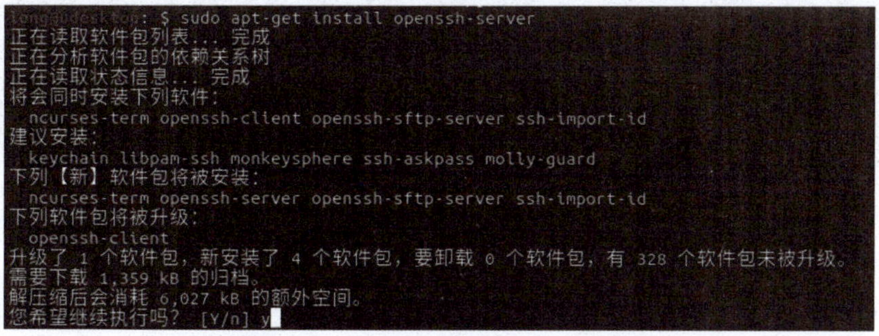

图 1–117　在线安装 openssh – server

4. 安装完成后查看 SSH 服务状态

查看 SSH 服务状态的命令前文已介绍。

命令运行结果如图 1–119 所示。可以看到，SSH 服务状态已是 active（running）。

图 1 – 118   openssh – server 安装成功

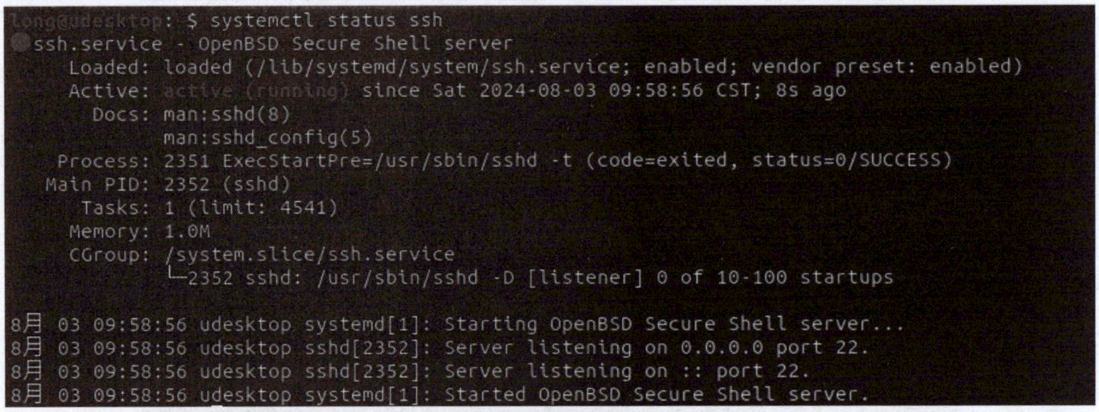

图 1 – 119   SSH 服务状态是 active

5. Xshell 重新连接虚拟机

第一次使用 Xshell 连接虚拟机，会弹出图 1 – 120 所示"SSH 安全警告"对话框，可以单击"一次性接受"按钮，那么下次连接时还会弹出该对话框，这里单击"接受并保存"按钮，则下次连接时如果 IP 地址等没有变化，就不再弹出该对话框。

在图 1 – 121、图 1 – 122 所示的对话框中输入用户名、密码，单击"确定"按钮，通过验证后即可连接成功，如图 1 – 123 所示。

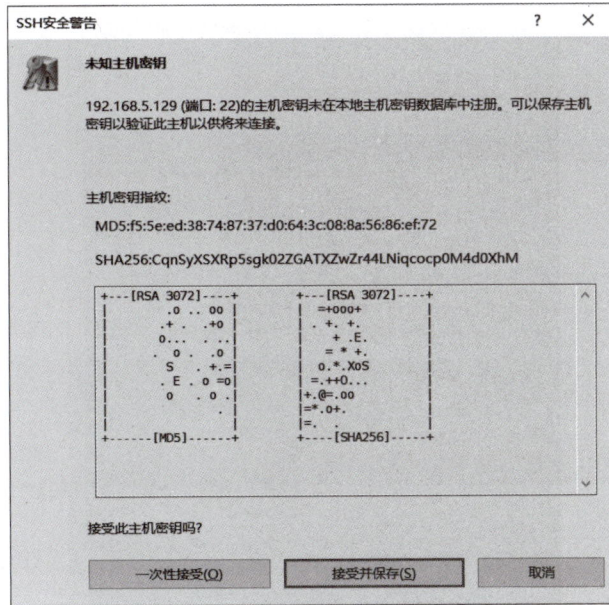

图 1 – 120　"SSH 安全警告"对话框

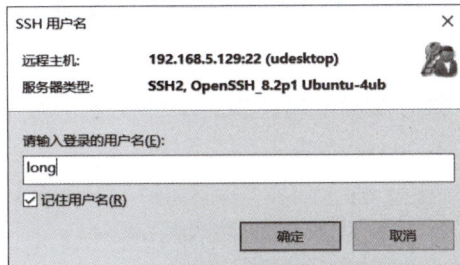

图 1 – 121　输入用户名

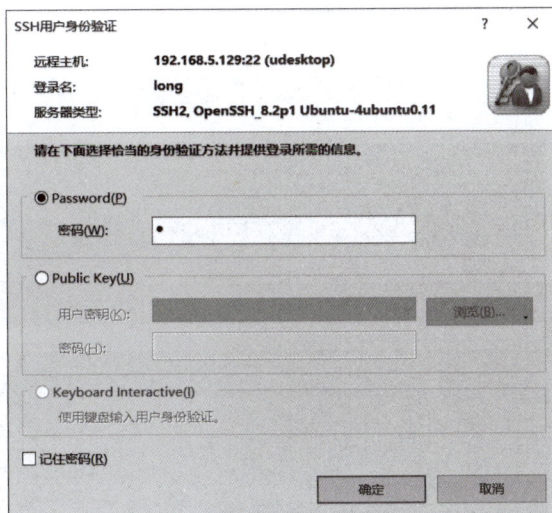

图 1 – 122　输入密码

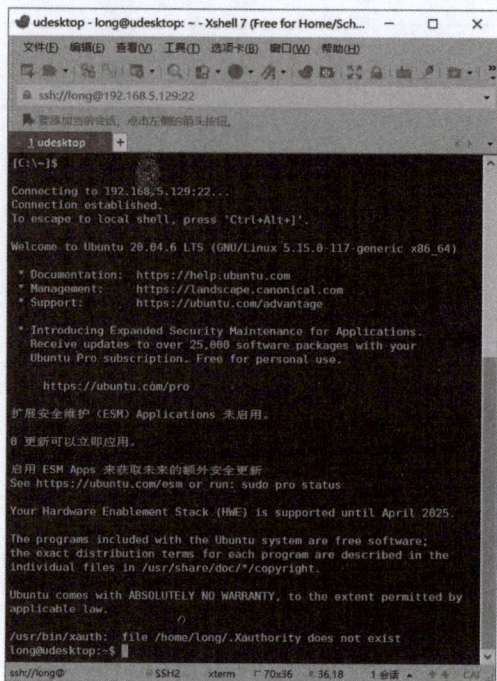

图 1-123　Xshell 连接虚拟机成功

6. 关机，导出 OVA 文件

导出 OVA 文件的详细步骤可参考本模块项目 1 中任务 3 的【任务实施】步骤（17）。

小贴士

导出 OVA 文件成功后，参考本模块项目 1 中任务 3 的【任务实施】步骤（18）进行 OVA 文件可用性验证。

【任务评价】

评价内容	评价标准参考	参考分	得分
1. 正常登录 Ubuntu 20.04 桌面版虚拟机，能获取 IP 地址		30	
2. Ubuntu 20.04 桌面版虚拟机的 SSH 服务状态为 active（running）		30	

评价内容	评价标准参考	参考分	得分
3. 能用 Xshell 等远程连接工具连接 Ubuntu 20.04 桌面版虚拟机	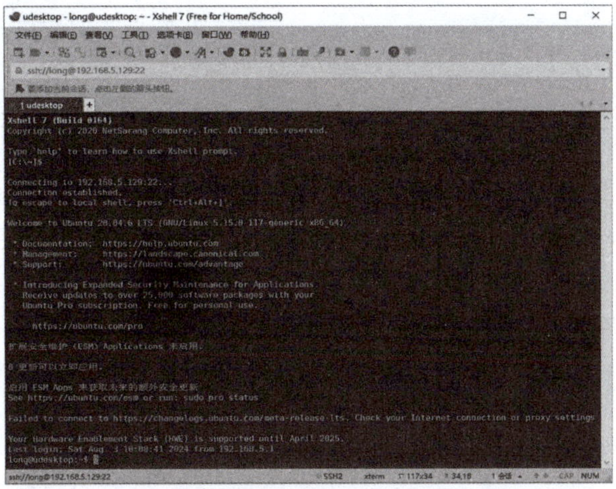	20	
4. 打开本任务导出的 OVA 文件，能创建一台新的 Ubuntu 20.04 桌面版虚拟机，并测试登录和 Xshell 连接成功	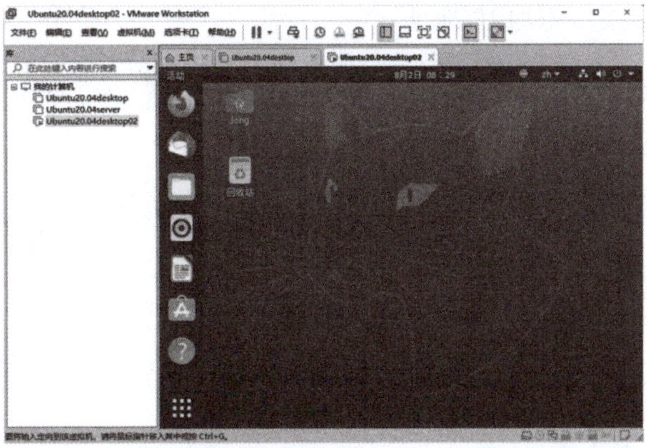 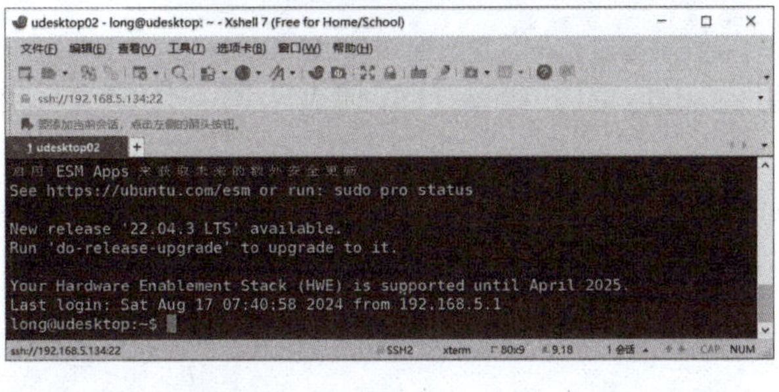	20	

【相关知识】

1. ip addr 命令

（1）说明。ip addr 命令是 Linux 操作系统中的一个网络管理工具，用于显示和配置系统中的网络接口及其地址信息。它可以列出系统中所有的网络接口及其详细信息，包括网络接口名称、MAC 地址、IP 地址、子网掩码、广播地址、网络类型、状态、传输单元大小等。

它是 Linux 操作系统中常用的一个网络管理命令，可以帮助网络管理员诊断网络故障、配置网络参数、调试网络应用等。

（2）语法格式。

```
ip addr [show] [设备名称]
ip addr add [IP 地址] dev [设备名称]
ip addr del [IP 地址] dev [设备名称]
```

在上述语法格式中，show 用于显示设备的 IP 地址信息，add 用于添加 IP 地址，del 用于删除 IP 地址。dev 后面跟设备名称，例如 eth0、lo 等。

（3）实践操作。

①显示所有网络接口的 IP 地址信息：

```
ip addr show
```

②显示特定网络接口的 IP 地址信息：

```
ip addr show eth0
```

③给特定网络接口添加 IP 地址：

```
ip addr add 192.168.1.2/24 dev eth0
```

④删除特定网络接口的 IP 地址：

```
ip addr del 192.168.1.2/24 dev eth0
```

2. ifconfig 命令

（1）说明。ifconfig 命令类似 Windows 操作系统中的 ipconfig 命令，用于显示网卡 IP 地址等参数信息。

（2）语法格式。

```
ifconfig [网络接口] [参数选项]
```

网络接口指的是 eth0、eth1 和 lo，分别表示第一块网卡、第二块网卡和回环接口。该选项是非必填项。

（3）参数说明见表 1 - 2。

表 1 - 2   ifconfig 命令的参数说明

参数	参数说明
- a	显示所有网络接口信息，包括活动的和非活动的
- up	激活指定网络接口
- down	关闭指定网络接口
hw	设置网络接口的物理地址（MAC 地址）

（4）实践操作。

①显示当前系统开启的所有网络接口信息：

```
[long@ udesktop: ~] $ ifconfig
ens33:flags = 4163 < UP,BROADCAST,RUNNING,MULTICAST > mtu 1500
      inet 192.168.5.129 netmask 255.255.255.0 broadcast 192.168.5.255
      inet6 fe80::adb2:14c9:a48d:4fda prefixlen 64 scopeid 0x20 < link >
      ether 00:0c:29:a9:ff:1c txqueuelen 1000(以太网)
      RX packets 16811 bytes 24411085(24.4 MB)
      RX errors 0 dropped 0 overruns 0 frame 0
      TX packets 2043 bytes 209422(209.4 KB)
      TX errors 0 dropped 0 overruns 0 carrier 0 collisions 0
lo:flags = 73 < UP,LOOPBACK,RUNNING > mtu 65536
      inet 127.0.0.1 netmask 255.0.0.0
      inet6 ::1 prefixlen 128 scopeid 0x10 < host >
      loop txqueuelen 1000(本地环回)
      RX packets 151 bytes 14692(14.6 KB)
      RX errors 0 dropped 0 overruns 0 frame 0
      TX packets 151 bytes 14692(14.6 KB)
      TX errors 0 dropped 0 overruns 0 carrier 0 collisions 0
```

其中，ens33 表示网络接口，lo 表示回环接口。

②显示指定网卡 eth33 信息：

```
[long@ udesktop: ~] $ ifconfig ens33
ens33:flags = 4163 < UP,BROADCAST,RUNNING,MULTICAST > mtu 1500
      inet 192.168.5.129 netmask 255.255.255.0 broadcast 192.168.5.255
      inet6 fe80::adb2:14c9:a48d:4fda prefixlen 64 scopeid 0x20 < link >
      ether 00:0c:29:a9:ff:1c txqueuelen 1000(以太网)
      RX packets 16968 bytes 24461119(24.4 MB)
      RX errors 0 dropped 0 overruns 0 frame 0
      TX packets 2080 bytes 220848(220.8 KB)
      TX errors 0 dropped 0 overruns 0 carrier 0 collisions 0
```

③启动/关闭网卡。

a. 关闭网卡：

```
[long@ udesktop: ~] $ ifconfig eth33 down
```

b. 启动网卡：

```
[long@ udesktop: ~] $ ifconfig eth33 up
```

④设置网卡 IP 地址：

```
[long@ udesktop: ~] $ ifconfig eth33 192.168.5.170
```

3. ssh 命令

（1）说明。ssh 命令用于安全地登录远程服务器，实现对服务器的远程管理。

（2）语法格式。

```
ssh [参数选项] [用户名@] [主机名或 IP 地址] [远程执行的命令]
```

（3）参数说明见表 1 – 3。

表 1 – 3　ssh 命令的参数说明

参数	参数说明
– p	指定 SSH 登录端口，如果忽略则默认为 22 端口
– t	强制分配伪终端，可以在远程机器上执行任何全屏幕程序
– v	进入调试模式

（4）实践操作。

①远程登录服务器：

```
[long@ udesktop: ~] $ ssh 192.168.5.129
```

②远程执行命令：

```
[long@ udesktop: ~] $ ssh 192.168.5.129 "free –m"
```

任务 3　远程连接 Ubuntu 20.04 服务器版虚拟机

【任务分析】

Ubuntu 20.04 服务器版操作系统通常使用远程连接命令进行操作。这种命令行操作通常通过 SSH 等工具实现，它允许用户在本地通过命令行界面控制远程计算机，这种方式可以大大提高工作的效率和执行力。

【任务准备】

（1）完成本模块项目 1 的任务 1，2，4，在 Windows 操作系统中成功安装 VMware 虚拟机软件，在 VMware 中为 Ubuntu 20.04 服务器版创建了虚拟机，并完成 Ubuntu 20.04 服务器版的安装。

（2）完成本模块项目 2 的任务 1，安装远程连接工具 Xshell。

【任务实施】

（1）登录成功后，查看 IP 地址和 SSH 服务状态。

①查看 IP 地址，命令如下。

```
ip addr
```

命令运行结果如图 1 – 124 所示。

图 1 - 124　查看 IP 地址

②查看 SSH 服务状态，命令如下。

```
systemctl status ssh
```

命令运行结果如图 1 - 125 所示。

图 1 - 125　查看 SSH 服务状态

（2）Xshell 连接安装好的虚拟机。

使用已查到的 IP 地址新建连接，如图 1 - 126 所示。

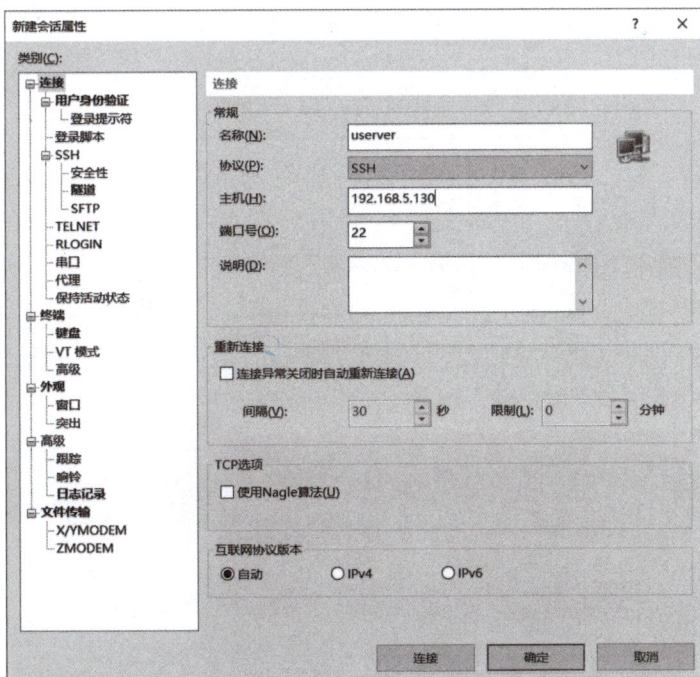

图 1 - 126　新建连接

（3）接受密钥，如图1-127所示。

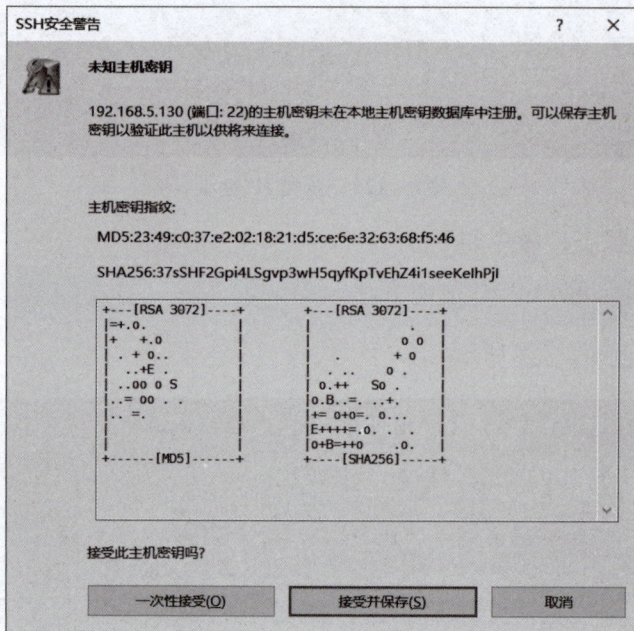

图1-127 接受密钥

（4）输入用户名、密码，如图1-128、图1-129所示。

图1-128 输入用户名

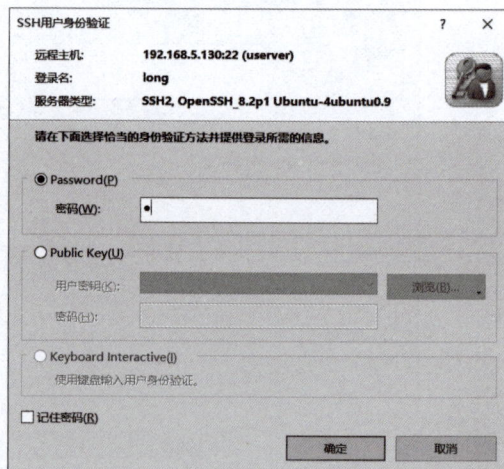

图1-129 输入密码

（5）Xshell 登录 Ubuntu 20.04 服务器版虚拟机成功，如图 1 - 130 所示。

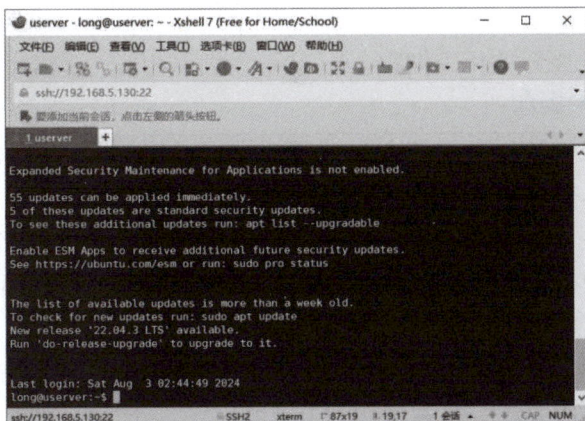

图 1 - 130　Xshell 登录 Ubuntu 20.04 服务器版虚拟机成功

【任务评价】

评价内容	评价标准参考	参考分	得分
1. 正常登录 Ubuntu 20.04 服务器版虚拟机，能获取 IP 地址		40	
2. Ubuntu 20.04 服务器版虚拟机 SSH 服务状态为 active（running）		40	
3. 能使用 Xshell 等远程连接工具连接 Ubuntu 20.04 服务器版虚拟机		20	

【相关知识】

　　SSH 是一种网络安全协议，它通过加密和认证机制实现安全的访问和文件传输等业务。SSH 的全称是 Secure Shell，意为"安全外壳"，它是一个计算机网络协议，默认端口号为

22。该协议广泛应用于远程登录和操控计算机，以代替传统的不安全协议，如 Telnet 协议和 FTP。

下面详细解析 SSH 服务的相关知识。

1. SSH 服务的基本概念

（1）定义。SSH 是一种用于加密两台计算机之间通信的网络协议，它支持多种身份验证机制，可以确保远程登录和通信的安全。

（2）用途。SSH 主要用于在不安全的网络环境中提供安全的网络服务，例如远程登录和文件传输。其通过加密数据传输和用户身份验证，有效防止信息窃取和篡改。

2. SSH 服务的工作原理

（1）连接建立。SSH 依赖特定端口（默认为 22）进行通信。服务器在该端口侦听连接请求，客户端发起连接请求后，双方建立 TCP 连接。

（2）版本协商。SSH 服务器和客户端通过协商确定使用的 SSH 版本，常见的版本有 SSH1. X 和 SSH2. 0，其中 SSH2. 0 更为常用且安全。

（3）算法协商。服务器和客户端协商确定加密、认证、密钥交换等所需算法，确保数据传输的安全性。

（4）密钥交换和认证。服务器和客户端通过密钥交换算法生成会话密钥，建立加密通道，并进行用户认证，其方法包括密码认证和密钥认证。

3. SSH 服务的实现

（1）OpenSSH。OpenSSH 是 SSH 协议的一种开源实现，已成为 Linux、UNIX 等操作系统的默认实现。它包括客户端和服务器两部分，分别负责远程连接和接受连接。

（2）安装和使用。大多数 Linux 发行版默认安装 OpenSSH。如果需要手动安装，可以在 CentOS 中使用 sudo yum install openssh – clients openssh – server 命令，在 Ubuntu 中使用 sudo apt install openssh – client openssh – server 命令。

4. SSH 服务的身份验证和加密机制

（1）身份验证。SSH 支持密码认证和密钥认证两种方式。密码认证通过用户名和密码验证用户，密钥认证则利用密钥对进行更安全的验证。

（2）加密机制。SSH 通过密钥交换算法动态生成会话密钥，并使用对称加密算法对数据传输进行加/解密，确保通信过程中数据不被窃听或篡改。

5. SSH 服务的进阶使用

（1）配置文件。OpenSSH 的配置文件分为客户端（ssh＿config）和服务器（sshd＿config），分别控制客户端和服务器的行为。

（2）安全隧道。OpenSSH 不仅用于远程登录，还提供了安全隧道功能，可以保护其他网络服务的数据安全。

（3）免密登录。通过公钥认证可以实现免密登录，提高操作的便捷性和安全性。

综上所述，SSH 作为一种重要的网络安全协议，通过加密和认证机制为远程登录和文件传输提供了安全保障。在实际使用中，应合理配置和定期更新 SSH 服务，以确保网络通信持续安全。

模块 2

Ubuntu桌面版开发环境搭建

模块导读

本模块深入介绍 Ubuntu 桌面版在软件开发中的环境搭建过程，特别关注 Python 和 Java 开发环境的设置。本模块的主要目的是引导学生安装和配置必要的开发工具，同时确保学生掌握环境变量配置、文件系统管理、权限控制等与开发环境搭建密切相关的知识。

本模块首先介绍 Python 开发环境的搭建，基于 Ubuntu 20.04 桌面版默认安装的 Python 3.8.10 解释器，完成 pip 的安装与使用，并介绍如何安装和配置常见的 Python 开发环境，以便进行高效的代码编写和项目管理。

接下来，本模块转向 Java 开发环境的搭建，探讨 OpenJDK 与 Oracle JDK 的安装选项和差异，并介绍如何在 Linux 操作系统中管理和切换不同的 Java 版本，包括环境变量配置（如 JAVA_HOME 的设置），以及 Maven 和 Gradle 这两种流行的构建工具的安装和配置。

此外，本模块涉及一些关于 Linux 操作系统的文件操作和权限管理的知识，这对于确保开发环境的顺利运行和项目的安全开发同样重要。

最后，本模块介绍 Java 开发环境 IntelliJ IDEA 的安装和配置。本模块提供详细的安装步骤和配置指南，以确保能够顺利地进行 Java 项目的编写和调试。

通过本模块的学习，学生在 Linux 操作系统中搭建开发环境的技能将得到显著提升，这将为后续更深入的软件开发课程和实际工作奠定坚实的基础。

项目 1 Python 开发环境搭建

项目描述

龙师傅介绍，目前越来越多的人使用 Ubuntu 桌面版进行软/硬件开发。本项目的目标是

73

帮助 IT 学员在 Ubuntu 桌面版默认预安装的 Python 解释器的基础上，通过有限的步骤快速配置 Python 开发环境，并为用户提供多种 IDE 选择，确保不同项目规模和类型的开发需求得到满足。

项目分析

在 Ubuntu 20.04 桌面版上搭建 Python 开发环境，基于系统预装的 Python 3.8.10 解释器，通过两个任务来简化配置流程。首先，安装与管理 Python 包环节涉及确认默认 Python 和 pip 版本，安装所需的 Python 包，并可配置国内映像源以提高下载速度。此外，Python 包的管理和维护也是必要的，可以确保环境的稳定性和更新性。其次，安装配置 Python 开发环境，提供了 3 种选择：Thonny 适合 Python 软/硬件开发，Visual Studio Code 适合快速编辑和调试中小型项目，而 PyCharm 则更适合大型 Python 项目开发。通过这些步骤，能够根据不同需求灵活选择开发工具，为在 Ubuntu 中进行 Python 开发提供便捷和高效的路径。

项目任务分解

根据项目分析的结果，可以把本项目分解为图 2 – 1 所示的 2 个任务。

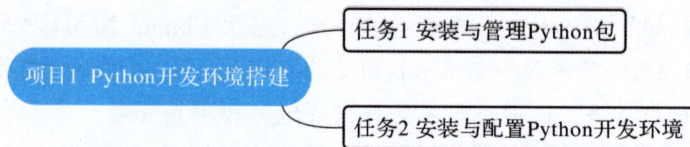

```
                              ┌─────────────────────────┐
                         ┌────┤ 任务1 安装与管理Python包   │
  ┌─────────────────────┐│    └─────────────────────────┘
  │ 项目1 Python开发环境搭建 ├┤
  └─────────────────────┘│    ┌─────────────────────────────┐
                         └────┤ 任务2 安装与配置Python开发环境  │
                              └─────────────────────────────┘
```

图 2 – 1 "Python 开发环境搭建"项目任务分解

项目目标

知识目标

（1）理解 Python 开发环境的基本组成：了解 Python 解释器、标准包管理器 pip 以及 IDE（如 Thonny，Visual Studio Code，PyCharm）的作用和相互关系。

（2）熟悉包管理的概念：掌握如何使用 pip 安装、更新和管理 Python 包，并了解如何通过"requirements.txt"文件批量安装依赖项。

（3）了解不同 IDE 的特点和适用场景：获得关于各种 IDE 的特性和优势的知识，能够根据项目需求和个人偏好做出合适的选择。

技能目标

（1）安装和管理 Python 包：学会使用命令行安装必需的 Python 包，并能够配置国内映像源以加速下载过程。

（2）配置和使用 IDE：能安装并配置多种 IDE，包括轻量级的 Thonny、功能强大的 Visual Studio Code 以及专业级的 PyCharm，从而适应不同的开发环境和需求。

（3）使用虚拟环境管理项目依赖：学会如何使用虚拟环境（如 virtualenv）来隔离项目依赖，避免包之间的冲突。

素质目标

(1) 提高解决问题的能力：通过解决在搭建开发环境的过程中可能遇到的问题，提高诊断和解决问题的能力。

(2) 自主学习和资源利用：通过查找资源和阅读官方文档独立解决问题，培养自主学习的习惯。

(3) 项目管理和规划：通过搭建适合项目需求的开发环境，提高项目管理和规划的能力，特别是在选择合适的工具和技术时。

任务 1　安装与管理 Python 包

【任务分析】

Ubuntu 桌面版会预装 Python 解释器，如果要进行 Python 开发，需要查看预安装的 Python 解释器版本，并进行必要的 Python 包安装与管理。

【任务准备】

(1) 完成模块 1 中项目 1 任务 3，将 Ubuntu 20.04 桌面版软件更新源换为国内源，或者参考模块 1 中项目 1 任务 3 的【任务实施】步骤 (18) 导入模块 1 中项目 1 任务 3 导出的 OVA 文件，新建一台 Ubuntu 20.04 桌面版虚拟机。

(2) 用具有 sudo 权限的管理员账户 long 登录上述 Ubuntu 20.04 桌面版虚拟机。

(3) 进行网络连接，用于下载相关软件包。

【任务实施】

1. 查看 Ubuntu 20.04 桌面版 Python 解释器版本

首先查看当前系统自带的 Python 解释器版本及指向，命令如下。

```
ll /usr/bin/python*
```

或

```
ls -l /usr/bin | grep python
```

命令运行结果如图 2-2 所示。

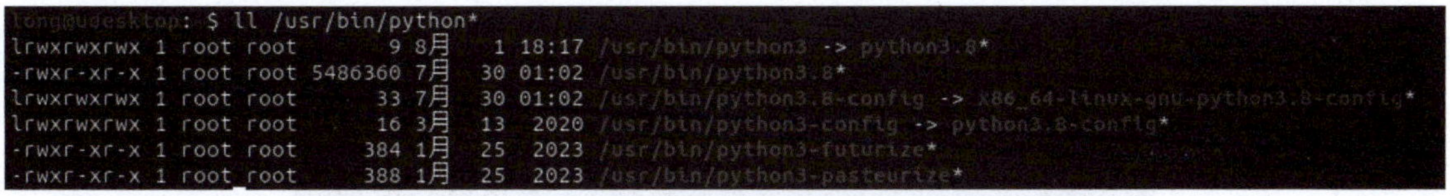

```
long@udesktop:~$ ll /usr/bin/python*
lrwxrwxrwx 1 root root       9 8月   1 18:17 /usr/bin/python3 -> python3.8*
-rwxr-xr-x 1 root root 5486360 7月  30 01:02 /usr/bin/python3.8*
lrwxrwxrwx 1 root root      33 7月  30 01:02 /usr/bin/python3.8-config -> x86_64-linux-gnu-python3.8-config*
lrwxrwxrwx 1 root root      16 3月  13  2020 /usr/bin/python3-config -> python3.8-config*
-rwxr-xr-x 1 root root     384 1月  25  2023 /usr/bin/python3-futurize*
-rwxr-xr-x 1 root root     388 1月  25  2023 /usr/bin/python3-pasteurize*
```

图 2-2　查看当前系统自带的 Python 解释器版本及指向

可以看到 Ubuntu 20.04 桌面版自带的 Python 解释器版本只有 Python3.8，软链接名称是 Python3。

查看 Python3 的具体版本号的命令如下。

```
python3 --version
```

或

```
python3 -V
```

命令运行结果如图 2 – 3 所示。

图 2 – 3　查看 Python3 的具体版本号

2. 查看 Ubuntu 20.04 桌面版 Python 的标准包管理器 pip 版本

在 Python 开发中，通常会使用 Python 的标准包管理器 pip。

查看 pip 版本的命令如下。

```
pip --version
```

或

```
pip -V
```

命令运行结果如图 2 – 4 所示。

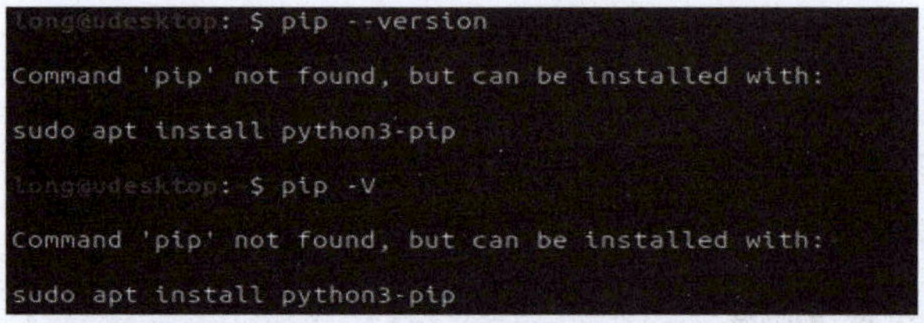

图 2 – 4　查看 pip 版本

查看 pip3 版本的命令如下。

```
pip3 --version
```

或

```
pip3 -V
```

命令运行结果如图 2 – 5 所示。

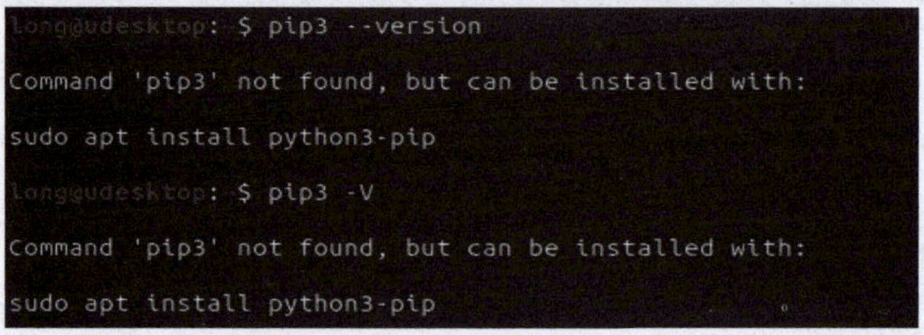

图 2 – 5　查看 pip3 版本

可见，在 Ubuntu 20.04 桌面版中，默认没有安装 Python 的标准包管理器 pip。下面根据提示安装 pip。

3. 安装 pip

在线安装软件时，一般需要先更新软件列表，然后执行相关的安装命令。

在线安装 pip 的步骤如下。

（1）更新软件列表，命令如下。

```
sudo apt update
```

命令运行结果如图 2-6 所示。

图 2-6　更新软件列表

（2）在线安装 pip 命令。

```
sudo apt install python3-pip
```

命令运行结果如图 2-7~图 2-9 所示。

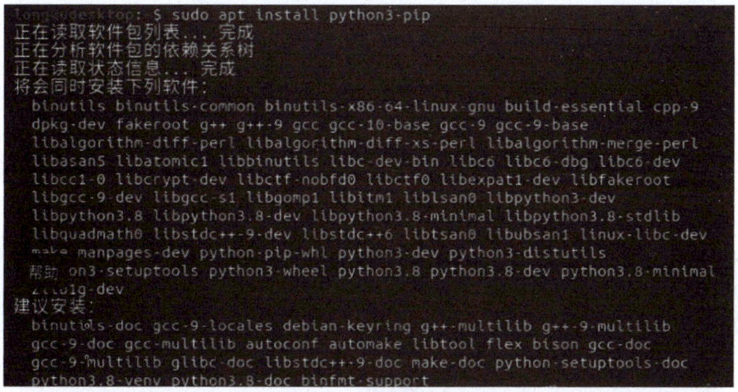

图 2-7　安装 pip

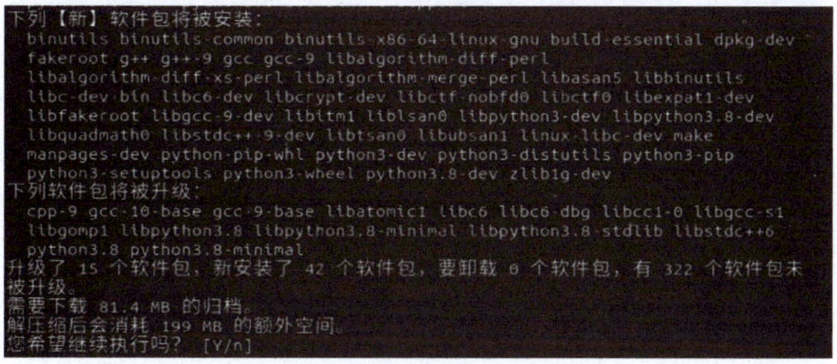

图 2-8　确认安装

图 2-9　完成安装

4. 安装完成后查看 pip 和 pip3 版本

查看 pip 版本的命令如下。

```
pip --version
```

或

```
pip -V
```

命令运行结果如图 2-10 所示。

图 2-10　查看 **pip** 版本

查看 pip3 版本的命令如下。

```
pip3 --version
```

或

```
pip3 -V
```

命令运行结果如图 2-11 所示。

图 2-11　查看 **pip3** 版本

能正常查看 pip 和 pip3 版本，说明 pip 和 pip3 已安装成功。

5. 更新 pip

为了确保使用的 pip 是最新版本，建议进行更新。

更新 pip 版本的命令如下。

```
sudo pip3 install --upgrade pip
```

命令运行结果如图 2－12 所示。

```
long@udesktop:~$ sudo pip3 install --upgrade pip
Collecting pip
  Downloading pip-24.2-py3-none-any.whl (1.8 MB)
     |████████████████████████████████| 1.8 MB 6.9 kB/s
Installing collected packages: pip
  Attempting uninstall: pip
    Found existing installation: pip 20.0.2
    Not uninstalling pip at /usr/lib/python3/dist-packages, outside environment /usr
    Can't uninstall 'pip'. No files were found to uninstall.
Successfully installed pip-24.2
```

图 2－12　更新 pip 版本

更新成功后，再次查看 pip 和 pip3 版本，结果如图 2－13 所示。

```
long@udesktop: ~
long@udesktop:~$ sudo pip3 install --upgrade pip
Collecting pip
  Downloading pip-24.2-py3-none-any.whl (1.8 MB)
     |████████████████████████████████| 1.8 MB 13 kB/s
Installing collected packages: pip
  Attempting uninstall: pip
    Found existing installation: pip 20.0.2
    Not uninstalling pip at /usr/lib/python3/dist-packages, outside e
nvironment /usr
    Can't uninstall 'pip'. No files were found to uninstall.
Successfully installed pip-24.2
long@udesktop:~$ pip --version
pip 20.0.2 from /usr/lib/python3/dist-packages/pip (python 3.8)
long@udesktop:~$ pip -V
pip 20.0.2 from /usr/lib/python3/dist-packages/pip (python 3.8)
long@udesktop:~$ pip3 --version
pip 20.0.2 from /usr/lib/python3/dist-packages/pip (python 3.8)
long@udesktop:~$ pip3 -V
pip 20.0.2 from /usr/lib/python3/dist-packages/pip (python 3.8)
long@udesktop:~$
```

图 2－13　再次查看 pip 和 pip3 版本

按“Ctrl + Alt + T”组合键，重新打开一个终端，再次查看 pip 和 pip3 版本，结果如图 2－14 所示。

```
long@udesktop: ~
long@udesktop:~$ pip --version
pip 24.2 from /usr/local/lib/python3.8/dist-packages/pip (python 3.8)
long@udesktop:~$ pip -V
pip 24.2 from /usr/local/lib/python3.8/dist-packages/pip (python 3.8)
long@udesktop:~$ pip3 --version
pip 24.2 from /usr/local/lib/python3.8/dist-packages/pip (python 3.8)
long@udesktop:~$ pip3 -V
pip 24.2 from /usr/local/lib/python3.8/dist-packages/pip (python 3.8)
long@udesktop:~$
```

图 2－14　在新终端查看 pip 和 pip3 版本

在新终端窗口中，可以看到 pip 和 pip3 已升级成功。

小贴士

请思考为什么在原来的终端窗口中，和在新终端窗口中，查看 pip 和 pip3 版本的结果不同？

6. 更换 pip 源

由于默认 pip 源可能速度较低，所以建议更换为国内映像源，如清华大学的映像源。这里需要修改 "~/. pip/pip. conf"，如果没有就创建一个文件夹及文件。

小贴士

注意，". pip" 中要加 "."，表示 "pip" 文件夹是隐藏文件夹。

创建文件夹和查看文件夹创建结果的命令如下。

```
mkdir ~/.pip
ll
```

命令运行结果如图 2-15 所示。

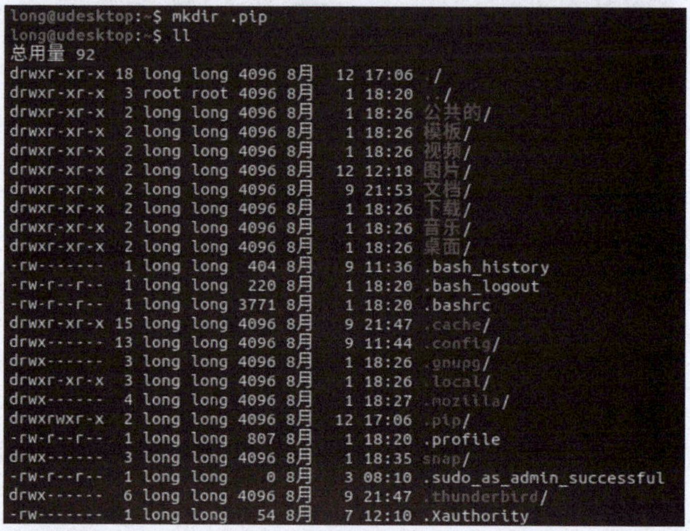

图 2-15 创建和查看文件夹

修改 "pip. conf" 文件的命令如下。

```
nano ~/.pip/pip.conf
```

在 nano 编辑器中修改 "pip. conf" 文件，如图 2-16 所示。

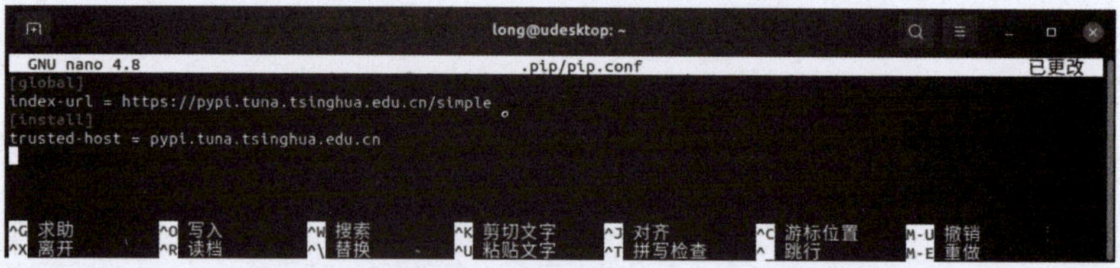

图 2-16 在 nano 编辑修改 "pip. conf" 文件

具体命令如下。

```
[global]
index-url = https://pypi.tuna.tsinghua.edu.cn/simple
[install]
trusted-host = pypi.tuna.tsinghua.edu.cn
```

按"Ctrl + O"组合键并以原文件名保存，如图 2 - 17、图 2 - 18 所示。

图 2 - 17　nano 编辑器保存修改（1）

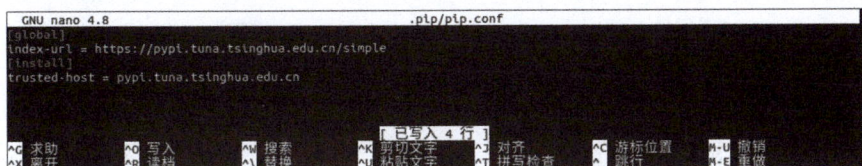

图 2 - 18　nano 编辑器保存修改（2）

保存成功后，可按"Ctrl + X"组合键退出 nano 编辑器。

7. 安装扩展包

根据项目需求，使用 pip 安装所需的 Python 包，命令如下。

```
pip3 install package_name
```

其中 package_name 为具体要安装的 Python 包名。

提示没有"requirements. txt"文件，如图 2 - 19 所示。

图 2 - 19　提示没有"requirements. txt"文件

使用 pip 命令生成"requirements. txt"文件，生成一个包含当前 Python 开发环境中所有已安装包的"requirements. txt"文件，命令如下。命令执行结果如图 2 - 20 所示。

```
pip freeze > requirements.txt
```

图 2 - 20　生成"requirements. txt"文件

安装所有列出的依赖项，命令如下。

```
pip3 install -r requirements.txt
```

命令运行结果如图 2 - 21 所示。

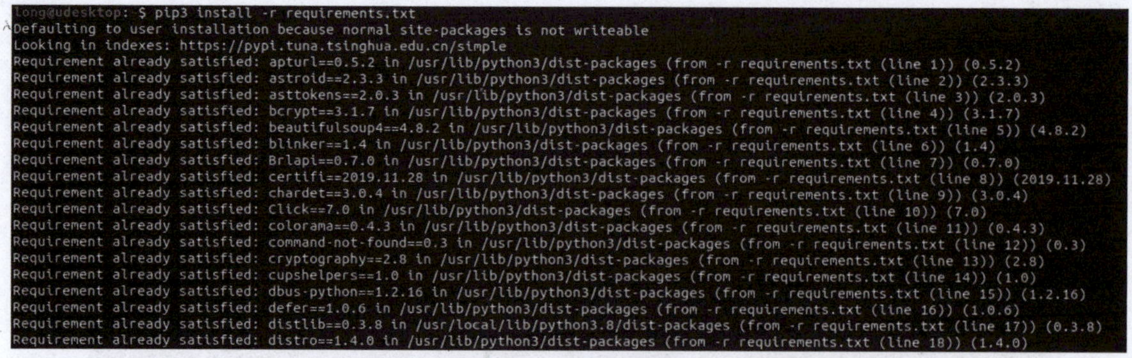

图 2 – 21　批量安装依赖

【任务评价】

评价内容	评价标准参考	参考分	得分
1. 查看 Python 版本和 pip3 版本	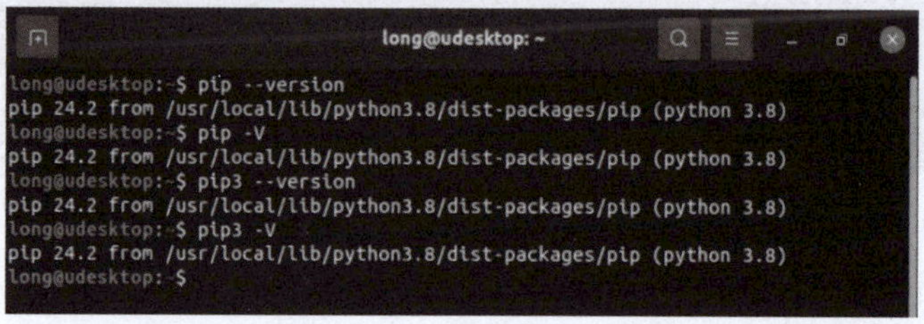	20	
2. 安装 pip	sudo apt install python3 – pip	30	
3. 更换 pip 源为国内映像源		20	
4. 安装扩展包	pip3 install package_name	30	

【相关知识】

"requirements. txt"是 Python 项目中非常重要的一个文件，它用于列出项目所需的依赖项（第三方库）及其版本信息。该文件的作用主要体现在以下几个方面。

（1）依赖管理。定义了项目所需的所有依赖项及其版本信息，确保项目在不同的环境中能够正常运行。

（2）版本控制。通过指定每个依赖文件的版本，允许精确控制项目所使用的每个依赖项的版本，有助于避免不同版本之间的不兼容性问题。

（3）依赖安装。结合 pip 工具，可以轻松安装项目所需的所有依赖项，简化依赖项的安装过程，并使整个项目的设置更加一致和可重复。

（4）环境复现。在新环境中重建项目的开发或生产环境时，允许快速安装所有依赖项，使再现项目所需的环境变得更加容易。

要生成"requirements. txt"文件，可以通过以下两种方式。

（1）使用 pip 命令。在命令行中执行 pip freeze > requirements. txt 命令，会生成一个包含当前 Python 开发环境中所有已安装包的"requirements. txt"文件。如果项目中已经存在一个"requirements. txt"文件，并且要更新它，可以使用 pipreqs － －force . /命令强制更新。

（2）使用 pipreqs 库。首先需要安装 pipreqs 库（通过执行 pip install pipreqs 命令），然后在命令行中使用 pipreqs . /命令在当前路径下生成"requirements. txt"文件。在 Windows 环境中，可能需要添加一个编码参数（ － －encoding = utf8）以避免编码错误。

安装"requirements. txt"文件中的依赖项时，可以进行以下操作。

在命令行中，首先定位到包含"requirements. txt"文件的目录，然后执行 pip3 install － r requirements. txt 命令安装所有列出的依赖项。如果需要加速下载，可以添加下载映像参数（例如，使用豆瓣的 PyPI 映像——pip3 install － r requirements. txt － i https：//pypi. douban. com/simple）。

任务 2　安装与配置 Python 开发环境

【任务分析】

在 Ubuntu 桌面版中开发 Python 项目时，选择合适的 IDE 是至关重要的。例如，Thonny 的简洁性和对初学者及硬件开发者的友好特性突出，非常适合 Python 软/硬件开发。Visual Studio Code 具有轻量级和快速编辑能力，适用于快速开发和调试中小型 Python 项目。对于大型项目，PyCharm 以其全面的项目管理和高效的代码分析工具，成为更佳的选择。根据项目的具体需求选择不同的开发工具，可以大大提升开发效率和项目管理的便捷性。这为在 Ubuntu 中进行各类 Python 开发工作提供了清晰和高效的路径。

【任务准备】

（1）完成本项目的任务 1，为项目开发选择 Python 解释器。

（2）更换 pip 源为国内映像源，如清华大学的映像源。

（3）安装必要的依赖项。

【任务实施】

1. 安装与配置 Thonny

（1）在 Ubuntu 20. 04 桌面版中单击 Ubuntu Software 图标，打开图 2 －22 所示界面，在搜索框输入"Thonny"进行搜索，结果如图 2 －23 所示。

（2）双击查找到的 Thonny 安装程序，出现图 2 －24 所示界面，单击"安装"按钮，开始安装。

提示需要认证，如图 2 －25 所示，输入密码，并单击"认证"按钮，继续安装。

安装完成后，可以在应用程序图标中找到 Thonny 图标，如图 2 －26 所示。

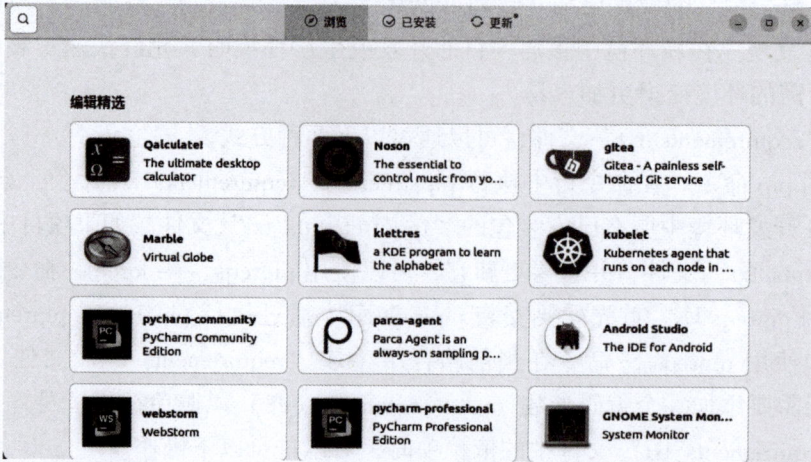

图 2 – 22　Ubuntu Software 窗口

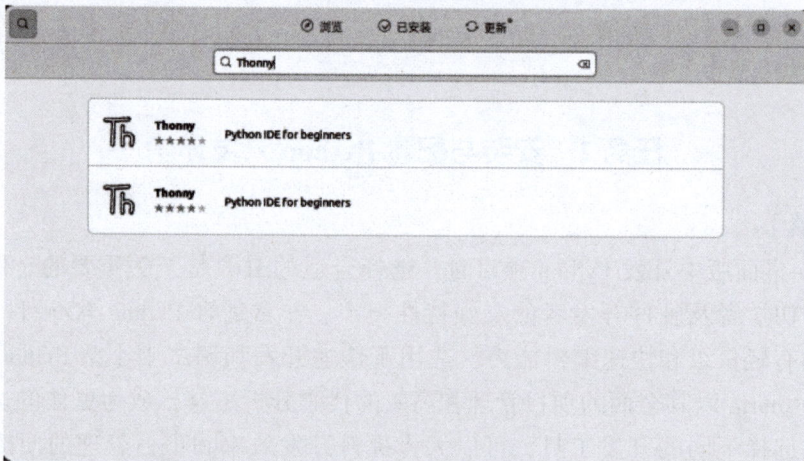

图 2 – 23　搜索 "Thonny"

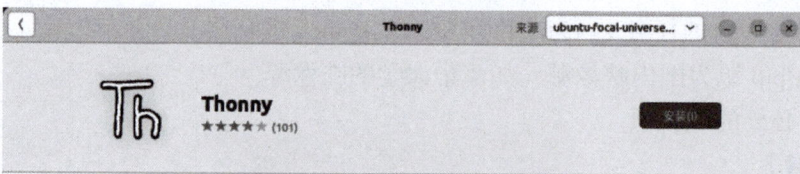

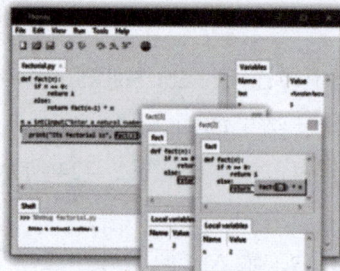

图 2 – 24　安装 Thonny

图 2 - 25　提示需要认证

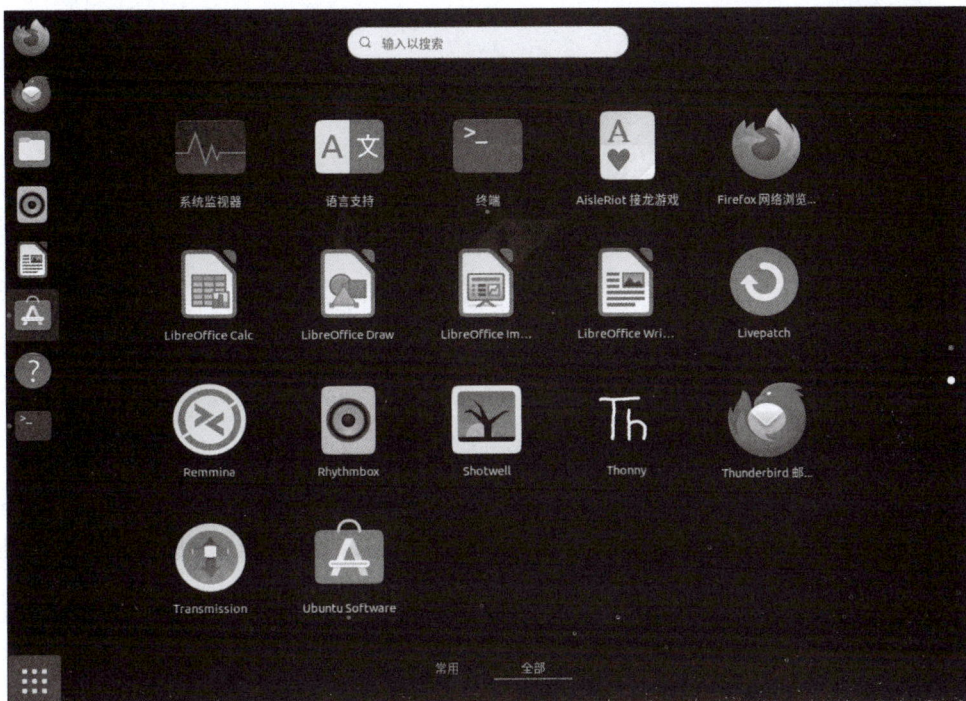

图 2 - 26　应用程序图标

2. 使用 Thonny

1）选择语言

在图 2 - 26 所示应用程序图标中双击 Thonny 图标 ，运行 Thonny，如图 2 - 27 所示。

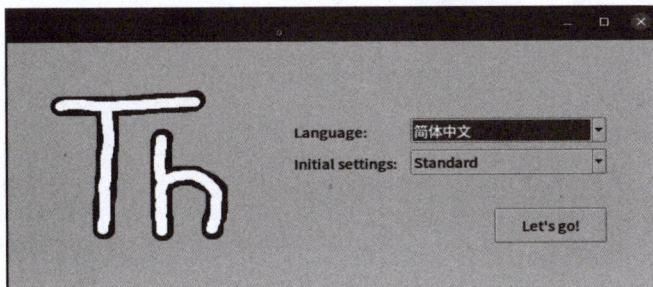

图 2 - 27　运行 Thonny

选择"简体中文"选项，单击"Let's go！"按钮，进入图 2 – 28 所示界面。

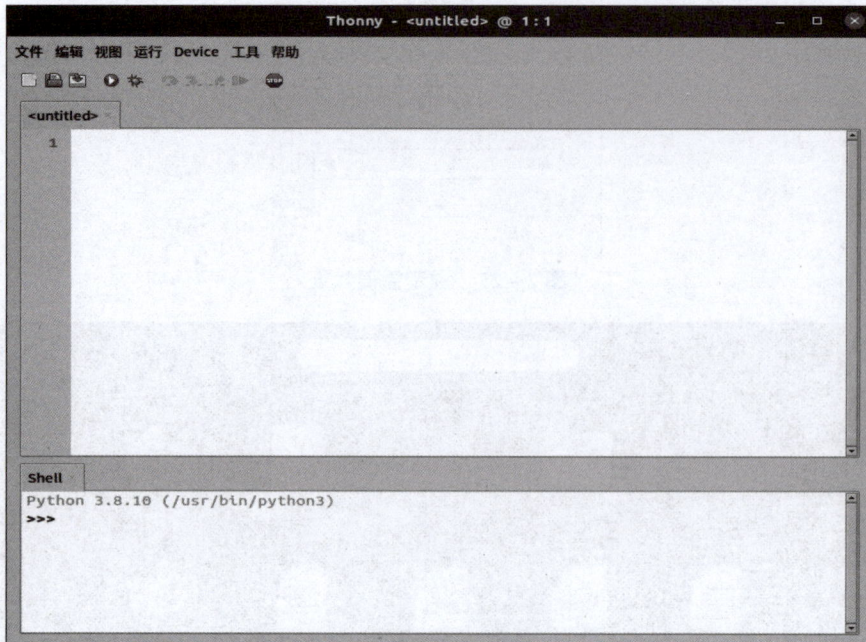

图 2 – 28　Thonny 开发界面

2）选择解释器

Thonny 既可以进行硬件开发，也可以进行软件开发，可以通过选择"工具"→"解释器"选项，打开图 2 – 29 所示界面，既可以选择硬件开发环境，如"MicroPython（ESP32）"，也可以选择软件开发环境，如"可选的 python3 解释器或虚拟环境"，如图 2 – 30 所示。这里使用 Ubuntu 20.04 桌面版自带的 Python3.8.10 解释器。

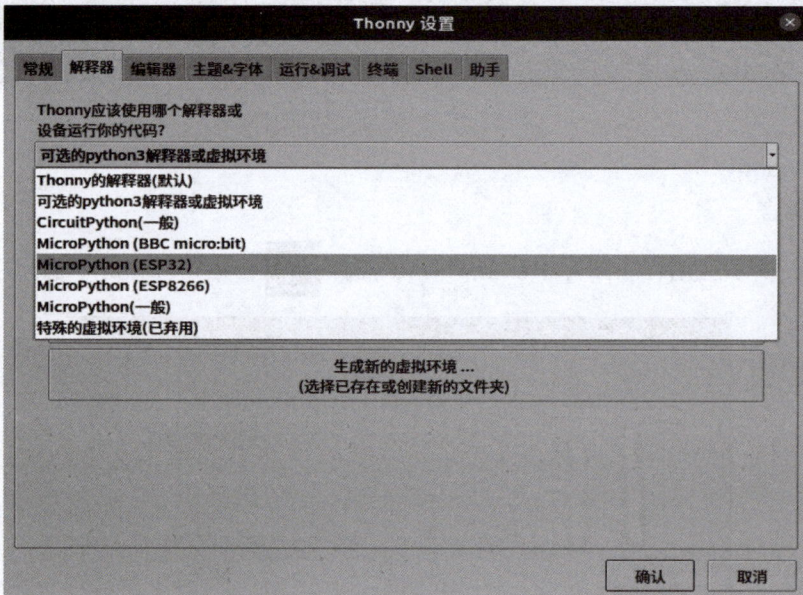

图 2 – 29　选择硬件开发解释器

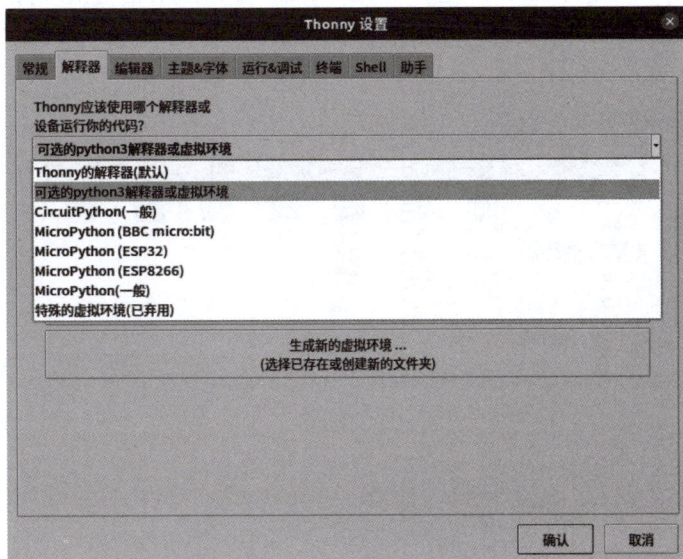

图 2－30　选择软件开发解释器

3）新建、保存并运行 Python 程序文件

在 Thonny 开发界面中，可以方便地新建和保存 Python 程序。

首先，可以在用户主文件夹中新建一个文件夹，如"mydir1"文件夹，用于存放用户创建的程序等文件。具体过程可参考图 2－31～图 2－33。

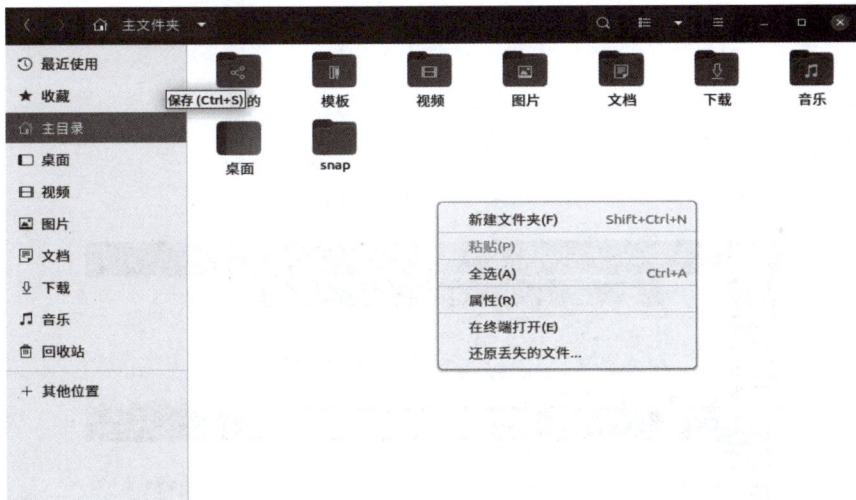

图 2－31　右击选择"新建文件夹"选项

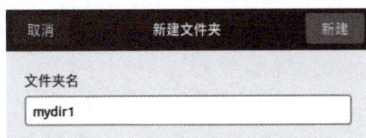

图 2－32　为文件夹命名

然后，在 Thonny 开发界面中新建一个文件，输入 Python 编程语句，如图 2 - 34 所示，选择"文件"→"保存"选项，注意保存 Python 程序扩展名为"py"，如"hello. py"（图 2 - 35）。

最后，运行 Python 文件，如图 2 - 36 所示。

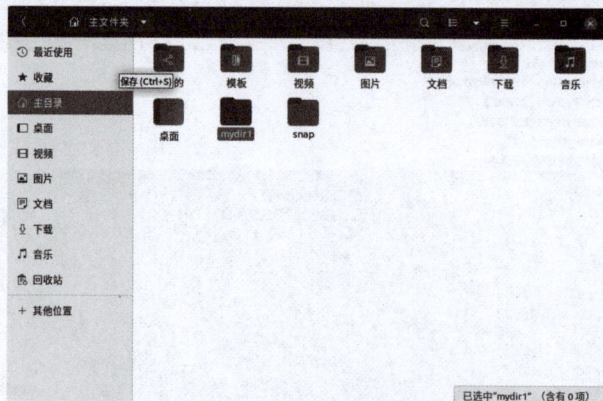

图 2 - 33　完成文件夹创建

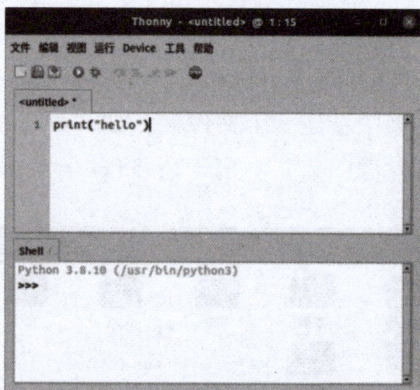

图 2 - 34　新建 Python 程序

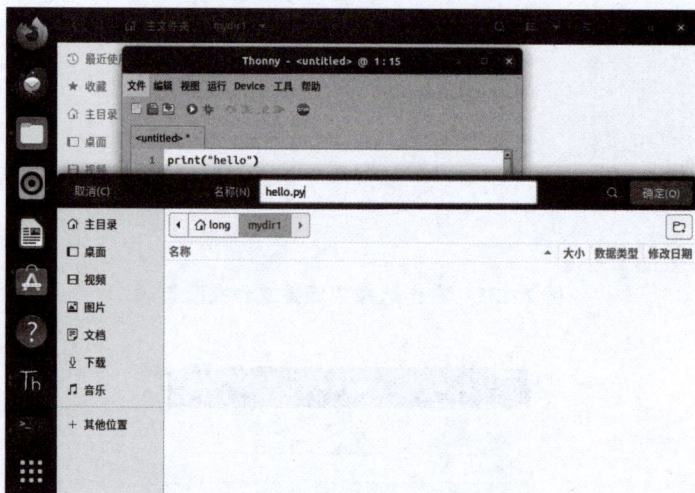

图 2 - 35　保存"hello. py"文件

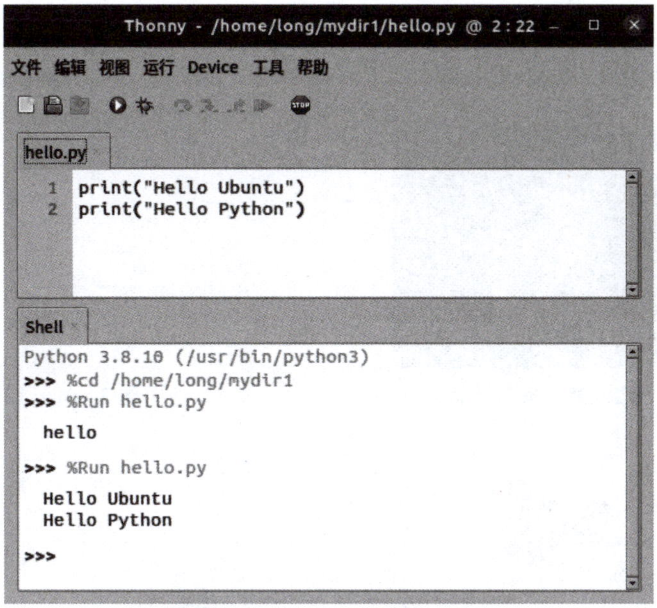

图 2-36　运行 Python 文件

3. 安装与配置 VSCode

Visual Studio Code（VSCode）是一个轻量级的 IDE，非常适合 Python 开发。

（1）在 Ubuntu 20.04 桌面版中单击 Ubuntu Software 图标 ，打开图 2-22 所示界面，在搜索框中输入"vscode"进行搜索，结果如图 2-37 所示。

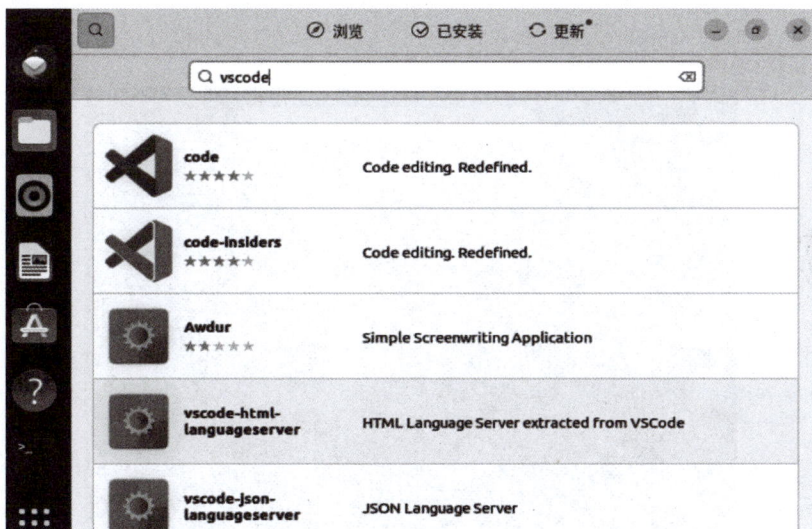

图 2-37　搜索"vscode"

（2）选择"code"选项，单击"安装"按钮，如图 2-38 所示。输入密码，单击"认证"按钮，进行认证，如图 2-39 所示。

（3）进入安装过程，如图 2-40 所示。

图 2 - 38　安装界面

图 2 - 39　进行认证

图 2 - 40　进入安装过程

（4）VSCode 图标，如图 2 - 41 所示。

图 2 - 41　VSCode 图标

（5）按"Ctrl + Shift + X"组合键打开扩展界面，找到 Python，单击"Install"按钮，如图 2 - 42 所示。

（6）打开 Python 的项目文件夹，如图 2 - 43 所示。

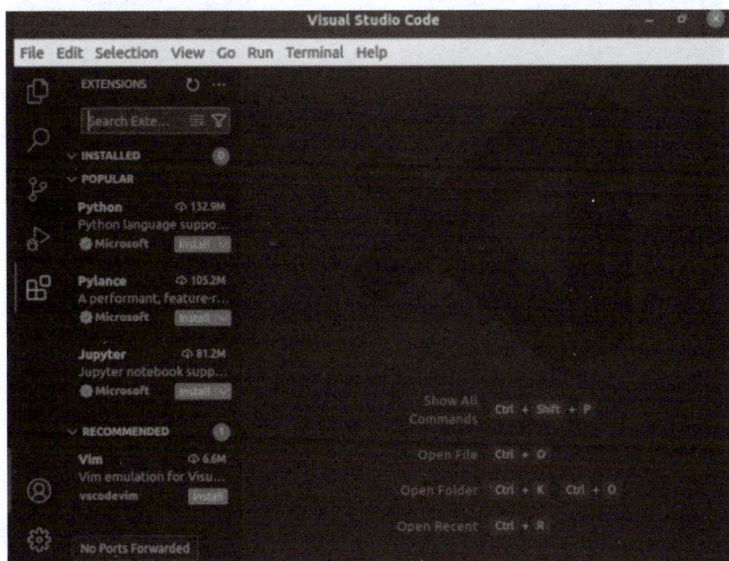

图 2 − 42　安装 Python 扩展界面

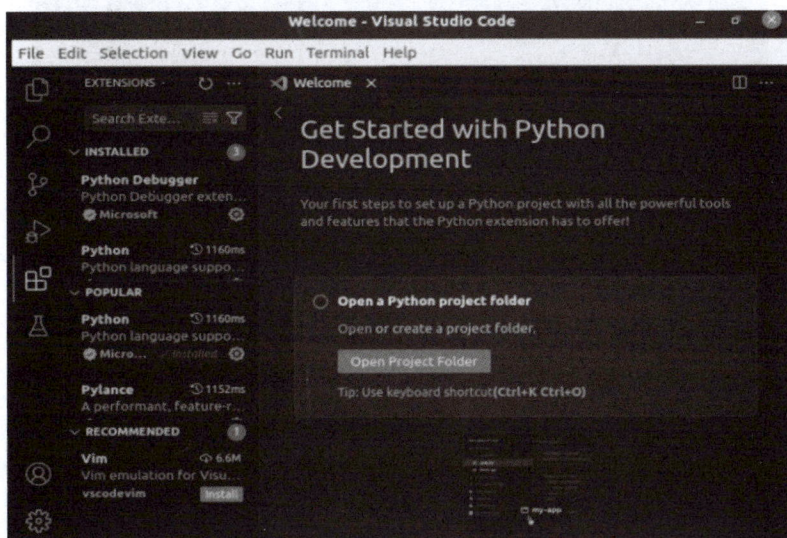

图 2 − 43　打开 Python 的项目文件夹

（7）选择 Python 解释器。

在 VSCode 中，按"Ctrl + Shift + P"组合键打开命令面板，输入"Python"，选择"Python：Select Interpreter"选项，再选择 Python 解释器，如图 2 − 44、图 2 − 45 所示。

（8）调试和运行。

VSCode 提供了便捷的代码调试和运行工具，可以直接在 IDE 中进行断点调试、运行 Python 代码。

选择"File"→"New File"→"Python File Python"选项，就可以编辑运行 Python 程序，如图 2 − 46、图 2 − 47 所示。

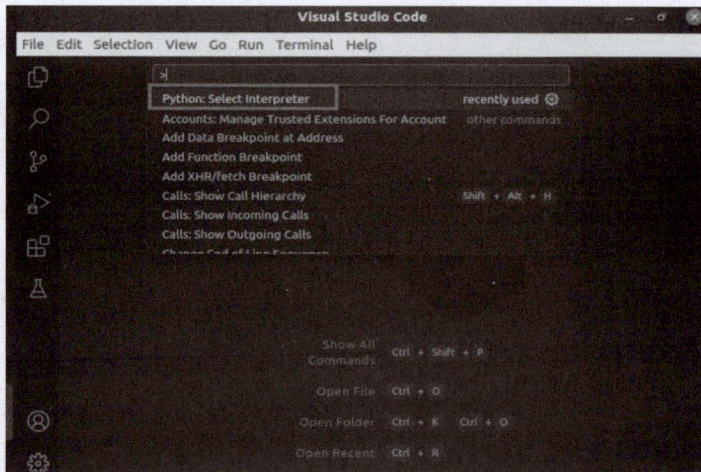

图 2 – 44　打开命令面板

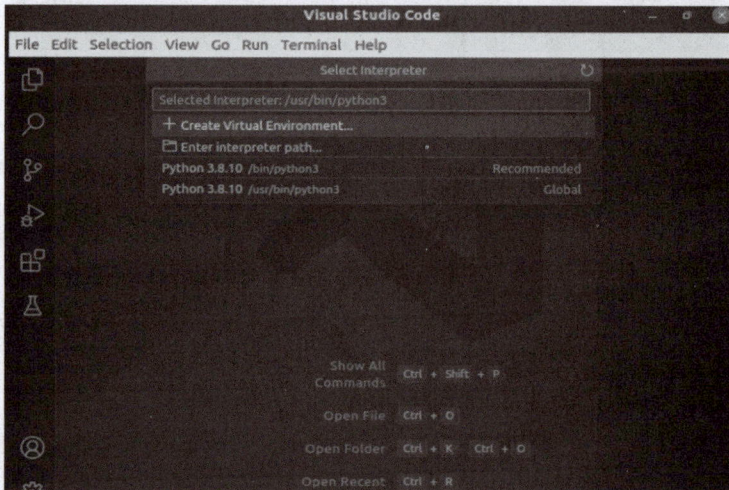

图 2 – 45　选择 Python 解释器

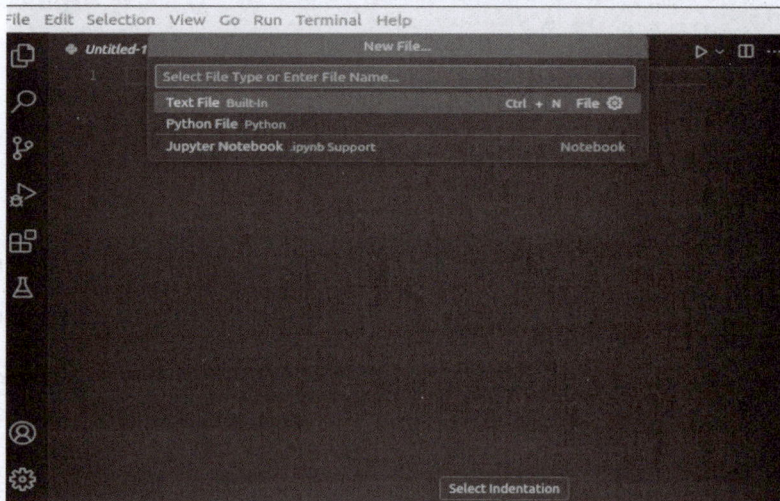

图 2 – 46　选择 Python file Python

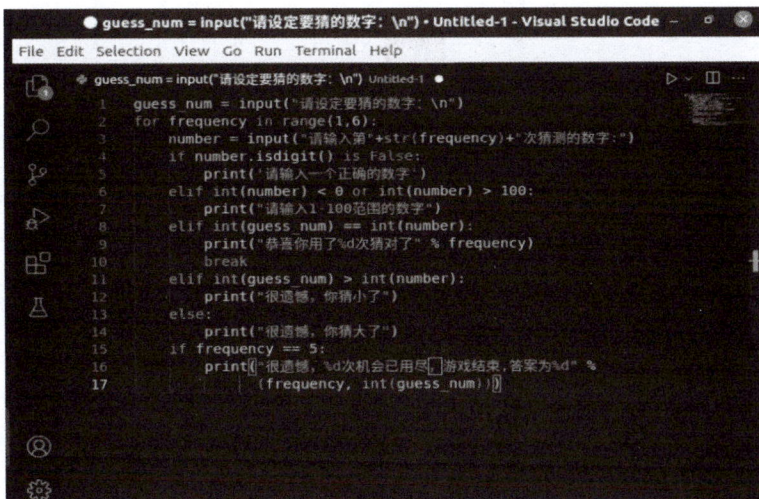

图 2 – 47　编辑运行 Python 程序

4. 安装与配置 PyCharm

（1）浏览软件列表，如图 2 – 48 所示。

图 2 – 48　软件列表

（2）选择"pycharm – community"选项，单击"安装"按钮，如图 2 – 49 所示。

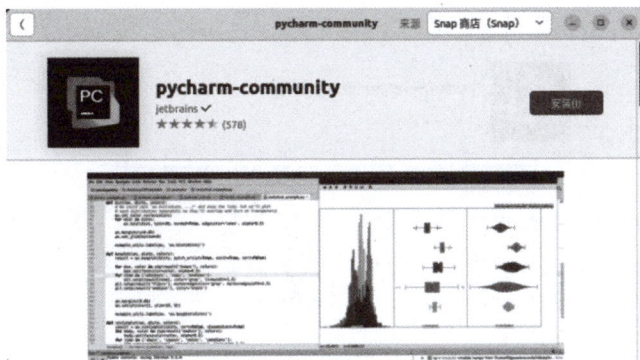

图 2 – 49　安装 PyCharm

（3）输入密码进行认证，如图 2 – 50 所示。

图 2 – 50　进行认证

（4）开始安装，如图 2 – 51 所示。

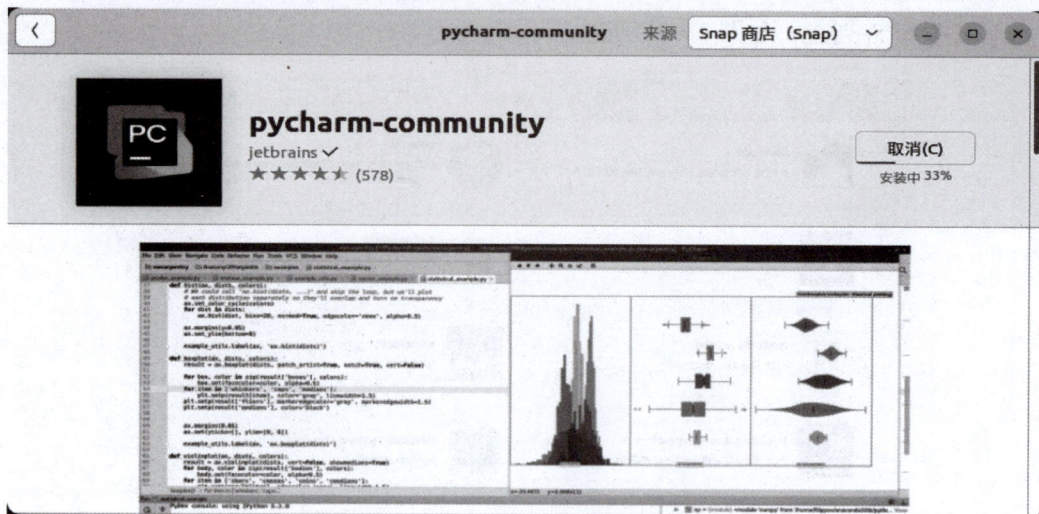

图 2 – 51　**PyCharm** 安装界面

（5）PyCharm 安装成功，如图 2 – 52 所示。

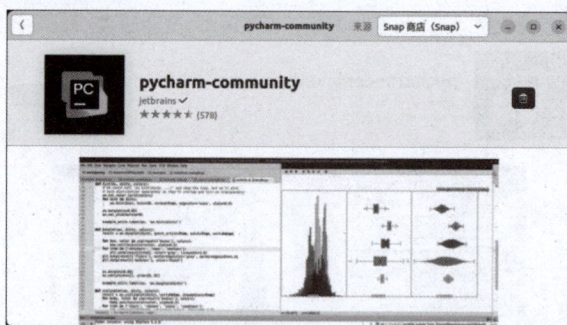

图 2 – 52　**PyCharm** 安装成功

（6）运行 PyCharm，如图 2-53、图 2-54 所示。

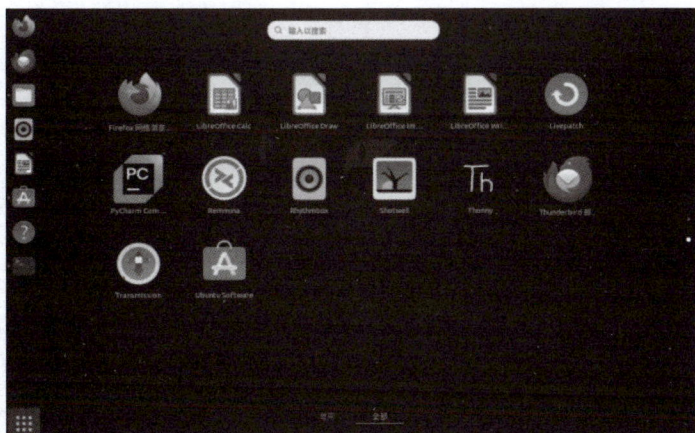

图 2-53　软件列表

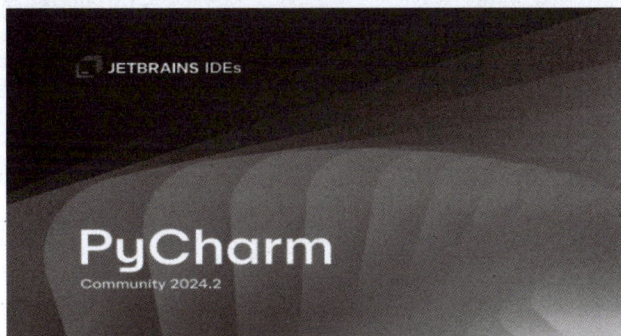

图 2-54　运行 PyCharm 界面

（7）勾选"我确认我已阅读并接受此《用户协议》的条款"复选框，单击"继续"按钮，如图 2-55 所示。

图 2-55　PyCharm 用户协议界面

（8）进入 PyCharm 使用界面，可以单击"New Project"按钮创建新的 Python 项目，或单击"Open"按钮（打开）已有 Python 项目进行编辑，如图 2-56 所示。

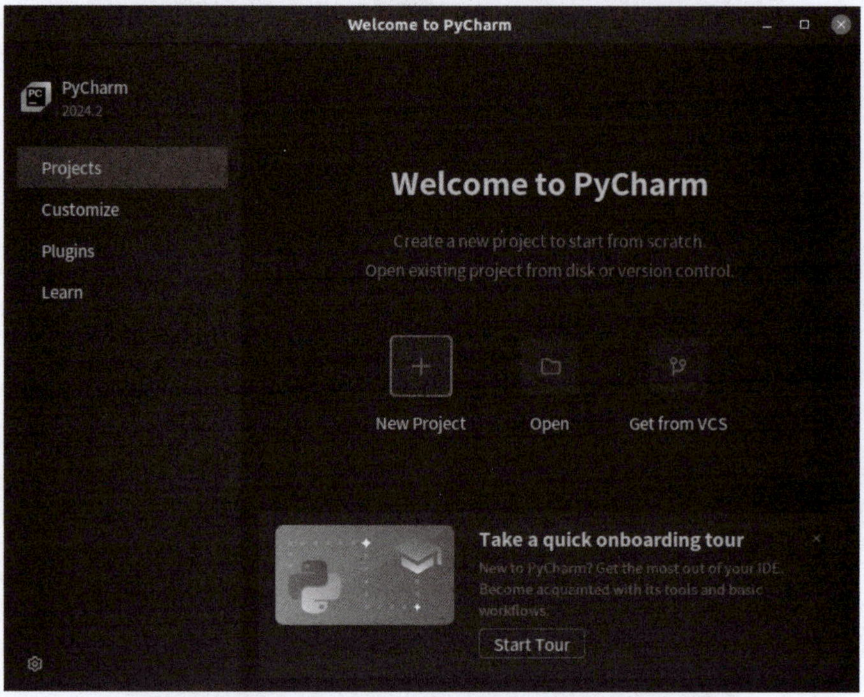

图 2-56　PyCharm 使用界面

【任务评价】

评价内容	评价标准参考	参考分	得分
1. 安装与配置 Thonny	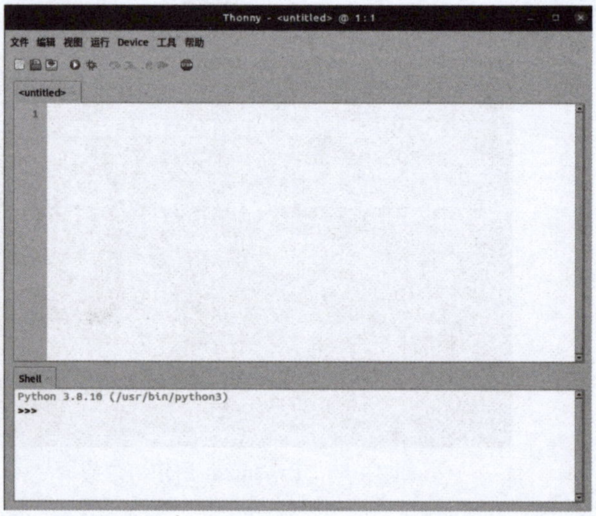	30	

续表

评价内容	评价标准参考	参考分	得分
2. 安装与配置 VSCode	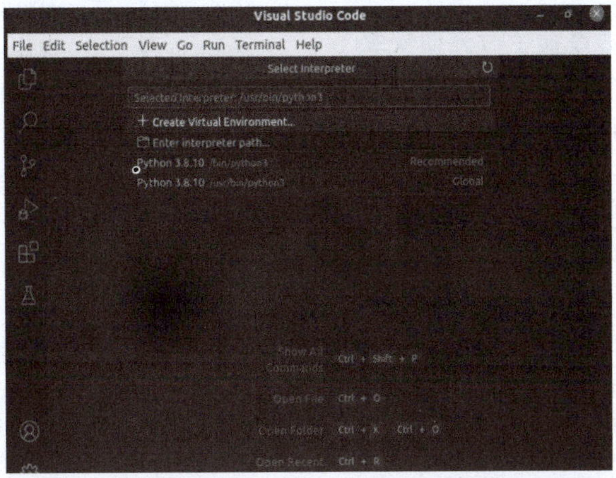	40	
3. 安装与配置 PyCharm	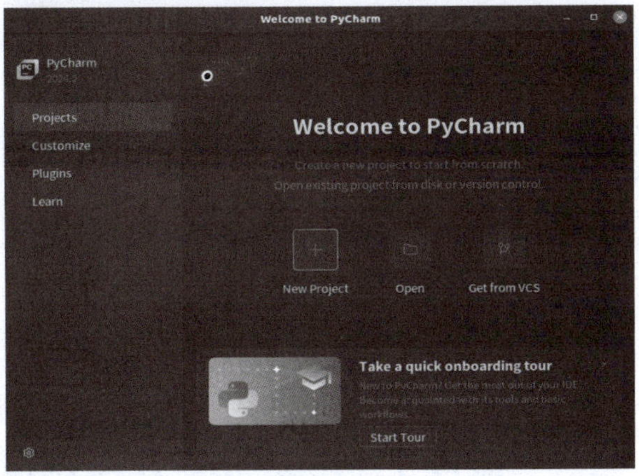	30	

【相关知识】

在 Ubuntu 中安装 VSCode 的方法如下。

1. 方法一：通过 Ubuntu 软件中心安装

Ubuntu 软件中心用于集中管理应用程序，其中包括 VSCode。通过 Ubuntu 软件中心安装 VSCode 是最简单的方法之一。

（1）打开 Ubuntu 软件中心（可以在系统菜单中找到它的图标，通常是一个带有"A"形状的图标）。

（2）在 Ubuntu 软件中心的搜索栏中输入"VSCode"，会看到与 VSCode 相关的应用程序列表。

（3）在应用程序列表中找到 VSCode 并单击"安装"按钮。

（4）系统会要求输入管理员密码进行确认。输入管理员密码并单击"Authenticate"按钮进行验证。

（5）安装过程开始后，进度条显示安装的进展情况。

（6）安装完成后，系统会自动将 VSCode 添加到应用程序菜单中。可以从应用程序菜单中启动它。

2. 方法二：通过命令行界面安装

（1）打开命令行界面。可以通过按"Ctrl + Alt + T"组合键或者在应用程序菜单中搜索"Terminal"来打开命令行界面。

（2）在命令行界面中输入以下命令以添加 VSCode 的软件更新源。

```
curl https://packages.microsoft.com/keys/microsoft.asc | gpg - dearmor >
microsoft.gpg
sudo install -o root -g root -m 644 microsoft.gpg /etc/apt/trusted.gpg.d/
sudo sh - c 'echo "deb [ arch = amd64 signed - by =/etc/apt/trusted.gpg.d/
microsoft.gpg] https://packages.microsoft.com/repos/vscode stable main" > /etc/
apt/sources.list.d/vscode.list'
```

（3）运行以下命令更新软件列表。

```
sudo apt update
```

（4）运行以下命令安装 VSCode。

```
sudo apt install code
```

（5）在安装过程中，系统会要求输入管理员密码进行验证。输入管理员密码并按 Enter 键进行验证。

（6）安装完成后，可以通过运行 code 命令启动 VSCode 或者从应用程序菜单中启动 VSCode。

项目 2　Java 开发环境搭建

项目描述

龙师傅介绍，随着软件开发技术的进步，Ubuntu 桌面版成为众多开发者的首选操作系统。龙师傅将指导 IT 学员在 Ubuntu 桌面版中搭建高效的 Java 开发环境。本项目内容涵盖在 Linux 操作系统中安装、管理和切换不同的 Java 版本，包括环境变量的配置和流行构建工具 Maven 及 Gradle 的使用；Linux 文件操作和权限管理（确保开发环境的稳定与项目的安全）；安装和配置 IntelliJ IDEA 的方法（支持 IT 学员进行专业级别的 Java 软件开发）。

项目分析

搭建 Java 开发环境是 Java 开发者的基本技能，特别是在 Linux 操作系统中。Ubuntu 桌面版作为一种广泛使用的 Linux 发行版，提供了友好的图形界面和丰富的软件包资源，非常适合作为开发环境。本项目介绍在 Ubuntu 桌面版中搭建 Java 开发环境的方法——从 Java 的安装与版本管理到构建工具的配置，再到 IDE 的设置，涵盖 Java 开发环境搭建的全部流程，既介绍构建工具 Maven 及 Gradle 的安装配置，也介绍 Linux 文件操作和权限管理，同时介绍如何安装和配置 IntelliJ IDEA，进一步加深对现代 Java 开发工具的了解，提升开发效率。

项目任务分解

根据项目分析的结果，可以把本项目分解为图 2 - 57 所示的 3 个任务。

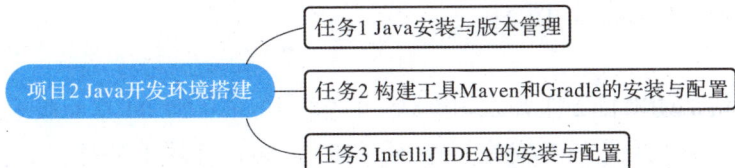

图 2 - 57　"Java 开发环境搭建"项目任务分解

项目目标

知识目标

（1）掌握解压安装软件的方法。

（2）掌握环境变量的配置方法。

（3）熟悉 Java 版本管理的方法。

（4）掌握 Ubuntu 桌面版 IDE 的安装方法。

技能目标

（1）安装和配置 Java 开发环境：包括下载和安装不同版本的 Java 开发工具包（Java Development Kit，JDK），配置 JAVA_HOME 环境变量。

（2）使用工具管理和切换 Java 版本：能够熟练使用 update - alternatives 等工具来切换和管理多个 Java 版本。

（3）配置与使用构建工具：能够解压安装与配置构建工具 Maven 和 Gradle，并使用它们构建和管理项目。

（4）安装与配置 IntelliJ IDEA：能够下载、安装及初步配置 IntelliJ IDEA，包括设置 SDK 和配置必要的插件。

素质目标

（1）解决问题的能力：在遇到配置错误或环境搭建问题时，能够自主查找资料并找到解决方案。

（2）持续学习：保持对新技术的好奇心和持续学习的态度，以适应快速变化的技术环境。

（3）团队合作与沟通：通过小组讨论和项目合作，培养团队合作精神和沟通技巧。

（4）细心和耐心：在配置环境和解决环境相关问题时，能够保持细致和耐心，注意细节，避免错误。

（5）安全意识：通过学习文件和权限管理，增强数据安全和网络安全意识。

任务1 Java 安装与版本管理

【任务分析】

Ubuntu 桌面版的环境与服务器版的环境基本相同，在 Ubuntu 桌面版中进行 Java 项目开发，然后在 Ubuntu 服务器版中发布将十分便利，不同的 Java 项目可能使用不同的 Java 版本，因此搭建 Ubuntu 桌面版的 Java 开发环境，需要安装配置多个 Java 版本，如 Oracle JDK8、Oracle JDK17 和 Oracle JDK21。

【任务准备】

（1）完成模块1的项目2任务2，用 Xshell 连接 Ubuntu 20.04 桌面版虚拟机，或者参考模块1的项目1任务3的【任务实施】步骤（18），导入模块1的项目2任务2中导出的 OVA 文件，并用 Xshell 连接导入成功的 Ubuntu 20.04 桌面版虚拟机。

（2）进行网络连接，下载相关软件包。

（3）用具有 sudo 权限的管理员账户 long 登录系统。

（4）在甲骨文公司官网（https://www.oracle.com/java/technologies/downloads/）下载 JDK8、JDK17、JDK21 等常用的 Oracle JDK。

【任务实施】

（1）查看 Ubuntu 20.04 桌面版是否已安装 Java，命令如下。

```
java -version
```

命令运行结果如图 2 - 58 所示。

```
long@udesktop:~$ java -version

Command 'java' not found, but can be installed with:

sudo apt install openjdk-11-jre-headless   # version 11.0.24+8-1ubuntu3~20.04, or
sudo apt install default-jre               # version 2:1.11-72
sudo apt install openjdk-13-jre-headless   # version 13.0.7+5-0ubuntu1~20.04
sudo apt install openjdk-16-jre-headless   # version 16.0.1+9-1~20.04
sudo apt install openjdk-17-jre-headless   # version 17.0.12+7-1ubuntu2~20.04
sudo apt install openjdk-21-jre-headless   # version 21.0.4+7-1ubuntu2~20.04
sudo apt install openjdk-8-jre-headless    # version 8u422-b05-1~20.04
```

图 2 - 58 查看系统 Java 版本

结果提示 Ubuntu 20.04 桌面版默认没有安装 Java，可以在线安装 OpenJDK，或者在甲骨文公司官网下载需要的 Oracle JDK 进行安装。

（2）创建用于保存安装软件的"software"目录。

后续将根据需要安装一个或多个版本的 JDK，因此先创建一个"software"目录，用于保存上传的安装软件，命令如下。在创建目录前后可用 ls 命令查看是否创建成功。

```
mkdir software
```

命令运行结果如图 2 - 59 所示。

```
long@udesktop:~$ ls
公共的　模板　视频　图片　文档　下载　音乐　桌面　snap
long@udesktop:~$ mkdir software
long@udesktop:~$ ls
公共的　模板　视频　图片　文档　下载　音乐　桌面　snap　software
```

图 2-59　创建 "software" 目录

（3）安装 lrzsz 工具。

安装 lrzsz 工具，命令如下。

```
sudo apt install lrzsz
```

命令运行结果如图 2-60 所示。

```
long@udesktop:~/software$ sudo apt install lrzsz
正在读取软件包列表... 完成
正在分析软件包的依赖关系树
正在读取状态信息... 完成
建议安装：
  minicom
下列【新】软件包将被安装：
  lrzsz
升级了 0 个软件包，新安装了 1 个软件包，要卸载 0 个软件包，有 59 个软件包未被升级。
需要下载 74.8 kB 的归档。
解压缩后会消耗 531 kB 的额外空间。
获取:1 http://mirrors.tuna.tsinghua.edu.cn/ubuntu focal/universe amd64 lrzsz amd64 0.12.21-10
[74.8 kB]
已下载 74.8 kB，耗时 0 秒 (151 kB/s)
正在选中未选择的软件包 lrzsz.
(正在读取数据库 ... 系统当前共安装有 186623 个文件和目录。)
准备解压 .../lrzsz_0.12.21-10_amd64.deb ...
正在解压 lrzsz (0.12.21-10) ...
正在设置 lrzsz (0.12.21-10) ...
正在处理用于 man-db (2.9.1-1) 的触发器 ...
```

图 2-60　安装 lrzsz 工具

lrzsz 工具安装成功后，可以根据需要在 Xshell 会话中上传和下载文件。

（4）安装 JDK8。

这里介绍解压安装 JDK8 的方法。

①上传 JDK8 压缩包。

进入 "~/software" 目录，上传 JDK8 的压缩包，如 "jdk-8u271-linux-x64. tar. gz"，命令如下。

```
cd ~/software
rz
```

命令运行结果如图 2-61 所示。

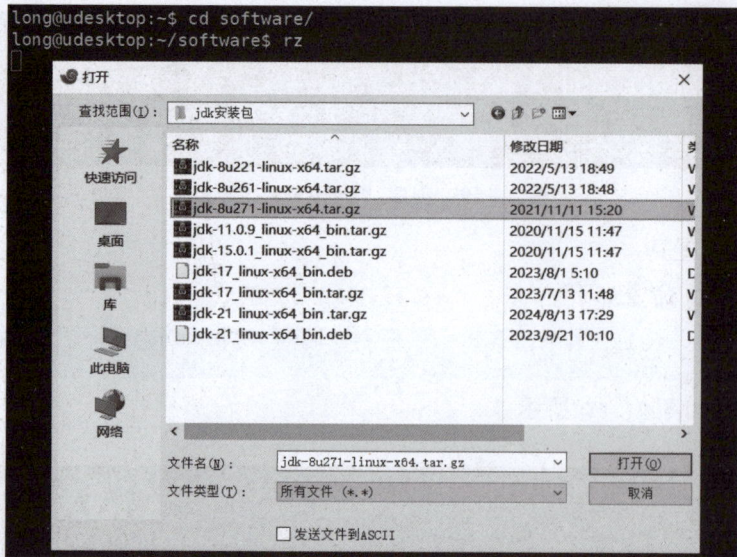

图 2 - 61　上传 JDK8 压缩包

　　上传 JDK8 压缩包时选择文件的时间如果过长，可能出现乱码，这时可以按"Ctrl + C"组合键停止上传过程，然后按"Ctrl + L"组合键清屏，如图 2 - 62、图 2 - 63 所示。

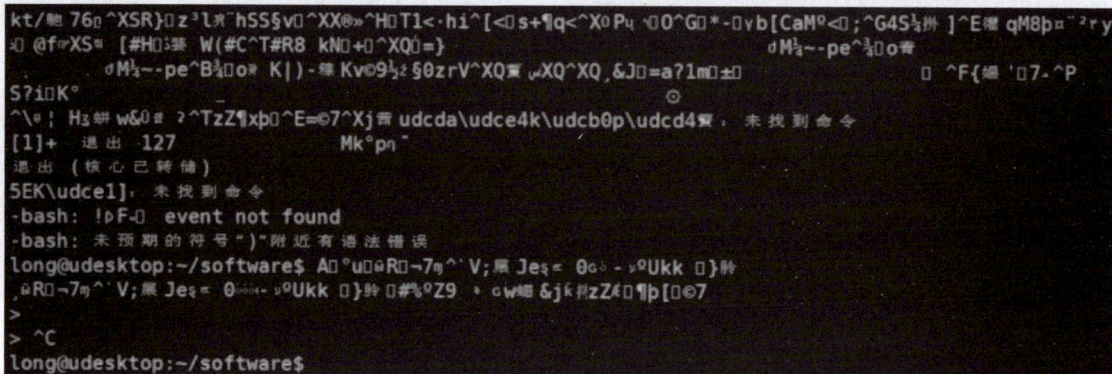

图 2 - 62　选择文件超时出现乱码

图 2 - 63　清屏效果

　　查看"software"目录，可能有一些乱码文件，可以先删除，再重新上传 JDK8 的压缩包，在删除前后，可用 ls 命令查看是否删除成功，命令如下。

```
rm *
```

或

```
rm 要删除的文件名
```

命令运行结果如图 2 - 64 所示。

```
long@udesktop:~/software$ ls
''$'\342\200\251''Høo'  ''$'\342\200\251''Høoz'$'\246\212\346'
long@udesktop:~/software$ rm *
long@udesktop:~/software$ ls
long@udesktop:~/software$
```

图 2-64　删除乱码文件

删除乱码文件后，重新上传 JDK8 的压缩包，如图 2-65、图 2-66 所示。

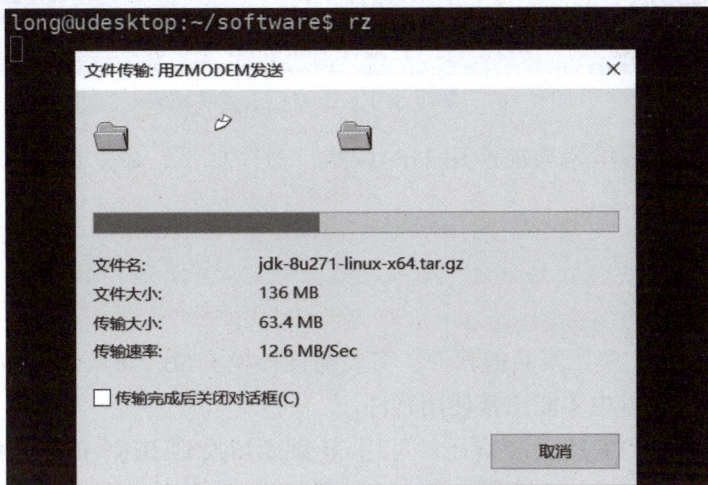

图 2-65　重新上传 JDK8 压缩包

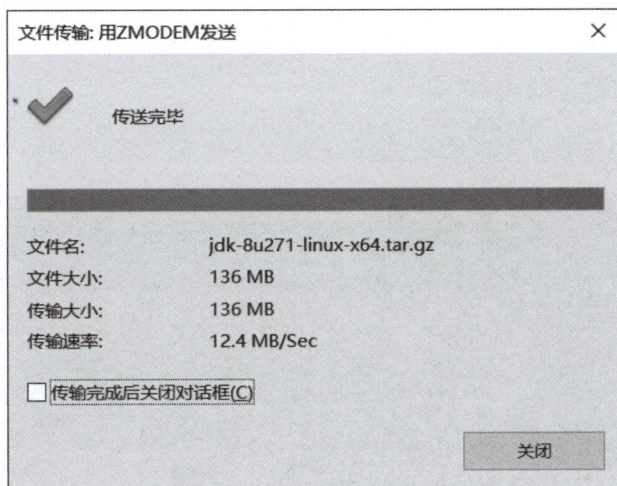

图 2-66　JDK8 压缩包传送完毕

②解压安装 JDK8。

直接在"software"目录下解压 JDK8 压缩包，命令如下，在命令运行前后可用 ls 命令查看状态，命令运行结果如图 2-67 所示。

```
tar -xzf jdk-8u271-linux-x64.tar.gz
```

```
long@udesktop:~/software$ ls
jdk-8u271-linux-x64.tar.gz
long@udesktop:~/software$ tar -xzf jdk-8u271-linux-x64.tar.gz
long@udesktop:~/software$ ls
jdk1.8.0_271  jdk-8u271-linux-x64.tar.gz
long@udesktop:~/software$ java -version

Command 'java' not found, but can be installed with:

sudo apt install openjdk-11-jre-headless  # version 11.0.24+8-1ubuntu3~20.04, or
sudo apt install default-jre              # version 2:1.11-72
sudo apt install openjdk-13-jre-headless  # version 13.0.7+5-0ubuntu1-20.04
sudo apt install openjdk-16-jre-headless  # version 16.0.1+9-1-20.04
sudo apt install openjdk-17-jre-headless  # version 17.0.12+7-1ubuntu2~20.04
sudo apt install openjdk-21-jre-headless  # version 21.0.4+7-1ubuntu2~20.04
sudo apt install openjdk-8-jre-headless   # version 8u422-b05-1~20.04
```

图 2 – 67 解压 JDK8 压缩包及查看结果

解压 JDK8 压缩包后检验当前所用 Java 版本，命令如下，命令运行结果如图 2 – 59 所示，还是没有可用的 Java。

```
java – version
```

③配置环境变量。

在 Linux 操作系统中解压安装的软件，需要配置环境变量，将解压安装的软件的安装路径添加到 PATH 环境变量中才能正常使用软件。

首先，查看 JDK8 的完整安装路径。可用 cd 命令切换到 JDK8 的安装路径，用 ls 命令查看目录文件，用 pwd 命令查看 JDK8 的完整安装路径，命令如下，命令运行结果如图 2 – 68 所示。

```
cd jdk1.8.0_271/
ls
ls bin/
pwd
```

```
long@udesktop:~/software$ cd jdk1.8.0_271/
long@udesktop:~/software/jdk1.8.0_271$ ls
bin         javafx-src.zip  legal      man         src.zip
COPYRIGHT   jmc.txt         lib        README.html THIRDPARTYLICENSEREADME-JAVAFX.txt
include     jre             LICENSE    release     THIRDPARTYLICENSEREADME.txt
long@udesktop:~/software/jdk1.8.0_271$ ls bin/
appletviewer  java          javapackager  jdb      jps         jvisualvm     rmic        tnameserv
ControlPanel  javac         java-rmi.cgi  jdeps    jrunscript  keytool       rmid        unpack200
extcheck      javadoc       javaws        jhat     jsadebugd   native2ascii  rmiregistry wsgen
idlj          javafxpackager jcmd         jinfo    jstack      orbd          schemagen   wsimport
jar           javah         jconsole      jjs      jstat       pack200       serialver   xjc
jarsigner     javap         jcontrol      jmap     jstatd      policytool    servertool
long@udesktop:~/software/jdk1.8.0_271$ pwd
/home/long/software/jdk1.8.0_271
```

图 2 – 68 查看 JDK8 的完整安装路径

然后，根据 JDK8 的完整安装路径配置环境变量 JAVA_HOME 和 PATH，命令如下。

```
export JAVA_HOME = /home/long/software/jdk1.8.0_271
export PATH = $ PATH: $ JAVA_HOME /bin
```

a. 方法一：临时配置环境变量。

可以直接运行命令查看可用的 Java 版本。在这种方法中，环境变量配置结果只在当前会话中生效，新建会话将查不到可用的 Java 版本，如图 2 - 69 所示。

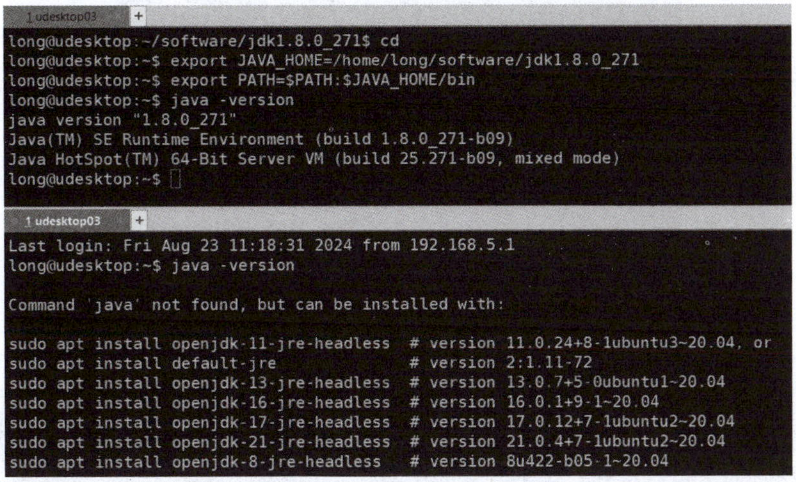

图 2 - 69　临时配置环境变量

b. 方法二：永久配置环境变量。

也可以把上述命令添加到/etc/profile 或 ~/. profile 文件的末尾，保存后生效。其中在/etc/profile 文件中的环境变量配置将对所有用户生效，而在 ~/. profile 文件中的环境变量配置只对当前用户生效。

下面以修改/etc/profile 文件为例说明 Java 环境变量配置过程。

编辑/etc/profile 文件（可用 nano 编辑器），命令如下。

```
sudo nano /etc/profile
source /etc/profile
```

命令运行结果如图 2 - 70、图 2 - 71 所示，在新建的会话中，仍可查到可用的 Java 为 JDK8。

（5）安装 JDK17。

这里以 deb 包的方式安装 JDK17，安装步骤如下。

①上传 JDK17 的 deb 包。

仍然进入"software"目录，上传需要的安装软件。

切换目录命令如下。

```
cd software
```

上传文件命令如下。

```
rz
```

在上传文件前后查看上传的文件命令如下。

```
ls
```

命令运行结果如图 2 – 72 所示。

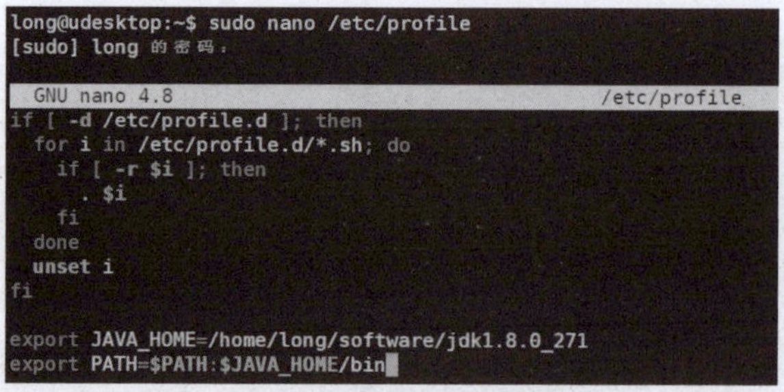

图 2 – 70 永久配置 **JDK8** 环境变量

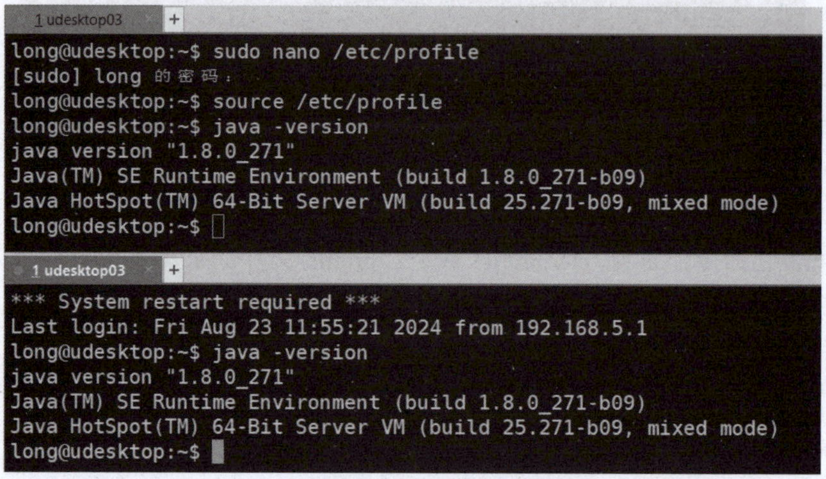

图 2 – 71 使 **/etc/profile** 环境变量配置生效并验证 **Java** 版本

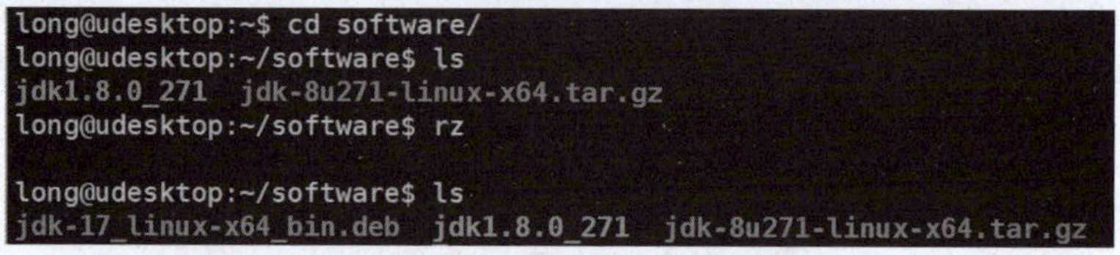

图 2 – 72 上传 **JDK17** 的 **deb** 包

②安装 JDK17 的 deb 包。

安装 JDK17 的 deb 包命令如下。

```
sudo dpkg – i jdk – 17_linux – x64_bin.deb
```

命令运行结果如图 2 – 73 所示。

JDK17 的 deb 包安装完成，如图 2 – 74 所示。

③查看 Java 版本。

JDK17 的 deb 包安装完成后，可到任意目录查看 Java 版本信息，命令如下。

```
long@udesktop:~/software$ sudo dpkg -i jdk-17_linux-x64_bin.deb
正在选中未选择的软件包 jdk-17。
(正在读取数据库 ... 系统当前共安装有 186635 个文件和目录。)
准备解压 jdk-17_linux-x64_bin.deb ...
正在解压 jdk-17 (17.0.8-ga) ...
```

图 2 - 73　安装 JDK17 的 deb 包

```
update-alternatives: 使用 /usr/lib/jvm/jdk-17-oracle-x64/bin/rmiregistry 来在自动模式中提
供 /usr/bin/rmiregistry (rmiregistry)
update-alternatives: 使用 /usr/lib/jvm/jdk-17-oracle-x64/bin/serialver 来在自动模式中提供
 /usr/bin/serialver (serialver)
update-alternatives: 使用 /usr/lib/jvm/jdk-17-oracle-x64/lib/jexec 来在自动模式中提供 /us
r/bin/jexec (jexec)
long@udesktop:~/software$
```

图 2 - 74　JDK17 的 deb 包安装完成

```
cd
java -version
```

命令运行结果如图 2 - 75 所示。

```
long@udesktop:~/software$ cd
long@udesktop:~$ java -version
java version "17.0.8" 2023-07-18 LTS
Java(TM) SE Runtime Environment (build 17.0.8+9-LTS-211)
Java HotSpot(TM) 64-Bit Server VM (build 17.0.8+9-LTS-211, mixed mode, sharing)
```

图 2 - 75　查看 Java 版本

④查看 PATH 环境变量的值，命令如下。

```
echo $PATH
```

命令运行结果如图 2 - 76 所示。

```
long@udesktop:~$ echo $PATH
/usr/local/sbin:/usr/local/bin:/usr/sbin:/usr/bin:/sbin:/bin:/usr/games:/usr/local/games:
/snap/bin:/home/long/software/jdk1.8.0_271/bin
```

图 2 - 76　查看 PATH 环境变量的值

可以看到之前安装 JDK8 时配置的 JDK8 的完整安装路径是 PATH 环境变量中的最后一个路径。

⑤查看 Java 的安装路径。

可以使用 which 命令查找并显示当前 Java 的完整路径，命令如下。

```
which java
```

命令运行结果如图 2 - 77 所示。

```
long@udesktop:~$ which java
/usr/bin/java
```

图 2 - 77　查找并显示当前 Java 的完整路径

继续查找 Java 的实际安装路径，命令如下。

```
ll /usr/bin/java
```

根据命令运行结果，继续查找 Java 的实际安装路径，命令如下。

```
ll /etc/alternatives/java
```

命令运行结果如图 2 - 78 所示。

```
long@udesktop:~$ which java
/usr/bin/java
long@udesktop:~$ ll /usr/bin/java
lrwxrwxrwx 1 root root 22 8月  23 12:26 /usr/bin/java -> /etc/alternatives/java*
long@udesktop:~$ ll /etc/alternatives/java
lrwxrwxrwx 1 root root 39 8月  23 12:26 /etc/alternatives/java -> /usr/lib/jvm/jdk-17-oracle-x64/bin/java*
```

图 2 - 78 查找 Java 的实际安装路径

进入 Java 的实际安装路径查看安装结果，命令如下。

```
cd /usr/lib/jvm
```

命令运行结果如图 2 - 79 所示。

```
long@udesktop:~$ cd /usr/lib/jvm
long@udesktop:/usr/lib/jvm$ ls
jdk-17-oracle-x64
long@udesktop:/usr/lib/jvm$ cd jdk-17-oracle-x64/
long@udesktop:/usr/lib/jvm/jdk-17-oracle-x64$ ls
bin  conf  include  jmods  legal  lib  LICENSE  man  README  release
long@udesktop:/usr/lib/jvm/jdk-17-oracle-x64$ cd bin/
long@udesktop:/usr/lib/jvm/jdk-17-oracle-x64/bin$ ls
jar        javac     jcmd      jdeprscan  jhsdb    jlink   jpackage   jshell   jstatd      serialver
jarsigner  javadoc   jconsole  jdeps      jimage   jmap    jps        jstack   keytool
java       javap     jdb       jfr        jinfo    jmod    jrunscript jstat    rmiregistry
```

图 2 - 79 进入 Java 的实际安装路径查看安装结果

(6) 安装 JDK21。

这里仍以 deb 包的方式安装 JDK21，安装步骤如下。

①上传 JDK21 的 deb 包。

仍然进入 "software" 目录，上传 JDK21 的 deb 包。

切换目录命令如下。

```
cd software
```

上传文件命令如下。

```
rz
```

在上传前后查看上传的文件命令如下。

```
ls
```

命令运行结果如图 2 - 80 所示。

②安装 JDK21 的 deb 包。

安装 JDK21 的 deb 包命令如下。

```
sudo dpkg -i jdk-21_linux-x64_bin.deb
```

命令运行结果如图 2–81 所示。

图 2–80　上传 JDK21 的 deb 包

图 2–81　安装 JDK21 的 deb 包

JDK21 的 deb 包安装完成，如图 2–82 所示。

图 2–82　JDK21 的 deb 包安装完成

③查看 Java 版本，命令如下。

```
java -version
```

命令运行结果如图 2–83 所示。

图 2–83　查看 Java 版本

④查看 Java 的安装路径。

可以使用 which 命令查找并显示当前 Java 的完整路径，命令如下。

```
which java
```

命令运行结果如图 2–84 所示。

图 2–84　查找并显示当前 Java 的完整路径

继续查找 Java 的实际安装路径，命令如下。

```
ll /usr/bin/java
```

根据命令运行结果，继续查找 Java 的实际安装路径，命令如下。

```
ll /etc/alternatives/java
```

命令运行结果如图 2 - 85 所示。

```
long@udesktop:~$ which java
/usr/bin/java
long@udesktop:~$ ll /usr/bin/java
lrwxrwxrwx 1 root root 22 8月  23 12:26 /usr/bin/java -> /etc/alternatives/java*
long@udesktop:~$ ll /etc/alternatives/java
lrwxrwxrwx 1 root root 39 8月  23 12:32 /etc/alternatives/java -> /usr/lib/jvm/jdk-21-oracle-x64/bin/java*
```

图 2 - 85　查找 Java 的实际安装路径

进入 Java 的实际安装路径查看安装结果，命令如下。

```
cd /usr/lib/jvm
```

命令运行结果如图 2 - 86 所示。

```
long@udesktop:~$ cd /usr/lib/jvm
long@udesktop:/usr/lib/jvm$ ls
jdk-17-oracle-x64  jdk-21-oracle-x64
long@udesktop:/usr/lib/jvm$ cd jdk-21-oracle-x64/
long@udesktop:/usr/lib/jvm/jdk-21-oracle-x64$ ls
bin  conf  include  jmods  legal  lib  LICENSE  man  README  release
long@udesktop:/usr/lib/jvm/jdk-21-oracle-x64$ cd bin/
long@udesktop:/usr/lib/jvm/jdk-21-oracle-x64/bin$ ls
jar        javac    jcmd      jdeprscan  jhsdb  jlink  jpackage   jshell  jstatd     rmiregistry
jarsigner  javadoc  jconsole  jdeps      jimage jmap   jps        jstack  jwebserver serialver
java       javap    jdb       jfr        jinfo  jmod   jrunscript jstat   keytool
```

图 2 - 86　进入 Java 的实际安装路径查看安装结果

可见 JDK17 和 JDK21 如果都采用 deb 包安装，则其安装步骤基本一致，目前生效的是较新的 JDK21。

（7）管理 Java 版本。

在 Linux 操作系统中，可以使用 update - alternatives 命令管理多个 Java 版本。以下是使用 update - alternatives 命令管理 Java 版本的步骤。

①确保已安装了多个需要的 Java 版本，例如前面已经安装了 JDK8、JDK17 和 JDK21。

②列出已安装的 Java 版本。

打开终端，运行以下命令列出已安装的 Java 版本。

```
update - alternatives - -list java
```

命令运行结果如图 2 - 87 所示，显示了用 deb 包安装的 JDK17 和 JDK21 的 Java 可执行文件的路径，没有显示解压安装的 JDK8 的 Java 可执行文件的路径。

```
long@udesktop:~$ update-alternatives --list java
/usr/lib/jvm/jdk-17-oracle-x64/bin/java
/usr/lib/jvm/jdk-21-oracle-x64/bin/java
```

图 2 - 87　列出已安装的 Java 版本

可以用 whereis 命令查找并显示 Java 文件或目录的位置，命令如下，命令运行结果如图 2 - 88 所示。

```
whereis java
```

```
long@udesktop:~$ whereis java
java: /usr/bin/java /usr/share/java /home/long/software/jdk1.8.0_271/bin/java
/usr/share/man/man1/java.1
```

图 2-88　查找并显示 Java 文件或目录的位置

③为 Java 版本创建替代项。

如果尚未创建 Java 的替代项，则用以下命令为每个 Java 版本创建一个替代项。

```
sudo update-alternatives --install /usr/bin/java java /path/to/java_version/
bin/java 优先级
```

其中，/path/to/java_ version/bin/java 是 Java 可执行文件的路径，优先级是一个整数，用于确定默认选择的 Java 版本，较大的数字表示较高的优先级。

④为每个 Java 版本创建一个替代项。

重复上述命令，为每个 Java 版本设置一个替代项，并查看默认生效的 Java 版本。具体命令如下，命令运行结果如图 2-89 所示。

```
sudo update-alternatives --install /usr/bin/java java /home/long/software/
jdk1.8.0_271/bin/java 100
sudo update-alternatives --install /usr/bin/java java /usr/lib/jvm/jdk-17-
oracle-x64/bin/java 90
sudo update-alternatives --install /usr/bin/java java /usr/lib/jvm/jdk-21-
oracle-x64/bin/java 80
java -version
```

```
long@udesktop:~$ sudo update-alternatives --install /usr/bin/java java /home/long/software/jdk1.8.0_271/bin/java  100
long@udesktop:~$ sudo update-alternatives --install /usr/bin/java java /usr/lib/jvm/jdk-17-oracle-x64/bin/java  90
long@udesktop:~$ sudo update-alternatives --install /usr/bin/java java /usr/lib/jvm/jdk-21-oracle-x64/bin/java  80
update-alternatives: 使用 /home/long/software/jdk1.8.0_271/bin/java 来在自动模式中提供 /usr/bin/java (java)
long@udesktop:~$ java -version
java version "1.8.0_271"
Java(TM) SE Runtime Environment (build 1.8.0_271-b09)
Java HotSpot(TM) 64-Bit Server VM (build 25.271-b09, mixed mode)
```

图 2-89　为每个 Java 版本设置一个替代项，并查看默认生效的 Java 版本

⑤切换 Java 版本。

一旦所有 Java 版本都被设置为替代项，就可以使用以下命令切换 Java 版本。

```
sudo update-alternatives --config java
```

这将显示可用的 Java 版本列表，并提示用户选择一个 Java 版本。输入相应的数字并按 Enter 键进行选择。

⑥验证切换结果。

若要验证切换结果，查看当前正在使用的 Java 版本，可以运行以下命令。

```
java -version
```

切换 Java 版本结果如图 2-90 ~ 图 2-92 所示。

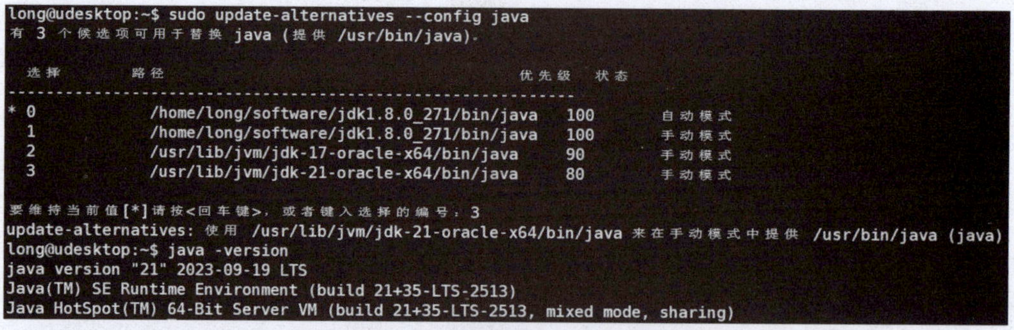

图 2-90　切换 Java 版本为 JDK21

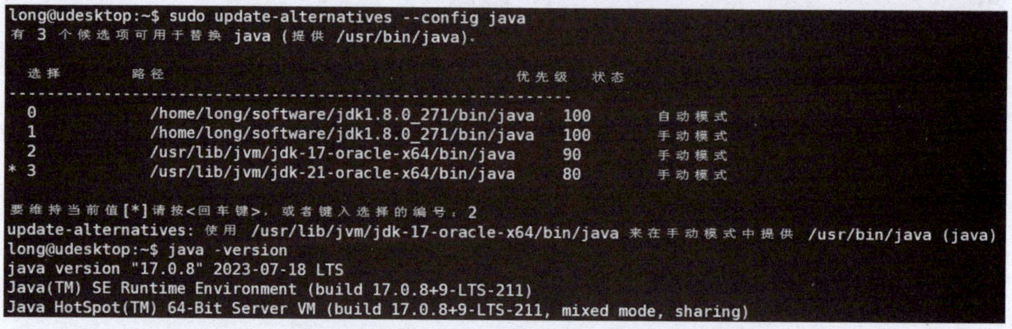

图 2-91　切换 Java 版本为 JDK17.0.8

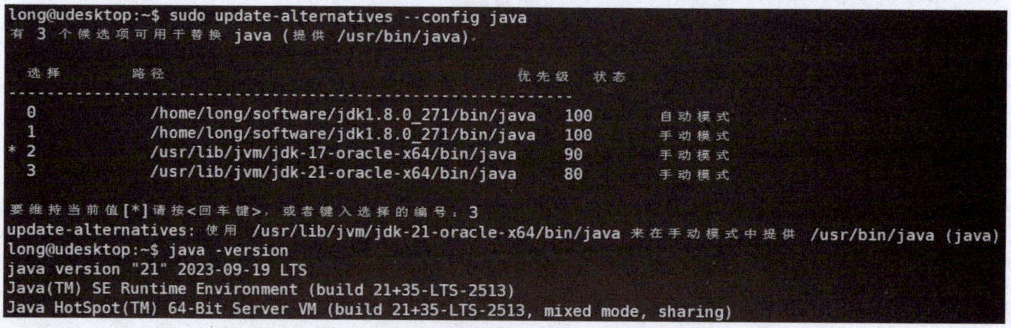

图 2-92　重新切换 Java 版本为 JDK21

通过以上步骤，就可以使用 update – alternatives 工具轻松地管理和切换不同的 Java 版本。

【任务评价】

评价内容	评价标准参考	参考分	得分
1. lrzsz 工具安装成功	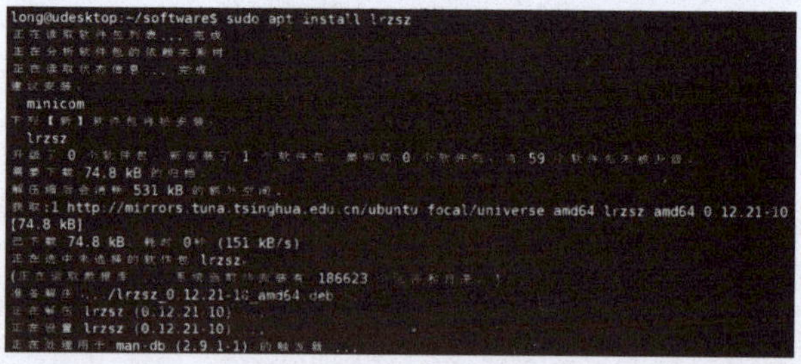	10	

续表

评价内容	评价标准参考	参考分	得分
2. JDK8 安装成功	```long@udesktop:~$ java -version``` ```java version "1.8.0_271"``` ```Java(TM) SE Runtime Environment (build 1.8.0_271-b09)``` ```Java HotSpot(TM) 64-Bit Server VM (build 25.271-b09, mixed mode)```	20	
3. JDK17 安装成功	```long@udesktop:~$ java -version``` ```java version "17.0.8" 2023-07-18 LTS``` ```Java(TM) SE Runtime Environment (build 17.0.8+9-LTS-211)``` ```Java HotSpot(TM) 64-Bit Server VM (build 17.0.8+9-LTS-211, mixed mode, sharing)```	20	
4. JDK21 安装成功	```long@udesktop:~$ java -version``` ```java version "21" 2023-09-19 LTS``` ```Java(TM) SE Runtime Environment (build 21+35-LTS-2513)``` ```Java HotSpot(TM) 64-Bit Server VM (build 21+35-LTS-2513, mixed mode, sharing)```	20	
5. 知道并能查看环境变量 PATH 的值	```long@udesktop:~$ echo $PATH``` ```/usr/local/sbin:/usr/local/bin:/usr/sbin:/usr/bin:/sbin:/bin:/usr/games:``` ```/usr/local/games:/snap/bin:/home/long/software/jdk1.8.0_271/bin```	10	
6. 会使用 update-alternatives 工具管理和切换不同的 Java 版本	```long@udesktop:~$ sudo update-alternatives --config java``` ```有 3 个候选项可用于替换 java (提供 /usr/bin/java)。``` ```选择 路径 优先级 状态``` ``` 0 /home/long/software/jdk1.8.0_271/bin/java 100 自动模式``` ``` 1 /home/long/software/jdk1.8.0_271/bin/java 100 手动模式``` ```* 2 /usr/lib/jvm/jdk-17-oracle-x64/bin/java 90 手动模式``` ``` 3 /usr/lib/jvm/jdk-21-oracle-x64/bin/java 80 手动模式``` ```要维持当前值[*]请按<回车键>，或者键入选择的编号：3``` ```update-alternatives: 使用 /usr/lib/jvm/jdk-21-oracle-x64/bin/java 来在手动模式中提供 /usr/bin/java (java)``` ```long@udesktop:~$ java -version``` ```java version "21" 2023-09-19 LTS``` ```Java(TM) SE Runtime Environment (build 21+35-LTS-2513)``` ```Java HotSpot(TM) 64-Bit Server VM (build 21+35-LTS-2513, mixed mode, sharing)```	20	

【相关知识】

在 Linux 操作系统中，环境变量是用来定义系统运行环境和用户进程行为的重要参数。它们可以控制 Xshell 提示符、系统路径搜索顺序、程序的默认语言等。环境变量以 key = value 的形式存在，其中 key 是变量名，value 是变量值。

环境变量的设置方法有多种，常见的是使用 export 命令。例如，使用"export PATH = ＄PATH：/new/path"可以将新路径添加到 PATH 环境变量中。这种方法会立即生效，但仅对当前 Xshell 会话有效。一旦关闭终端或退出 Xshell 会话，这些环境变量就会失效。

另一种设置环境变量的方法是编辑配置文件，如 ~/. bashrc 或/etc/environment。这些文件在每次用户登录时都会被读取，因此在这里定义的环境变量会在每次登录时生效。若要修改配置文件，可以使用 source 命令或者重新登录来使新的环境变量生效。

环境变量的生效时间和范围取决于其设定方式。使用 export 命令直接设定的环境变量立即生效，但仅在当前 shell 会话有效。通过编辑用户目录下的环境变量配置文件（如 ~/. bashrc 文件）设定的环境变量会在新开一个 shell 终端时生效，对当前用户有效。通过编辑"/etc"

目录下的环境变量配置文件（如/etc/environment、/etc/profile 等文件）设定的环境变量在系统启动时加载，对所有用户有效。

总的来说，理解 Linux 环境变量的配置方法、生效时间、生效范围和生效时长对于有效地使用 Linux 操作系统至关重要。环境变量的灵活配置可以帮助用户更好地控制系统行为，提高系统的个性化程度和便利性。

任务 2　构建工具 Maven 和 Gradle 的安装与配置

【任务分析】

（1）安装与配置构建工具 Maven。首先，下载 Maven 的二进制文件并解压到合适的目录。设置环境变量 MAVEN_HOME，指向 Maven 的安装目录，并将它的"bin"目录添加到系统的 PATH 变量中。然后，配置 Maven 的"settings. xml"文件，包括设置本地仓库路径和下载映像仓库加速依赖项。最后，通过运行 mvn – v 命令验证 Maven 的安装与配置是否成功。

（2）安装与配置构建工具 Gradle。首先，下载 Gradle 的二进制文件并解压到合适的目录。然后，设置环境变量 GRADLE_HOME，指向 Gradle 的安装目录，并将它的"bin"目录添加到系统的 PATH 变量中。最后，验证 Gradle 的安装与配置是否成功，通过运行 gradle – v 命令检查版本信息是否正确显示。如果一切正常，则说明 Gradle 已成功安装并配置完成。

【任务准备】

（1）完成本项目的任务 1，为项目开发安装好 JDK。

（2）在 Apache Maven 的官方下载页面（https://maven. apache. org/download. cgi）下载需要的 Maven 对应版本的压缩包，例如"apache – maven – 3. 9. 6 – bin. tar. gz"。

【任务实施】

1. 安装与配置构建工具 Maven

这里以 tar. gz 压缩包的方式安装 apache – maven – 3. 9. 6，安装步骤如下。

1）安装 Maven

（1）上传"apache – maven – 3. 9. 6 – bin. tar. gz"。

仍然进入"~/software"目录，上传需要的安装软件。

切换目录命令如下。

```
cd ~/software
```

上传文件命令如下。

```
rz
```

在上传文件前后查看确认上传文件的命令如下。

```
ls
```

命令运行结果如图 2 – 93 所示。

```
long@udesktop:~$ cd software/
long@udesktop:~/software$ ls
jdk-17_linux-x64_bin.deb   jdk-21_linux-x64_bin.deb
long@udesktop:~/software$ rz

long@udesktop:~/software$ ls
apache-maven-3.9.6-bin.tar.gz   jdk-21_linux-x64_bin.deb
jdk-17_linux-x64_bin.deb
```

图 2 - 93　上传 Maven 压缩包

（2）解压安装 "maven. tar. gz"。

一般可以将 Maven 解压安装到 "/usr/local" 目录下。最好为 Maven 创建一个用于解压的目录，如 "maven" 目录。

可以先切换到 "/usr/local" 目录，命令如下。

```
cd /usr/local
```

然后，在 "/usr/local" 目录下创建 "maven" 目录，命令如下。

```
sudo mkdir maven
```

也可以在任意目录下创建上述 "maven" 目录，命令如下。

```
sudo mkdir /usr/local/maven
```

在创建目录前后可以用 ls 命令查看确认 mkdir 命令运行结果，在 "/usr/local" 目录下可直接用 ls 命令。

在任意目录下，可用以下命令进行查看确认。

```
ls /usr/local/
```

命令运行结果如图 2 - 94 所示。

```
long@udesktop:~$ cd /usr/local/
long@udesktop:/usr/local$ ls
bin  etc  games  include  lib  man  sbin  share  src
long@udesktop:/usr/local$ sudo mkdir maven
[sudo] long 的密码：
long@udesktop:/usr/local$ ls
bin  etc  games  include  lib  man  maven  sbin  share  src
```

图 2 - 94　创建 "maven" 目录

在 "~/software" 目录下解压 "apache - maven - 3. 9. 6 - bin. tar. gz" 到 "/usr/local/maven/" 目录的命令如下。

```
sudo tar -xzf apache-maven-3.9.6-bin.tar.gz -C /usr/local/maven/
```

命令运行结果如图 2 - 95 所示。

```
long@udesktop:~/software$ ls
apache-maven-3.9.6-bin.tar.gz  jdk-17_linux-x64_bin.deb  jdk-21_linux-x64_bin.deb
long@udesktop:~/software$ sudo tar -xzf apache-maven-3.9.6-bin.tar.gz -C /usr/local/maven
long@udesktop:~/software$ ls /usr/local/maven/
apache-maven-3.9.6
```

图 2 - 95　解压 Maven 压缩包到指定目录

在解压前，最好用 ls 命令查看确认 "~/software" 目录下是否有 "apache – maven – 3.9.6 – bin. tar. gz" 压缩包。输入命令时，"apache – maven – 3.9.6 – bin. tar. gz" 这部分可以只输入 a，然后按 Tab 键补全。

2）配置 Maven

（1）新建一个目录作为本地仓库。

在 "/usr/local/maven/apache – maven – 3.9.6" 目录下新建 "repository" 目录，作为本地仓库。

切换目录命令如下。

```
cd /usr/local/maven/apache-maven-3.9.6/
```

创建目录命令如下。

```
mkdir repository
```

命令运行结果如图 2 – 96 所示。

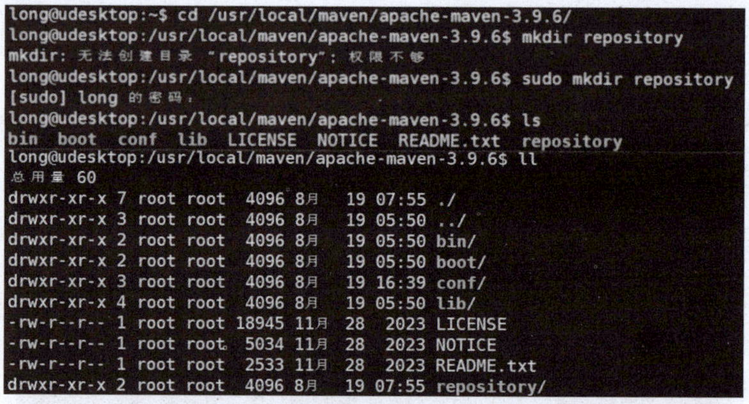

图 2 – 96　创建 "repository" 目录作为本地仓库

请思考：为什么有时创建目录不需要加 sudo，有时创建目录需要加 sudo？

（2）得到本地仓库路径。

可以先切换到用户的本地仓库路径，然后用 pwd 命令得到用户的本地仓库的完整路径。

在 "/usr/local/maven/apache – maven – 3.9.6/" 目录下切换到 "repository" 目录，命令如下。

```
cd repository
```

查看当前目录的完整路径，命令如下。

```
pwd
```

命令运行结果如图 2 – 97 所示。

图 2 – 97　查看本地仓库的完整路径

可以看到，本地仓库地址为/usr/local/maven/apache – maven – 3. 9. 6/repository。

（3）修改 Maven 配置文件。

先切换到 Maven 安装路径下的"conf"目录，命令如下。

```
cd conf
```

命令运行结果如图 2 – 98 所示。

图 2 – 98　切换到 Maven 配置文件目录

使用 nano 编辑器修改"settings. xml"文件，命令如下。

```
sudo nano settings.xml
```

命令运行结果如图 2 – 99 所示。

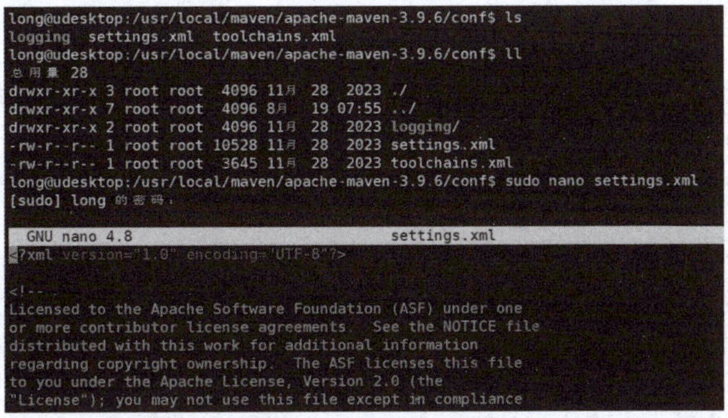

图 2 – 99　使用 nano 编辑器修改 Maven 配置文件

首先，添加本地仓库路径。按"Ctrl + W"组合键，查找 localR，将本地仓库路径配置语句添加到合适的位置。

本地仓库路径配置语句如下。

```
<localRepository>本地仓库路径</localRepository>
```

这里应写为：

```
<localRepository>/usr/local/maven/apache - maven - 3.9.6/repository</localRepository>
```

查找和添加本地仓库路径配置语句的结果如图2－100所示。

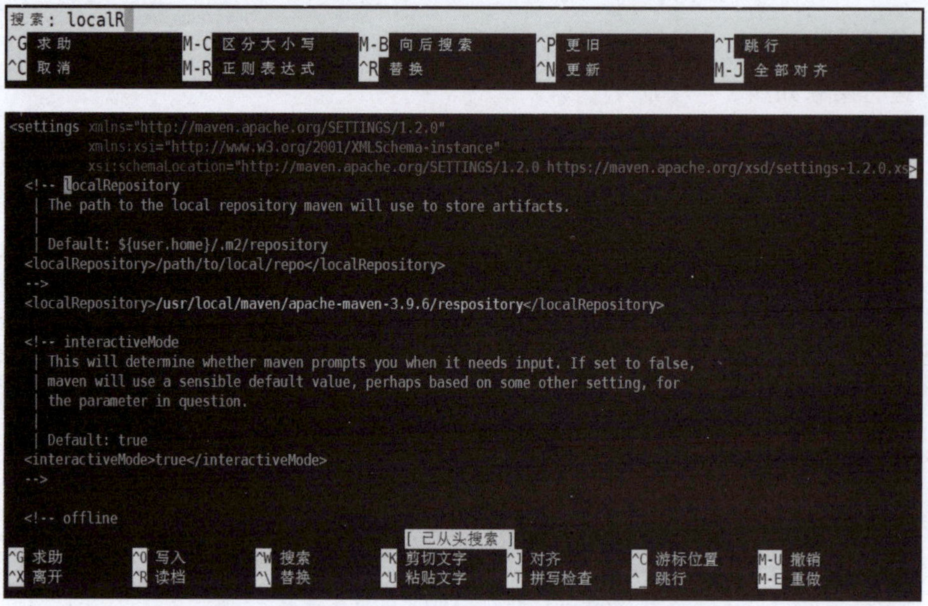

图2－100　查找和添加本地仓库路径配置语句

然后，配置使用阿里云的映像来替代 Maven 默认的中央仓库。同样按"Ctrl＋W"组合键，找到＜mirrors＞＜/mirrors＞节点，在其中加入以下代码，如图2－101所示。

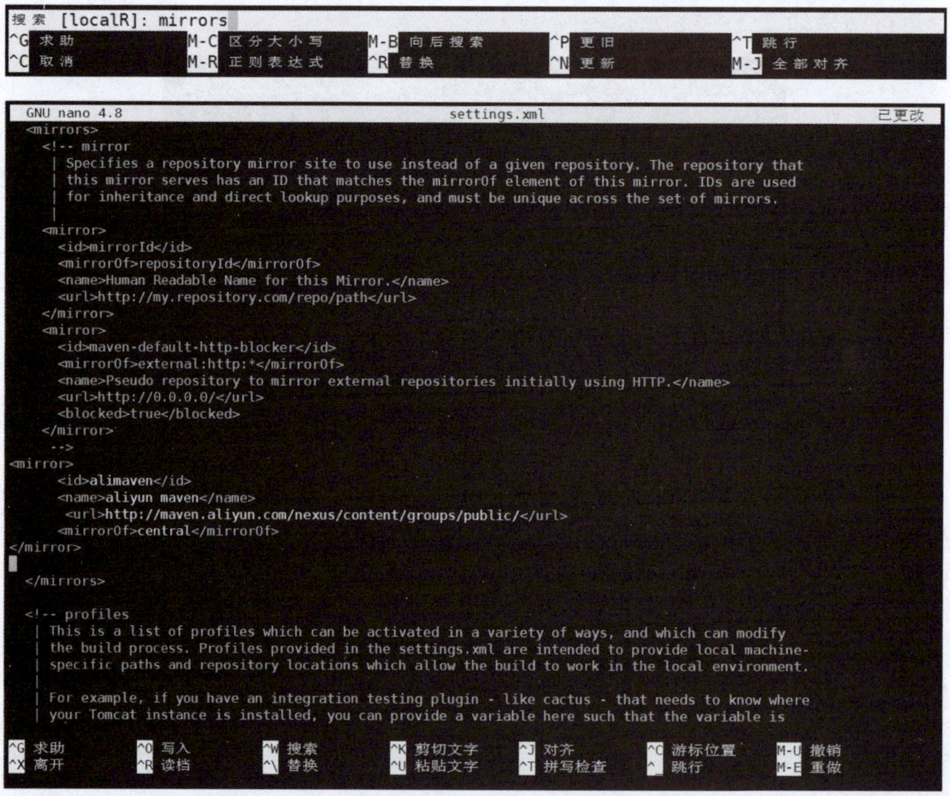

图2－101　配置使用阿里云的映像来替代 Maven 默认的中央仓库

```
<mirror>
      <id>alimaven</id>
      <name>aliyun maven</name>
      <url>http://maven.aliyun.com/nexus/content/groups/public/</url>
      <mirrorOf>central</mirrorOf>
</mirror>
```

修改完成后，按"Ctrl + O"组合键，以原文件名保存，如图 2 – 102、图 2 – 103 所示，再按"Ctrl + X"组合键退出 nano 编辑器。

图 2 – 102　以原文件名保存

图 2 – 103　写入成功

（4）配置 Maven 环境变量。

修改全局环境变量配置文件/etc/profile，命令如下。

```
sudo nano /etc/profile
```

加入以下代码，如图 2 – 104 所示。

```
export MAVEN_HOME = /usr/local/maven/apache – maven – 3.9.6 #根据 maven 安装路径设置
export PATH = $ PATH: $ MAVEN_HOME/bin
```

修改完成后，按"Ctrl + O"组合键，以原文件名保存，再按"Ctrl + X"组合键退出 nano 编辑器。

最后，需要用 source 命令使环境变量配置文件生效，命令如下。

```
source /etc/profile
```

之后，可以查看 Maven 版本，命令如下。

```
mvn – v
```

命令运行结果如图 2 – 105 所示。

2. 安装与配置构建工具 Gradle

1）下载 Gradle 安装软件

仍然进入"~/software"目录，下载需要的安装软件。

切换目录命令如下。

```
cd ~/software
```

```
long@udesktop:~$ sudo nano /etc/profile
[sudo] long 的密码:

  GNU nano 4.8                                        /etc/profile

if [ "${PS1-}" ]; then
  if [ "${BASH-}" ] && [ "$BASH" != "/bin/sh" ]; then
    # The file bash.bashrc already sets the default PS1.
    # PS1='\h:\w\$ '
    if [ -f /etc/bash.bashrc ]; then
      . /etc/bash.bashrc
    fi
  else
    if [ "`id -u`" -eq 0 ]; then
      PS1='# '
    else
      PS1='$ '
    fi
  fi
fi

if [ -d /etc/profile.d ]; then
  for i in /etc/profile.d/*.sh; do
    if [ -r $i ]; then
      . $i
    fi
  done
  unset i
fi

export JAVA_HOME=/home/long/software/jdk1.8.0_271
export PATH=$PATH:$JAVA_HOME/bin
export MAVEN_HOME=/usr/local/maven/apache-maven-3.9.6      #根据maven安装路径设置
export PATH=$PATH:$MAVEN_HOME/bin
```

图 2 – 104 配置 Maven 环境变量

```
long@udesktop:~$ source /etc/profile
long@udesktop:~$ mvn -v
Apache Maven 3.9.6 (bc0240f3c744dd6b6ec2920b3cd08dcc295161ae)
Maven home: /usr/local/maven/apache-maven-3.9.6
Java version: 21, vendor: Oracle Corporation, runtime: /usr/lib/jvm/jdk-21-oracle-x64
Default locale: zh_CN, platform encoding: UTF-8
OS name: "linux", version: "5.15.0-84-generic", arch: "amd64", family: "unix"
```

图 2 – 105 查看 Maven 版本

运行命令以从 Gradle 官网下载页面下载需要的 Gradle 发行版本二进制文件。例如，用 wget 命令下载“gradle – 6.5 – bin. zip”到当前目录，命令如下。

```
wget https://services.gradle.org/distributions/gradle-6.5-bin.zip
```

命令运行结果如图 2 – 106 所示。

2）解压 ZIP 文件

用 unzip 命令将下载到“~/software”目录的 ZIP 文件提取到“/usr/local”目录，命令如下。

```
sudo unzip -d /usr/local ./gradle-6.5-bin.zip
```

在 unzip 命令运行前后，可以用 ls 命令查看“/usr/local”目录下的文件，命令如下。

```
ls /usr/local
```

命令运行结果如图 2－107、图 2－108 所示。

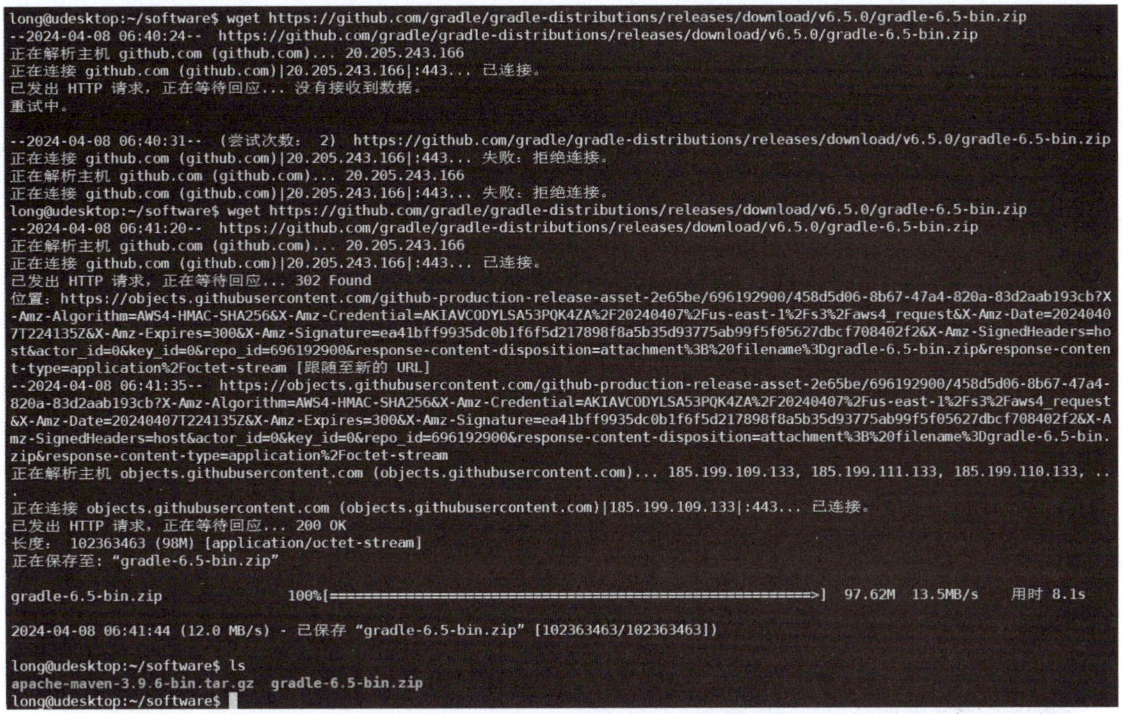

```
long@udesktop:~/software$ wget https://github.com/gradle/gradle-distributions/releases/download/v6.5.0/gradle-6.5-bin.zip
--2024-04-08 06:40:24--  https://github.com/gradle/gradle-distributions/releases/download/v6.5.0/gradle-6.5-bin.zip
正在解析主机 github.com (github.com)... 20.205.243.166
正在连接 github.com (github.com)|20.205.243.166|:443... 已连接。
已发出 HTTP 请求，正在等待回应... 没有接收到数据。
重试中。

--2024-04-08 06:40:31--  (尝试次数： 2)  https://github.com/gradle/gradle-distributions/releases/download/v6.5.0/gradle-6.5-bin.zip
正在连接 github.com (github.com)|20.205.243.166|:443... 失败：拒绝连接。
正在解析主机 github.com (github.com)... 20.205.243.166
正在连接 github.com (github.com)|20.205.243.166|:443... 失败：拒绝连接。
long@udesktop:~/software$ wget https://github.com/gradle/gradle-distributions/releases/download/v6.5.0/gradle-6.5-bin.zip
--2024-04-08 06:41:20--  https://github.com/gradle/gradle-distributions/releases/download/v6.5.0/gradle-6.5-bin.zip
正在解析主机 github.com (github.com)... 20.205.243.166
正在连接 github.com (github.com)|20.205.243.166|:443... 已连接。
已发出 HTTP 请求，正在等待回应... 302 Found
位置：https://objects.githubusercontent.com/github-production-release-asset-2e65be/696192900/458d5d06-8b67-47a4-820a-83d2aab193cb?X
-Amz-Algorithm=AWS4-HMAC-SHA256&X-Amz-Credential=AKIAVCODYLSA53PQK4ZA%2F20240407%2Fus-east-1%2Fs3%2Faws4_request&X-Amz-Date=2024040
7T224135Z&X-Amz-Expires=300&X-Amz-Signature=ea41bff9935dc0b1f6f5d217898f8a5b35d93775ab99f5f05627dbcf708402f2&X-Amz-SignedHeaders=ho
st&actor_id=0&key_id=0&repo_id=696192900&response-content-disposition=attachment%3B%20filename%3Dgradle-6.5-bin.zip&response-conten
t-type=application%2Foctet-stream [跟随至新的 URL]
--2024-04-08 06:41:35--  https://objects.githubusercontent.com/github-production-release-asset-2e65be/696192900/458d5d06-8b67-47a4-
820a-83d2aab193cb?X-Amz-Algorithm=AWS4-HMAC-SHA256&X-Amz-Credential=AKIAVCODYLSA53PQK4ZA%2F20240407%2Fus-east-1%2Fs3%2Faws4_request
&X-Amz-Date=20240407T224135Z&X-Amz-Expires=300&X-Amz-Signature=ea41bff9935dc0b1f6f5d217898f8a5b35d93775ab99f5f05627dbcf708402f2&X-A
mz-SignedHeaders=host&actor_id=0&key_id=0&repo_id=696192900&response-content-disposition=attachment%3B%20filename%3Dgradle-6.5-bin.
zip&response-content-type=application%2Foctet-stream
正在解析主机 objects.githubusercontent.com (objects.githubusercontent.com)... 185.199.109.133, 185.199.111.133, 185.199.110.133, ..
.
正在连接 objects.githubusercontent.com (objects.githubusercontent.com)|185.199.109.133|:443... 已连接。
已发出 HTTP 请求，正在等待回应... 200 OK
长度： 102363463 (98M) [application/octet-stream]
正在保存至："gradle-6.5-bin.zip"

gradle-6.5-bin.zip            100%[=========================================================>]  97.62M  13.5MB/s    用时 8.1s

2024-04-08 06:41:44 (12.0 MB/s) - 已保存 "gradle-6.5-bin.zip" [102363463/102363463])

long@udesktop:~/software$ ls
apache-maven-3.9.6-bin.tar.gz  gradle-6.5-bin.zip
long@udesktop:~/software$
```

图 2－106　用 wget 命令下载 Gradle 安装压缩包

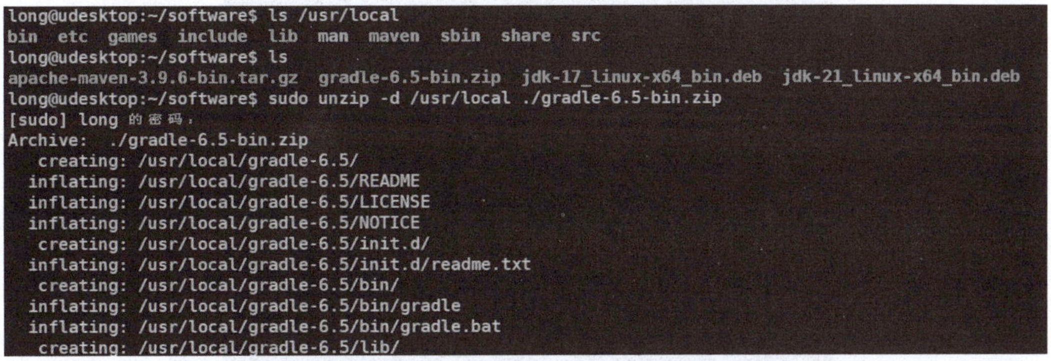

```
long@udesktop:~/software$ ls /usr/local
bin  etc  games  include  lib  man  maven  sbin  share  src
long@udesktop:~/software$ ls
apache-maven-3.9.6-bin.tar.gz  gradle-6.5-bin.zip  jdk-17_linux-x64_bin.deb  jdk-21_linux-x64_bin.deb
long@udesktop:~/software$ sudo unzip -d /usr/local ./gradle-6.5-bin.zip
[sudo] long 的密码：
Archive:  ./gradle-6.5-bin.zip
   creating: /usr/local/gradle-6.5/
  inflating: /usr/local/gradle-6.5/README
  inflating: /usr/local/gradle-6.5/LICENSE
  inflating: /usr/local/gradle-6.5/NOTICE
   creating: /usr/local/gradle-6.5/init.d/
  inflating: /usr/local/gradle-6.5/init.d/readme.txt
   creating: /usr/local/gradle-6.5/bin/
  inflating: /usr/local/gradle-6.5/bin/gradle
  inflating: /usr/local/gradle-6.5/bin/gradle.bat
   creating: /usr/local/gradle-6.5/lib/
```

图 2－107　解压 Gradle 安装压缩包到指定路径

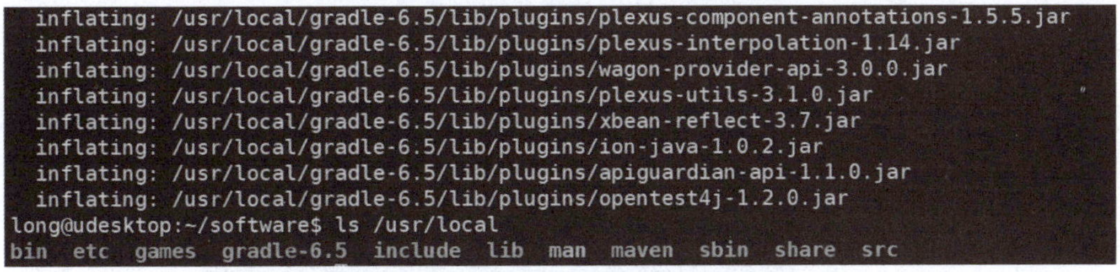

```
  inflating: /usr/local/gradle-6.5/lib/plugins/plexus-component-annotations-1.5.5.jar
  inflating: /usr/local/gradle-6.5/lib/plugins/plexus-interpolation-1.14.jar
  inflating: /usr/local/gradle-6.5/lib/plugins/wagon-provider-api-3.0.0.jar
  inflating: /usr/local/gradle-6.5/lib/plugins/plexus-utils-3.1.0.jar
  inflating: /usr/local/gradle-6.5/lib/plugins/xbean-reflect-3.7.jar
  inflating: /usr/local/gradle-6.5/lib/plugins/ion-java-1.0.2.jar
  inflating: /usr/local/gradle-6.5/lib/plugins/apiguardian-api-1.1.0.jar
  inflating: /usr/local/gradle-6.5/lib/plugins/opentest4j-1.2.0.jar
long@udesktop:~/software$ ls /usr/local
bin  etc  games  gradle-6.5  include  lib  man  maven  sbin  share  src
```

图 2－108　完成解压 Gradle 安装压缩包

3）配置 Gradle 环境变量

在"/etc/profile. d/"目录下创建一个名为"gradle. sh"的新文件，命令如下。

```
sudo nano /etc/profile.d/gradle.sh
```

粘贴以下配置。

```
export GRADLE_HOME = /usr/local/gradle - 6.5 #根据 Gradle 安装路径设置
export PATH = ${GRADLE_HOME}/bin: ${PATH}
```

命令运行结果如图 2 – 109 所示。

```
long@udesktop:~$ sudo nano /etc/profile.d/gradle.sh
[sudo] long 的密码：

  GNU nano 4.8                          /etc/profile.d/gradle.sh
export GRADLE_HOME=/usr/local/gradle-6.5
export PATH=${GRADLE_HOME}/bin:${PATH}
```

图 2 – 109　配置 Gradle 环境变量

用以下命令加载环境变量。

```
source /etc/profile.d/gradle.sh
```

之后可以查看 Gradle 版本，命令如下。

```
gradle - v
```

命令运行结果如图 2 – 110 所示。

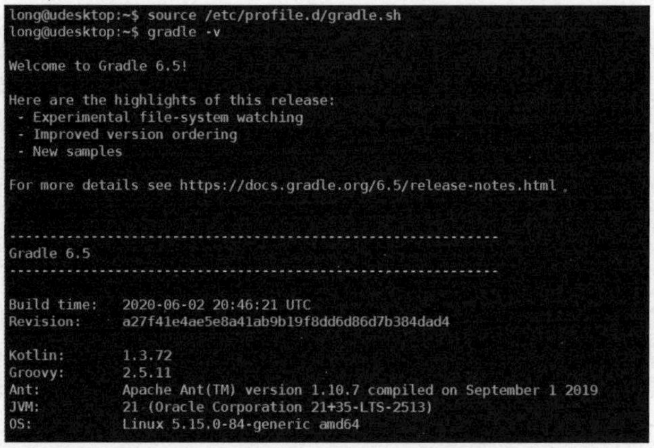

```
long@udesktop:~$ source /etc/profile.d/gradle.sh
long@udesktop:~$ gradle -v

Welcome to Gradle 6.5!

Here are the highlights of this release:
 - Experimental file-system watching
 - Improved version ordering
 - New samples

For more details see https://docs.gradle.org/6.5/release-notes.html


------------------------------------------------------------
Gradle 6.5
------------------------------------------------------------

Build time:   2020-06-02 20:46:21 UTC
Revision:     a27f41e4ae5e8a41ab9b19f8dd6d86d7b384dad4

Kotlin:       1.3.72
Groovy:       2.5.11
Ant:          Apache Ant(TM) version 1.10.7 compiled on September 1 2019
JVM:          21 (Oracle Corporation 21+35-LTS-2513)
OS:           Linux 5.15.0-84-generic amd64
```

图 2 – 110　查看 Gradle 版本

【任务评价】

评价内容	评价标准参考	参考分	得分
1. 会用 tar 命令解压 "tar. gz"文件到指定路径	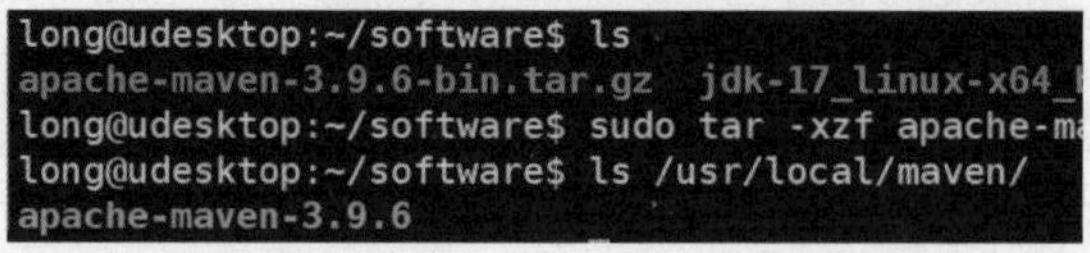 long@udesktop:~/software$ ls apache-maven-3.9.6-bin.tar.gz　jdk-17_linux-x64_ long@udesktop:~/software$ sudo tar -xzf apache-ma long@udesktop:~/software$ ls /usr/local/maven/ apache-maven-3.9.6	20	

评价内容	评价标准参考	参考分	得分

2. 会用 mvn － v 命令验证 Maven 安装版本正确	`long@udesktop:~$ source /etc/profile`
	`long@udesktop:~$ mvn -v`
	`Apache Maven 3.9.6 (bc0240f3c744dd6b6ec2920b3cd08`
	`Maven home: /usr/local/maven/apache-maven-3.9.6`
	`Java version: 21, vendor: Oracle Corporation, run`
	`Default locale: zh_CN, platform encoding: UTF-8`
	`OS name: "linux", version: "5.15.0-84-generic", a`
		20	

3. 会用 wget 命令下载需要的资源	wget https：//services. gradle. org/distributions/ gradle － 6. 5 － bin. zip	20	
4. 会用 unzip 命令解压 ZIP 文件到指定路径	sudo unzip － d /usr/local . /gradle － 6. 5 － bin. zip	20	

5. 会用 gradle － v 命令验证 Gradle 安装版本正确	`long@udesktop:~$ source /etc/profile.d/gradle.sh`
	`long@udesktop:~$ gradle -v`
	
	`Welcome to Gradle 6.5!`
	
	`Here are the highlights of this release:`
	`- Experimental file-system watching`
	`- Improved version ordering`
	`- New samples`
	
	`For more details see https://docs.gradle.org/6.5/release-notes.html`
	
	`------------------------------------------------------------`
	`Gradle 6.5`
	`------------------------------------------------------------`
	
	`Build time:   2020-06-02 20:46:21 UTC`
	`Revision:     a27f41e4ae5e8a41ab9b19f8dd6d86d7b384dad4`
	
	`Kotlin:       1.3.72`
	`Groovy:       2.5.11`
	`Ant:          Apache Ant(TM) version 1.10.7 compiled on September 1 2019`
	`JVM:          21 (Oracle Corporation 21+35-LTS-2513)`
	`OS:           Linux 5.15.0-84-generic amd64`
		20	

【相关知识】

1. Linux 常用压缩和解压命令

在 Linux 操作系统中，压缩和解压命令是日常管理文件和目录时非常常用的工具。它们帮助用户节省磁盘空间，并简化文件传输过程。Linux 操作系统支持多种压缩和解压格式，如 TAR、GZ、BZ2、ZIP 等，每种格式都有相应的命令行工具来处理。

1）tar 命令

tar 命令是用于打包和解压文件或目录的工具，但它并不直接提供数据压缩功能。tar 可以与 gzip 或 bzip2 结合使用来压缩或解压文件。

压缩：tar － czvf output. tar. gz input_ directory。

解压：tar － xzvf input. tar. gz。

在上述命令中，c 代表创建，x 代表解压，z 代表使用 gzip 进行压缩或解压，v 代表详细模式（显示过程），而 f 后面跟的是目标文件名。

2）gzip 和 bzip2 命令

gzip 和 bzip2 命令是两个常用的压缩工具，它们能对文件进行高比率的压缩。

使用 gzip 压缩：gzip input_ file。

使用 gzip 解压：gunzip input_ file. gz。

使用 bzip2 压缩：bzip2 input_ file。

使用 bzip2 解压：bunzip2 input_ file. bz2。

上述命令直接对文件进行操作，压缩后会替换原文件，因此使用时需谨慎。

3）zip 和 unzip 命令

zip 和 unzip 命令在 Linux 操作系统中用于处理 ZIP 文件，ZIP 是一种广泛使用的文件格式，特别是在 Windows 操作系统中。

压缩：zip – r output. zip input_ directory。

解压：unzip input. zip。

其中，– r 选项用于递归地压缩目录和子目录。

总的来说，Linux 操作系统提供了丰富的命令来处理压缩和解压任务，每种命令都有其特定的用途和优势。掌握这些命令能有效地管理和存储数据。

2. Linux 目录权限

Linux 目录权限管理是一个核心的安全机制，用于控制对文件和目录的访问。在 Linux 操作系统中，每个文件和目录都具有相应的权限设置，这些权限决定了哪些用户或组可以对文件或目录进行读取、写入、执行等操作。这样的权限管理确保了只有被授权的用户才能对文件进行操作，从而提高了系统的安全性。

Linux 目录权限管理基于 UGO 模型，即用户（User）、组（Group）、其他用户（Other）。每个文件或目录的权限都可以按照这 3 部分来分配。对于任何特定的文件或目录，权限是以 3 字符的序列来表示的，例如"rwxr – xr – –"，其中"rwx"表示用户权限，"r – x"表示组权限，"r – –"表示其他用户权限。

首先是读（r）权限，它允许拥有者读取文件的内容或浏览目录的信息。其次是写（w）权限，它使用户可以修改文件的内容或在目录中删除、移动文件。最后是执行（x）权限，对于文件而言，它允许用户运行文件；而对于目录，则允许用户进入该目录。

关于文件权限的设置，Linux 提供了 chmod 命令来更改文件或目录的权限。chmod 命令有两种常用的权限表示方法：权限符号表示法和权限数字表示法。权限符号表示法使用"+""–"和"="来添加、移除或设置具体的权限，例如"chmod u + rwx file. txt"。权限数字表示法使用 3 位八进制数来指定权限，每位数对应一个用户群体的权限总和，例如"chmod 755 file. txt"。

此外，新建文件或目录时，其默认的最大权限通常由 umask 控制。例如，如果 umask 设置为 022，则新建文件的权限默认为 644，目录则为 755。umask 的值可以通过在用户的 shell 配置文件（如 ~/. bashrc）中设置 umask 命令来改变。

粘滞位（Sticky Bit）是目录权限中的一个重要概念，常用于公共目录如"/tmp"。当一个目录设置了粘滞位（使用"chmod o + t"命令）时，在该目录下，除了文件的所有者、目录的所有者和 root 用户外，其他用户不能删除文件。这种机制可以防止用户随意删除其他用户的文件，提高了系统的安全性。

综上所述，Linux 目录权限系统通过 UGO 模型和各种命令工具，实现了对文件和目录访问控制的精细管理。理解并合理配置这些权限是保证 Linux 操作系统安全性的关键步骤。

任务 3　IntelliJ IDEA 的安装与配置

【任务分析】

IntelliJ IDEA 是一款强大的 Java 开发环境，它提供了丰富的功能，如智能代码完成、代码分析和高效的代码导航，极大提升了 Java 开发的生产力。在本任务中，首先安装 IntelliJ IDEA，然后根据项目需求对其进行配置，包括设置 JDK 路径、导入 Maven 和 Gradle 项目、配置代码风格和快捷键等。通过这些步骤，可以使 IntelliJ IDEA 更好地适应项目的开发流程，为用户的 Java 开发工作奠定基础。

【任务准备】

（1）登录 Ubuntu 20.04 桌面版。

（2）完成本项目的任务 1 和任务 2，即实现 Java 的安装与版本管理以及构建工具 Maven 和 Gradle 的安装与配置。

【任务实施】

1. 在 Ubuntu 20.04 桌面版中安装 IDEA

（1）在 Ubuntu 20.04 桌面版中双击 Ubuntu Software 图标 ，打开图 2 – 111 所示界面，在搜索框中输入 "idea" 进行搜索，结果如图 2 – 112 所示。

（2）选择查找到的 IDEA 安装程序，打开图 2 – 113 所示界面，单击 "安装" 按钮，开始安装。

提示需要认证，输入密码，如图 2 – 114 所示，并单击 "认证" 按钮，继续安装。

IDEA 安装完成，如图 2 – 115 所示，之后可以在应用程序图标中找到 IDEA 图标，如图 2 – 116 所示。

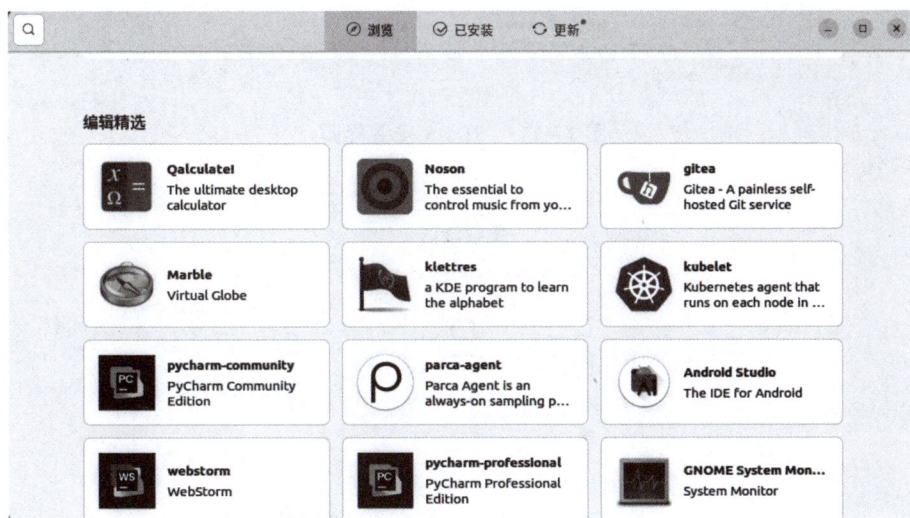

图 2 – 111　Ubuntu Software 界面

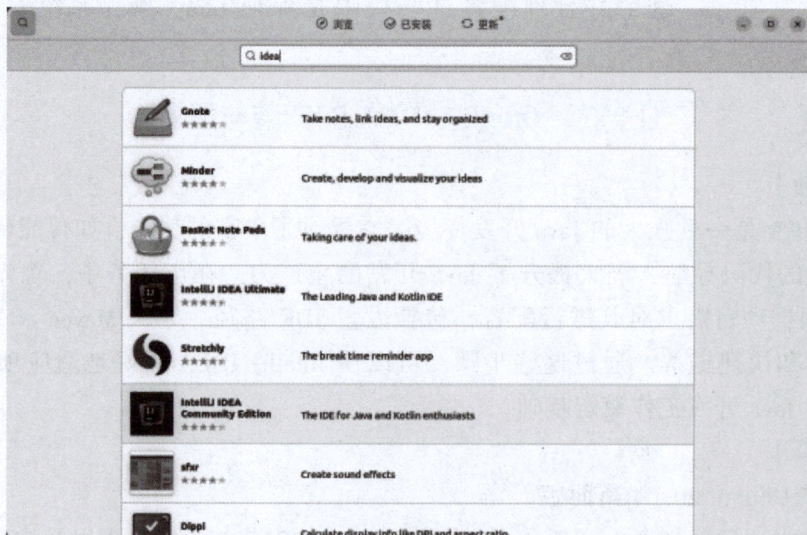

图 2 – 112 搜索 "idea"

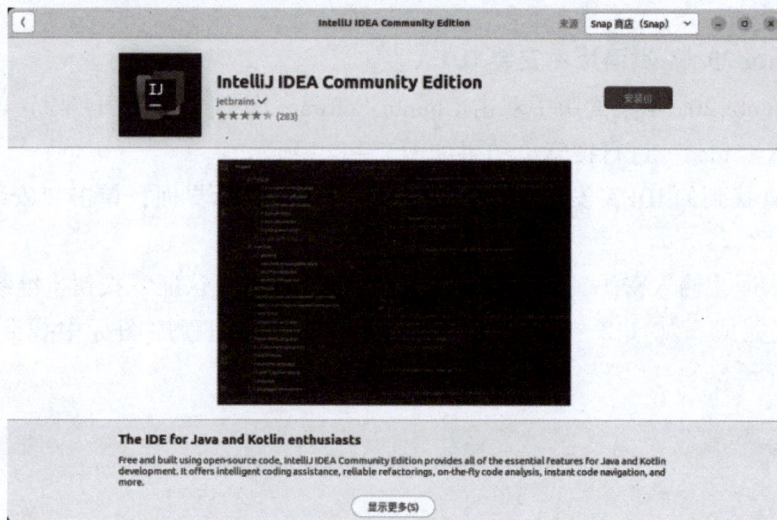

图 2 – 113 IDEA 安装界面

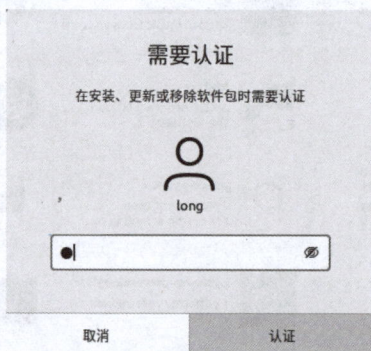

图 2 – 114 用户身份认证

图 2 – 115　IDEA 安装完成

图 2 – 116　应用程序图标

2. 使用 IDEA 创建 Java 项目

双击 IDEA 图标，即可运行 IDEA，打开 IDEA 界面，如图 2 – 117、图 2 – 118 所示。

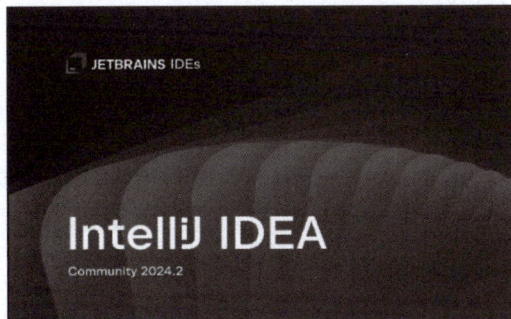

图 2 – 117　运行 IDEA

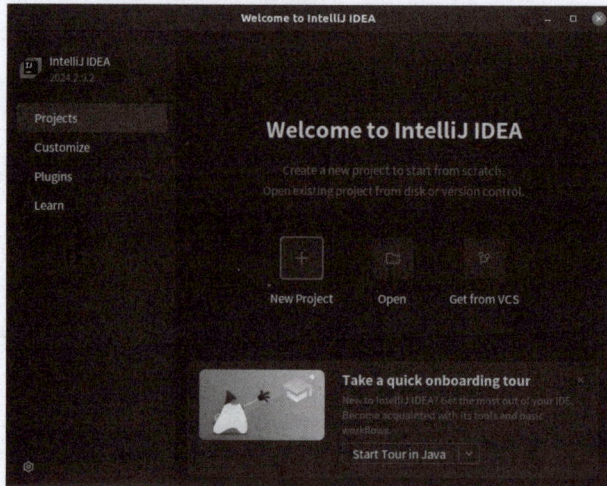

图 2 –118　IDEA 界面

1）创建普通 Java 项目

在 IDEA 界面中创建普通 Java 项目后，当项目需要 jar 包依赖时，一般新建一个"libs"文件夹，把 jar 包放入此文件夹。创建过程可参考图 2 – 119。

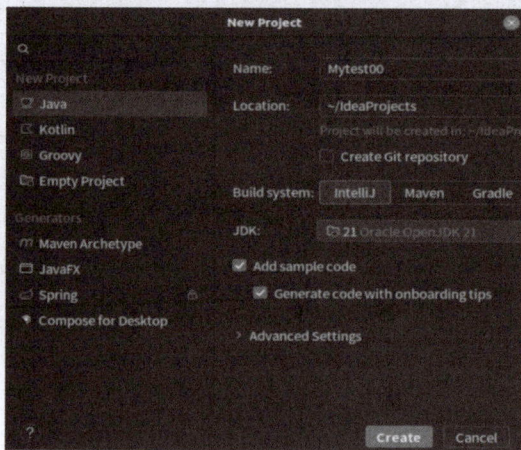

图 2 –119　创建普通 Java 项目

2）创建基于 Maven 的 Java 项目

如果创建基于 Maven 的 Java 项目，则需要在项目中配置 Maven 选项以便实现 jar 包本地依赖。创建过程如下。

（1）新建 Java 项目，选择 Maven 依赖，如图 2 – 120 所示。

（2）选择项目名，选择"File"→"Settings"选项，进入设置面板，如图 2 – 121 所示。

（3）在设置面板中选择"Build，Execution，Deployment"→"Build Tools"→"Maven"选项，把"User settings file"设置为"/usr/local/maven/apache – maven – 3. 9. 6/conf/settings. xml"，把"Local repository"设置为"/usr/local/maven/apache – maven – 3. 9. 6/repository"，如图 2 – 122 所示。

图 2 – 120　创建基于 Maven 的 Java 项目

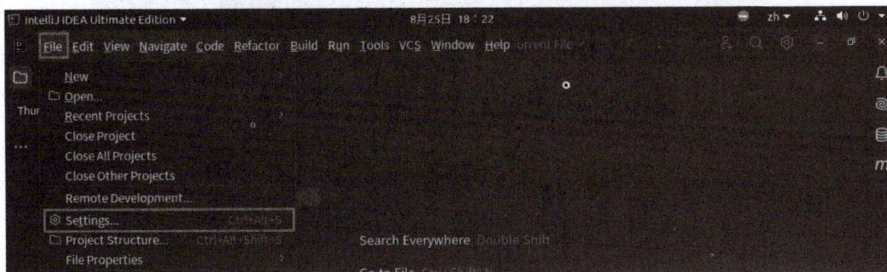

图 2 – 121　进入设置面板

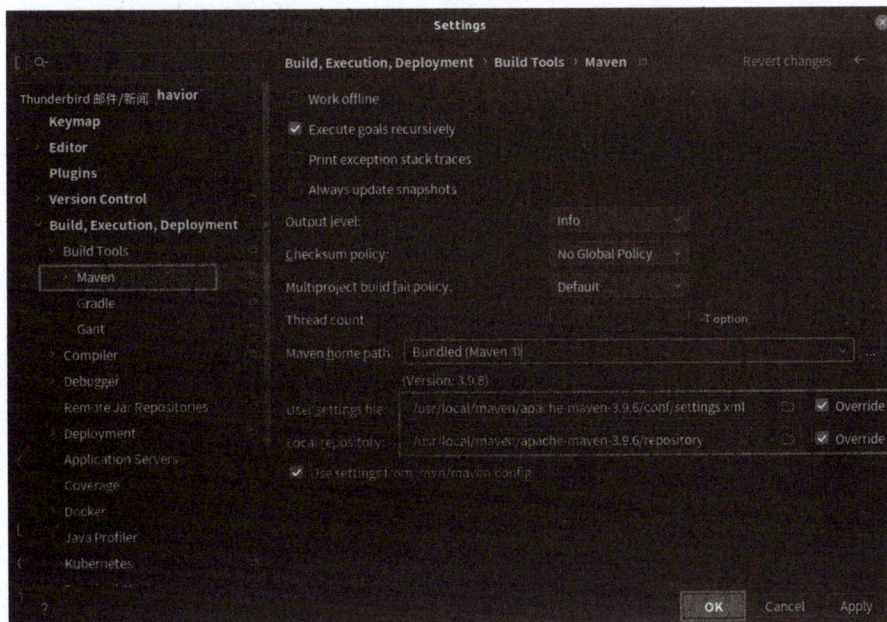

图 2 – 122　在 Settings 设置面板配置 Maven

单击"OK"按钮后，项目中需要的 jar 包依赖可以直接在"pom. xml"中设置。

3）创建基于 Gradle 的 Java 项目

如果创建基于 Gradle 的 Java 项目，则需要在项目中配置 Gradle 选项以便实现 jar 包本地依赖。创建过程如下。

（1）新建 Java 项目，选择 Gradle 依赖，如图 2 - 123 所示。

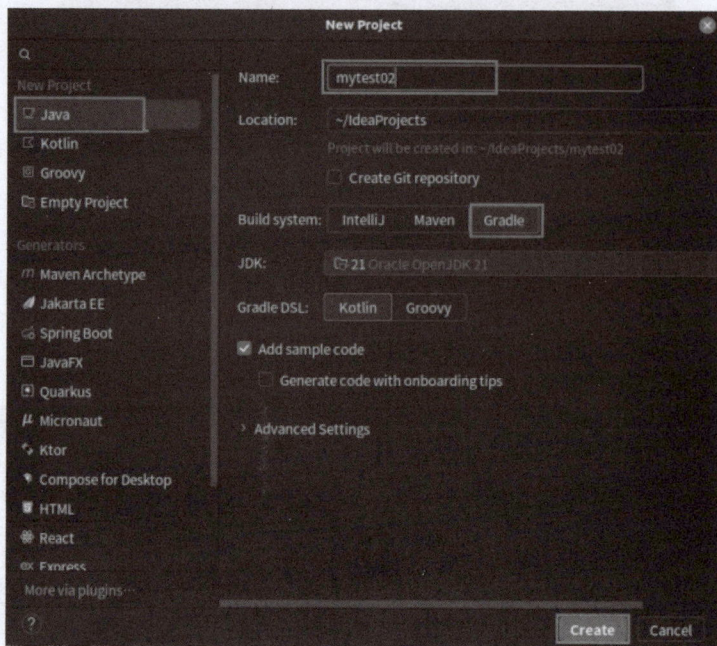

图 2 - 123　创建基于 **Gradle** 的 **Java** 项目

（2）在设置面板中选择"Build，Execution，Deployment"→"Build Tools"→"Gradle"选项，把"Gradle user home"设置为"/usr/local/gradle - 6.5"，如图 2 - 124 所示。

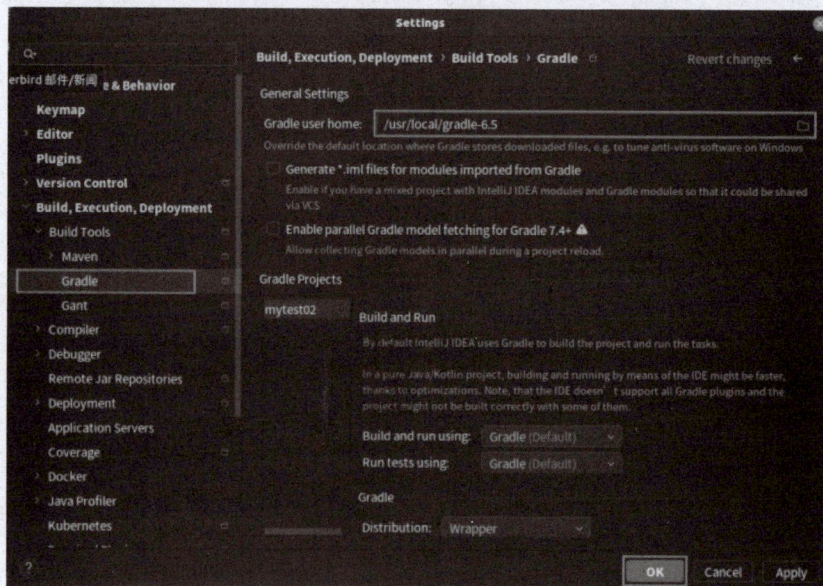

图 2 - 124　在设置面板中配置 **Gradle**

【任务评价】

评价内容	评价标准参考	参考分	得分
1. 在 Ubuntu 20.04 桌面版中安装 IDEA		50	
2. 使用 IDEA 创建 Java 项目		50	

【相关知识】

IntelliJ IDEA 是一款专为 Java 编程语言设计的 IDE。它由 JetBrains 公司开发，被认为是业界最好的 Java 开发工具之一。除了可以使用本项目所介绍的方法安装 IntelliJ IDEA，也可以使用命令方式安装 IntelliJ IDEA。

在 Linux 操作系统中使用命令方式安装和运行 IntelliJ IDEA 涉及几个主要步骤：下载、安装、运行。下面介绍这些步骤，并提供一些额外信息以帮助理解操作过程。

1. 下载 IntelliJ IDEA 安装程序

从 JetBrains 官方网站下载 IntelliJ IDEA 安装程序。确保选择与操作系统匹配的版本。对于 Linux 操作系统，将会下载一个 ".tar.gz" 文件。

2. 安装 IntelliJ IDEA

下载完成后，解压 ".tar.gz" 文件。在 Linux 操作系统中，可以使用 tar 命令解压，例如 "tar –xvf ideaIC –*.tar.gz"（将 ideaIC –*.tar.gz 替换为实际下载文件的名称）。

解压后，会创建一个与压缩文件同名的文件夹，进入该文件夹，通常会有一个名为 "bin" 的子文件夹，内含 IntelliJ IDEA 的启动脚本。

3. 运行 IntelliJ IDEA

（1）赋予执行权限。在首次运行前，需要给启动脚本（如"idea. sh"）赋予执行权限。可以使用命令"chmod ＋x idea. sh"完成这一操作。

（2）运行启动脚本。执行上述脚本以启动 IntelliJ IDEA，例如"./idea. sh"。这将打开 IntelliJ IDEA 的欢迎界面，可以选择开始免费试用、购买许可证或评估等选项。

模块 3

Linux典型应用项目部署

模块导读

本模块旨在通过实际操作引导读者掌握在 Ubuntu 服务器版虚拟机中部署 Python 应用项目的关键步骤及技术要点。读者将获得从环境搭建、应用部署到最终测试的一系列实践经验，深入理解 Python 应用在 Linux 服务器环境中的运行机制和部署流程。同时，本模块还介绍在云服务器上搭建 Java Web 环境的全过程。这包括选择合适的云服务提供商、购买和配置云服务器资源、安装必要的 Java 开发环境和 Web 服务器，以及将 Java Web 网站成功发布到公网以使其能够接受来自互联网的访问请求。

在此过程中，读者不仅将了解云服务的基本操作和管理，也会接触网站上线后的日常维护工作，如日志跟踪与下载等。通过对这两个应用场景的深入学习和实践，读者将能充分理解服务器应用的部署和管理，为将来在更广泛的信息技术领域的工作打下坚实的基础。通过本模块的学习，读者能够提升自己的技术能力，并在实际工作中运用所学知识解决实际问题。

项目 1　Ubuntu 服务器版 Python 应用项目部署

项目描述

龙师傅介绍，在实际应用中，经常会在 Linux 服务器上部署一些应用项目，例如 Python 应用项目。龙师傅让 IT 学员们在 Ubuntu 20.04 服务器版虚拟机中部署一个用于监控系统资源使用情况的 Python 应用项目，然后通过设置后台运行和进程管理，确保即使在关闭 Xshell 会话后，浏览器仍能正常访问该项目，以便持续监控系统资源的使用情况。通过项目实践，读者将掌握 Linux 操作系统、应用部署和问题解决技能，为将来的工作打下坚实的基础。

项目分析

IT 学员们已经在模块 1 中安装了 Ubuntu 20.04 服务器版虚拟机，现在需要在这台虚拟机中部署一个 Python 应用程序，用于监控系统资源使用情况。在部署 Python 应用项目时，需要先查看项目的构成、项目所需要的环境、当前服务器版虚拟机的 Python 环境等，从环境搭建开始，逐步完成 Python 应用项目的部署和测试。在项目部署成功后，还应当实现项目的后台运行和进程管理，使得在关闭 Xshell 会话后，浏览器仍然能够访问该项目，查看系统资源使用情况。

项目任务分解

根据项目分析的结果，可以把本项目分解为图 3 – 1 所示的 2 个任务。

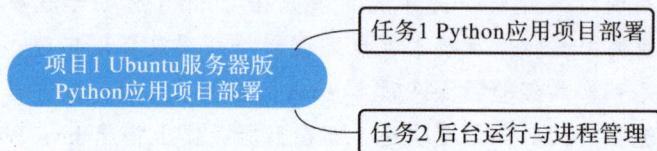

图 3 – 1　"**Ubuntu** 服务器版 **Python** 应用项目部署" 项目任务分解

项目目标

知识目标

（1）了解在 VMware 导入 OVA 文件的方法和步骤。

（2）进一步熟悉 Linux 文件管理等命令。

（3）进一步熟悉 Linux 在线安装软件命令。

（4）了解解压文件命令 tar 的使用方法。

（5）了解 Python 应用项目部署的一般方法。

（6）了解进程管理命令的使用方法。

（7）了解后台运行的命令的使用方法。

技能目标

（1）会在 VMware 中导入 Ubuntu 服务器版 OVA 文件。

（2）能根据需要创建多级目录。

（3）能用 tar 命令解压 ".tar.gz" 压缩包。

（4）能进行简单的进程管理。

（5）能完成 Python 应用项目部署。

（6）能进行简单的进程管理。

（7）能后台运行 Python 应用。

（8）能正确结束后台运行的 Python 应用。

素质目标

（1）自主学习能力：能够通过查找资料和实践，自行解决在 VMware 中导入 Ubuntu 服务器版 OVA 文件时遇到的问题，并能够理解和应用 Linux 文件管理和在线安装软件的命令。

（2）问题解决能力：能够独立分析并解决在 Python 应用项目部署过程中出现的问题，包括进程管理、后台运行等操作中的错误诊断与解决。

（3）团队协作与沟通能力：能够在小组项目中有效沟通和协作，共同完成 Python 应用项目部署和后台运行任务，能够主动分享知识，帮助团队成员解决问题，提高整个团队的效率和效果。

任务 1 Python 应用项目部署

【任务分析】

在 Ubuntu 20.04 服务器版虚拟机中部署一个 Python 应用项目，用于监控系统资源使用情况。需要先查看虚拟机的 Python 环境，然后才能运行 Python 应用项目。

【任务准备】

（1）完成模块 1 的项目 2 任务 3，用 Xshell 连接 Ubuntu 20.04 服务器版虚拟机，或者参考模块 1 的项目 1 任务 3 的【任务实施】步骤（18）导入模块 1 的项目 1 任务 4 中导出的 OVA 文件，并用 Xshell 连接导入成功的 Ubuntu 20.04 服务器版虚拟机。

（2）进行网络连接，下载相关软件包。

（3）使用具有 sudo 权限的管理员账户 long 登录系统。

【任务实施】

（1）查看虚拟机的 Python 环境。

部署一个 Python 应用项目，需要先查看 Python 版本，确认虚拟机是否有所需的 Python 环境。

查看 Python 版本的命令如下。

```
python -V
python3 -V
```

命令运行结果如图 3-2 所示，可以看到 Ubuntu 20.04 服务器版虚拟机默认安装 Python3，具体版本是 Python3.8.10。

（2）在用户目录下创建项目二级目录"psutil/templates"，命令如下。

```
mkdir -p psutil/templates
```

在命令运行前后可用 ls 命令查看，命令运行结果如图 3-3 所示。

（3）在用户目录的"psutil/templates"目录下上传文件，命令如下。

```
cd psutil/templates
rz
```

命令运行结果如图 3-4、图 3-5 所示。

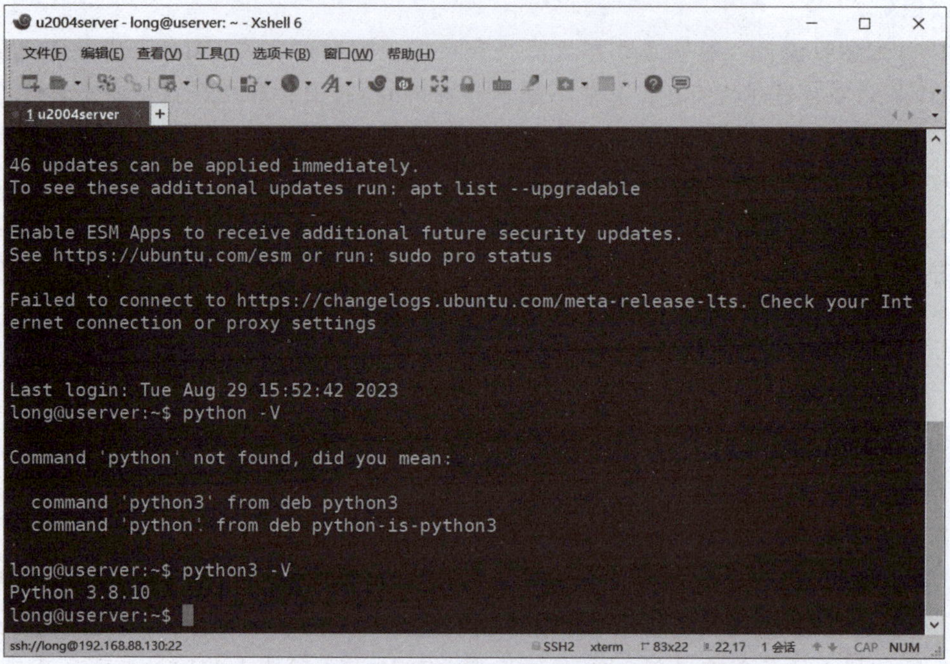

图 3－2　查看 Python 版本

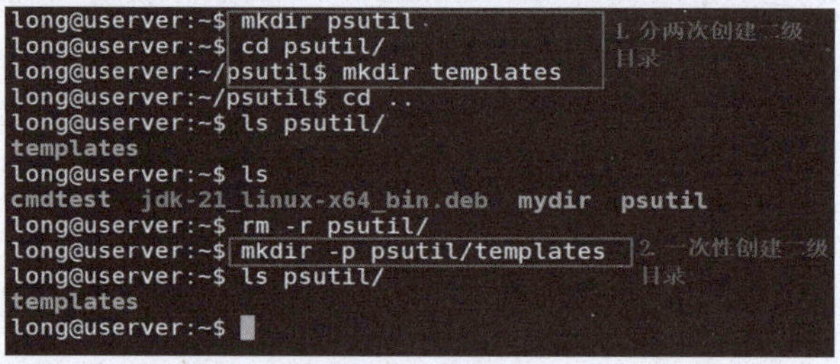

图 3－3　创建项目二级目录

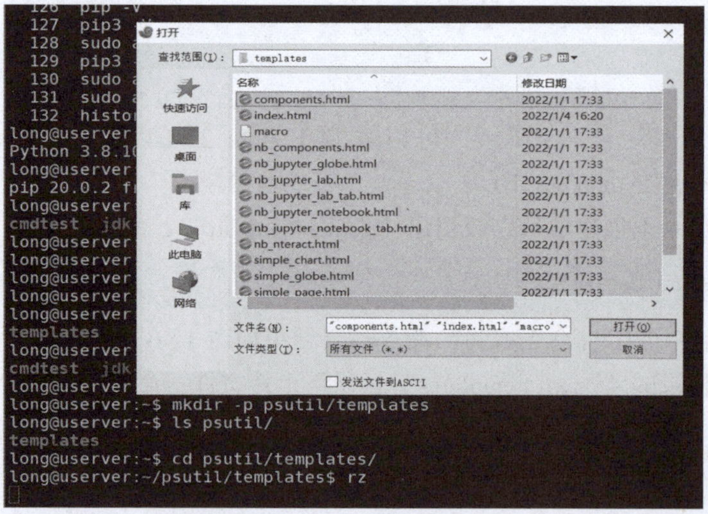

图 3－4　上传文件

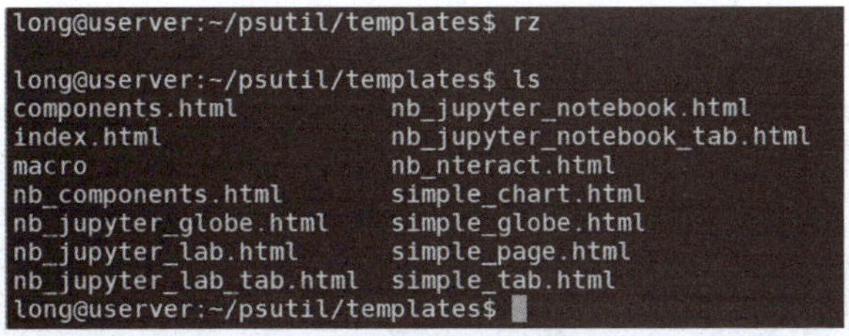

图 3 – 5　查看文件列表

如果上传时选择文件的时间过长，则可能出现乱码，这时可以按"Ctrl + C"组合键停止上传过程，如图 3 – 6 所示，然后可以按"Ctrl + L"组合键清屏，之后重新上传文件。

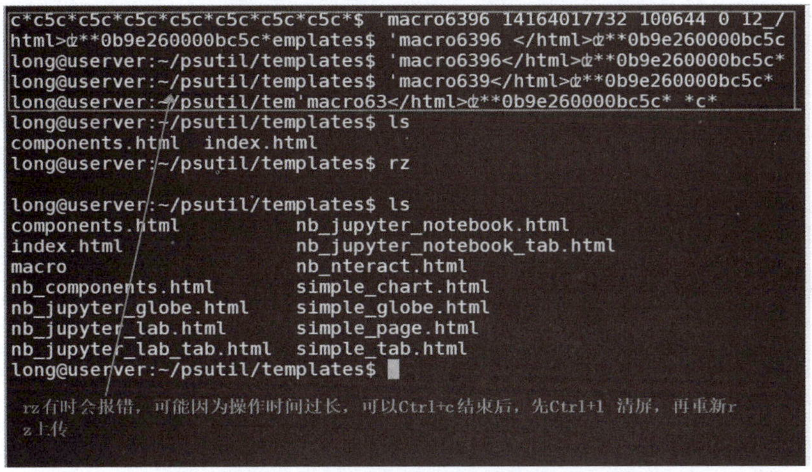

图 3 – 6　选择文件超时出现乱码

如果提示找不到 rz 命令，需要先在线安装 lrzsz 工具，命令如下。

```
sudo apt install lrzsz
```

命令运行结果如图 3 – 7 所示。

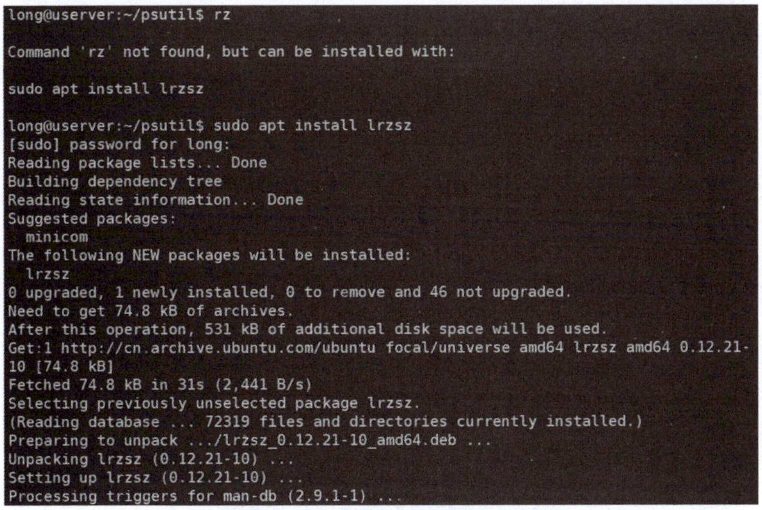

图 3 – 7　在线安装 lrzsz 工具

注：在线安装软件时可能需要先更新软件列表，如图 3 – 8 所示。

```
long@userver:~$ sudo apt update
Hit:1 https://mirrors.ustc.edu.cn/ubuntu focal InRelease
Hit:2 https://mirrors.ustc.edu.cn/ubuntu focal-updates InRelease
Hit:3 https://mirrors.ustc.edu.cn/ubuntu focal-backports InRelease
Hit:4 https://mirrors.ustc.edu.cn/ubuntu focal-security InRelease
Reading package lists... Done
Building dependency tree
Reading state information... Done
142 packages can be upgraded. Run 'apt list --upgradable' to see them.
```

图 3 – 8　更新软件列表

（4）回到"psutil"目录，上传"app. py"文件，如图 3 – 9 所示。

```
long@userver:~/psutil/templates$ cd ..
long@userver:~/psutil$ ls
templates
long@userver:~/psutil$ rz

long@userver:~/psutil$ ls
app.py  templates
```

图 3 – 9　上传"app. py"文件

以上步骤（2）~（4）也可用步骤（5）~（7）完成。

（5）在用户目录下创建项目目录"psutil"，如图 3 – 10 所示。

```
long@userver:~$ mkdir psutil
long@userver:~$ ls
psutil
```

图 3 – 10　创建项目目录"psutil"

（6）进入"psutil"目录，上传项目压缩文件，如图 3 – 11 所示。

```
long@userver:~$ cd psutil/
long@userver:~/psutil$ rz

long@userver:~/psutil$ ls
psutil.tar.gz
long@userver:~/psutil$
```

图 3 – 11　上传项目压缩文件

（7）解压上传的项目压缩文件，如图 3 – 12 所示。

```
long@userver:~/psutil$ tar -xzvf psutil.tar.gz
./app.py
./templates/
./templates/index.html
./templates/nb_jupyter_globe.html
./templates/nb_jupyter_notebook.html
./templates/nb_jupyter_notebook_tab.html
./templates/components.html
./templates/simple_globe.html
./templates/nb_components.html
./templates/simple_page.html
./templates/nb_jupyter_lab_tab.html
./templates/nb_jupyter_lab.html
./templates/macro
./templates/nb_nteract.html
./templates/simple_tab.html
./templates/simple_chart.html
long@userver:~/psutil$ ls
app.py  psutil.tar.gz  templates
```

图 3 – 12　解压上传的项目压缩文件

（8）查看"psutil"目录结构，如图 3-13 所示。

```
long@userver:~/psutil$ tree
.
├── app.py
├── psutil.tar.gz
├── templates
│   ├── components.html
│   ├── index.html
│   ├── macro
│   ├── nb_components.html
│   ├── nb_jupyter_globe.html
│   ├── nb_jupyter_lab.html
│   ├── nb_jupyter_lab_tab.html
│   ├── nb_jupyter_notebook.html
│   ├── nb_jupyter_notebook_tab.html
│   ├── nb_nteract.html
│   ├── simple_chart.html
│   ├── simple_globe.html
│   ├── simple_page.html
│   └── simple_tab.html

1 directory, 16 files
```

图 3-13　查看"psutil"目录结构

如果提示没有 tree 命令，如图 3-14 所示，就按提示安装 tree 工具，如图 3-15 所示。

```
long@userver:~/psutil$ tree

Command 'tree' not found, but can be installed with:

sudo snap install tree  # version 1.8.0+pkg-3fd6, or
sudo apt  install tree  # version 1.8.0-1

See 'snap info tree' for additional versions.
```

图 3-14　提示没有 tree 命令

```
long@userver:~/psutil$ sudo apt  install tree
[sudo] password for long:
Reading package lists... Done
Building dependency tree
Reading state information... Done
The following NEW packages will be installed:
  tree
0 upgraded, 1 newly installed, 0 to remove and 51 not upgraded.
Need to get 43.0 kB of archives.
After this operation, 115 kB of additional disk space will be used.
Get:1 http://mirrors.aliyun.com/ubuntu focal/universe amd64 tree amd6
4 1.8.0-1 [43.0 kB]
Fetched 43.0 kB in 0s (194 kB/s)
Selecting previously unselected package tree.
(Reading database ... 116890 files and directories currently installe
d.)
Preparing to unpack .../tree_1.8.0-1_amd64.deb ...
Unpacking tree (1.8.0-1) ...
Setting up tree (1.8.0-1) ...
Processing triggers for man-db (2.9.1-1) ...
long@userver:~/psutil$
```

图 3-15　安装 tree 工具

（9）尝试运行项目，如图 3-16 所示。

```
long@userver:~/psutil$ python3 app.py
Traceback (most recent call last):
  File "app.py", line 4, in <module>
    from flask import Flask, render_template, jsonify, request
ModuleNotFoundError: No module named 'flask'
```

图 3-16　运行项目

（10）根据提示，安装 flask 工具，命令如下。

```
pip3 install flask
```

命令运行结果如图 3 – 17 所示。

```
long@userver:~/psutil$ pip3 install flask
Command 'pip3' not found, but can be installed with:
sudo apt install python3-pip
```

图 3 – 17　安装 flask 工具

或者查看 pip3 版本，命令如下。

```
pip3 -V
```

命令运行结果如图 3 – 18 所示。

```
long@userver:~/psutil$ pip3 -V
Command 'pip3' not found, but can be installed with:
sudo apt install python3-pip
```

图 3 – 18　提示没有找到 pip3 命令

（11）根据提示，在线安装 python3 – pip，如图 3 – 19、图 3 – 20 所示。

```
long@userver:~/psutil$ sudo apt install python3-pip
Reading package lists... Done
Building dependency tree
Reading state information... Done
The following additional packages will be installed:
  binutils binutils-common binutils-x86-64-linux-gnu build-essential cpp cpp-9
  dpkg-dev fakeroot g++ g++-9 gcc gcc-9 gcc-9-base libalgorithm-diff-perl
  libalgorithm-diff-xs-perl libalgorithm-merge-perl libasan5 libatomic1
  libbinutils libc-dev-bin libc6-dev libcc1-0 libcrypt-dev libctf-nobfd0 libctf0
  libdpkg-perl libexpat1-dev libfakeroot libfile-fcntllock-perl libgcc-9-dev
  libgomp1 libisl22 libitm1 liblsan0 libmpc3 libpython3-dev libpython3.8-dev
  libquadmath0 libstdc++-9-dev libtsan0 libubsan1 linux-libc-dev make
  manpages-dev python-pip-whl python3-dev python3-wheel python3.8-dev zlib1g-dev
Suggested packages:
  binutils-doc cpp-doc gcc-9-locales debian-keyring g++-multilib g++-9-multilib
  gcc-9-doc gcc-multilib autoconf automake libtool flex bison gdb gcc-doc
  gcc-9-multilib glibc-doc bzr libstdc++-9-doc make-doc
The following NEW packages will be installed:
  binutils binutils-common binutils-x86-64-linux-gnu build-essential cpp cpp-9
  dpkg-dev fakeroot g++ g++-9 gcc gcc-9 gcc-9-base libalgorithm-diff-perl
  libalgorithm-diff-xs-perl libalgorithm-merge-perl libasan5 libatomic1
  libbinutils libc-dev-bin libc6-dev libcc1-0 libcrypt-dev libctf-nobfd0 libctf0
  libdpkg-perl libexpat1-dev libfakeroot libfile-fcntllock-perl libgcc-9-dev
  libgomp1 libisl22 libitm1 liblsan0 libmpc3 libpython3-dev libpython3.8-dev
  libquadmath0 libstdc++-9-dev libtsan0 libubsan1 linux-libc-dev make
  manpages-dev python-pip-whl python3-dev python3-pip python3-wheel python3.8-dev
  zlib1g-dev
0 upgraded, 50 newly installed, 0 to remove and 46 not upgraded.
Need to get 52.2 MB of archives.
After this operation, 228 MB of additional disk space will be used.
Do you want to continue? [Y/n]
```

图 3 – 19　在线安装 python3 – pip

```
Setting up gcc (4:9.3.0-1ubuntu2) ...
Setting up g++-9 (9.4.0-1ubuntu1~20.04.2) ...
Setting up python3.8-dev (3.8.10-0ubuntu1~20.04.11) ...
Setting up g++ (4:9.3.0-1ubuntu2) ...
update-alternatives: using /usr/bin/g++ to provide /usr/bin/c++ (c++) in auto mode
Setting up build-essential (12.8ubuntu1.1) ...
Setting up python3-dev (3.8.2-0ubuntu2) ...
Processing triggers for man-db (2.9.1-1) ...
Processing triggers for libc-bin (2.31-0ubuntu9.16) ...
long@userver:~/psutil$
```

图 3 – 20　python3 – pip 安装完成

（12）安装完成后，可以查看安装的 pip3 版本，如图 3 – 21 所示。

（13）用 pip3 安装 flask 工具，如图 3 – 22 所示。

```
long@userver:~/psutil$ pip3 -V
pip 20.0.2 from /usr/lib/python3/dist-packages/pip (python 3.8)
```

图 3 – 21　查看 pip3 版本

```
long@userver:~/psutil$ pip3 install flask
WARNING: Retrying (Retry(total=4, connect=None, read=None, redirect=None, status=No
ne)) after connection broken by 'ReadTimeoutError("HTTPSConnectionPool(host='pypi.o
rg', port=443): Read timed out. (read timeout=15)")': /simple/flask/
Collecting flask
  Downloading flask-2.3.3-py3-none-any.whl (96 kB)
     |████████████████████████████████| 96 kB 4.5 kB/s
Collecting Werkzeug>=2.3.7
  Downloading werkzeug-2.3.7-py3-none-any.whl (242 kB)
     |████████████████████████████████| 242 kB 5.1 kB/s
Collecting importlib-metadata>=3.6.0; python_version < "3.10"
  Downloading importlib_metadata-6.8.0-py3-none-any.whl (22 kB)
Collecting itsdangerous>=2.1.2
  Downloading itsdangerous-2.1.2-py3-none-any.whl (15 kB)
Collecting click>=8.1.3
  Downloading click-8.1.7-py3-none-any.whl (97 kB)
     |████████████████████████████████| 97 kB 115 kB/s
Collecting Jinja2>=3.1.2
  Downloading Jinja2-3.1.2-py3-none-any.whl (133 kB)
     |████████████████████████████████| 133 kB 180 kB/s
Collecting blinker>=1.6.2
  Downloading blinker-1.6.2-py3-none-any.whl (13 kB)
Collecting MarkupSafe>=2.1.1
  Downloading MarkupSafe-2.1.3-cp38-cp38-manylinux_2_17_x86_64.manylinux2014_x86_64
.whl (25 kB)
Requirement already satisfied: zipp>=0.5 in /usr/lib/python3/dist-packages (from im
portlib-metadata>=3.6.0; python_version < "3.10"->flask) (1.0.0)
Installing collected packages: MarkupSafe, Werkzeug, importlib-metadata, itsdangero
us, click, Jinja2, blinker, flask
  WARNING: The script flask is installed in '/home/long/.local/bin' which is not on
 PATH.
  Consider adding this directory to PATH or, if you prefer to suppress this warning
, use --no-warn-script-location.
Successfully installed Jinja2-3.1.2 MarkupSafe-2.1.3 Werkzeug-2.3.7 blinker-1.6.2 c
lick-8.1.7 flask-2.3.3 importlib-metadata-6.8.0 itsdangerous-2.1.2
```

图 3 – 22　用 pip3 安装 flask 工具

有时 flask 工具可能安装不成功，可以多尝试几次，出现 "Successfully installed" 表示安装成功。

（14）再次尝试用 Python3 运行 "app. py"，如图 3 – 23 所示。

```
long@userver:~/psutil$ python3 app.py
Traceback (most recent call last):
  File "app.py", line 6, in <module>
    from pyecharts import options as opts
ModuleNotFoundError: No module named 'pyecharts'
```

图 3 – 23　用 Python3 运行 "app. py"

（15）根据提示，用 pip3 安装 pyecharts，如图 3 – 24 所示。

（16）再次尝试用 Python3 运行 "app. py"，如图 3 – 25 所示。

（17）根据提示，用 pip3 安装 psutil，如图 3 – 26 所示。

（18）用 Python3 成功运行 "app. py"，如图 3 – 27 所示。

（19）使用浏览器查看系统资源使用情况，如图 3 – 28 所示。

```
long@userver:~/psutil$ pip3 install pyecharts
Collecting pyecharts
  Downloading pyecharts-2.0.4-py3-none-any.whl (147 kB)
  █████████████████████████████████ | 147 kB 933 kB/s
Requirement already satisfied: jinja2 in /home/long/.local/lib/python3.8/site-packages (from pye
charts) (3.1.2)
Collecting prettytable
  Downloading prettytable-3.8.0-py3-none-any.whl (27 kB)
Requirement already satisfied: simplejson in /usr/lib/python3/dist-packages (from pyecharts) (3.
16.0)
Requirement already satisfied: MarkupSafe>=2.0 in /home/long/.local/lib/python3.8/site-packages
(from jinja2->pyecharts) (2.1.3)
Collecting wcwidth
  Downloading wcwidth-0.2.6-py2.py3-none-any.whl (29 kB)
Installing collected packages: wcwidth, prettytable, pyecharts
Successfully installed prettytable-3.8.0 pyecharts-2.0.4 wcwidth-0.2.6
```

图 3 – 24　用 pip3 安装 pyecharts

```
long@userver:~/psutil$ python3 app.py
Traceback (most recent call last):
  File "app.py", line 10, in <module>
    import psutil
ModuleNotFoundError: No module named 'psutil'
```

图 3 – 25　再利用 Python3 运行 "app. py"

```
long@userver:~/psutil$ pip3 install psutil
Collecting psutil
  Downloading psutil-5.9.5-cp36-abi3-manylinux_2_12_x86_64.manylinux2010_x86_64.manylinux_2_17_x
86_64.manylinux2014_x86_64.whl (282 kB)
  █████████████████████████████████ | 282 kB 758 kB/s
Installing collected packages: psutil
Successfully installed psutil-5.9.5
```

图 3 – 26　用 pip3 安装 psutil

```
long@userver:~/psutil$ python3 app.py
 * Serving Flask app 'app'
 * Debug mode: on
WARNING: This is a development server. Do not use it in a production deployment. Use a productio
n WSGI server instead.
 * Running on all addresses (0.0.0.0)
 * Running on http://127.0.0.1:3000
 * Running on http://192.168.88.130:3000
Press CTRL+C to quit
 * Restarting with stat
 * Debugger is active!
 * Debugger PIN: 301-200-823
```

图 3 – 27　用 Python3 成功运行 "app. py"

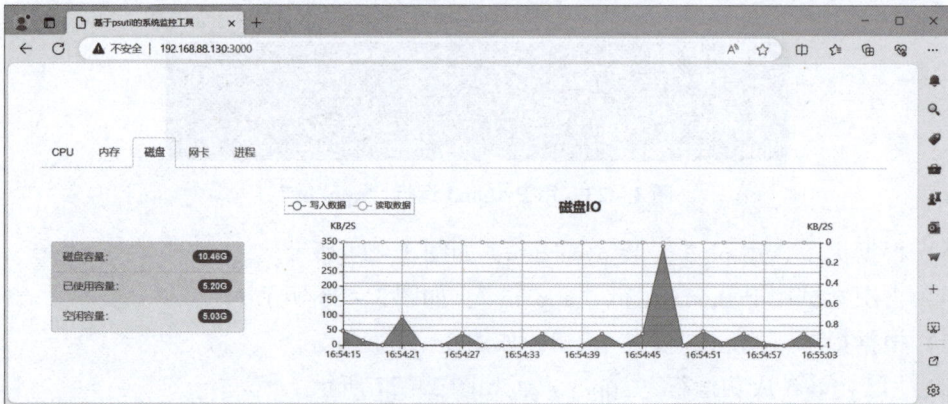

图 3 – 28　使用浏览器查看系统资源使用情况

（20）查看输出日志，如图 3 – 29 所示。

```
long@userver:~/psutil$ python3 app.py
 * Serving Flask app 'app'
 * Debug mode: on
WARNING: This is a development server. Do not use it in a production deployment. Use a productio
n WSGI server instead.
 * Running on all addresses (0.0.0.0)
 * Running on http://127.0.0.1:3000
 * Running on http://192.168.88.130:3000
Press CTRL+C to quit
 * Restarting with stat
 * Debugger is active!
 * Debugger PIN: 301-200-823
192.168.88.1 - - [29/Aug/2023 16:54:04] "GET / HTTP/1.1" 200 -
192.168.88.1 - - [29/Aug/2023 16:54:13] "GET /cpu HTTP/1.1" 200 -
192.168.88.1 - - [29/Aug/2023 16:54:13] "GET /memory HTTP/1.1" 200 -
192.168.88.1 - - [29/Aug/2023 16:54:13] "GET /netio HTTP/1.1" 200 -
192.168.88.1 - - [29/Aug/2023 16:54:13] "GET /favicon.ico HTTP/1.1" 404 -
192.168.88.1 - - [29/Aug/2023 16:54:13] "GET /disk HTTP/1.1" 200 -
192.168.88.1 - - [29/Aug/2023 16:54:15] "GET /cpu HTTP/1.1" 200 -
192.168.88.1 - - [29/Aug/2023 16:54:15] "GET /memory HTTP/1.1" 200 -
192.168.88.1 - - [29/Aug/2023 16:54:15] "GET /netio HTTP/1.1" 200 -
```

图 3 – 29　查看输出日志

（21）关机，导出 OVA 文件。

导出 OVA 文件的详细步骤可参考模块 1 的项目 1 任务 3 的【任务实施】步骤（17）。

小贴士

导出 OVA 文件成功后，应参考模块 1 的项目 1 任务 3 的【任务实施】步骤（18）进行 OVA 文件可用性验证。

【任务评价】

评价内容	评价标准参考	参考分	得分
1. 会查看 Python 版本	python – Vpython3 – V	10	
2. 会使用 mkdir 命令创建多级目录	mkdir – p dir1/dir11/dir111	10	
3. 会在线安装 lrzsz 工具，并使用 rz 命令上传文件	sudo apt install lrzszrz	15	
4. 会用 tar 命令解压 "tar. gz" 压缩包	tar – xzvf filename. tar. gz	10	
5. 会在线安装 tree 工具，并会使用 tree 命令显示当前目录的树形结构	sudo apt install treetree	10	

续表

评价内容	评价标准参考	参考分	得分
6. 会在线安装 python3－pip，会查看 pip3 版本，并会使用 pip3 安装项目需要的模块	sudo apt install python3－pippip3 －Vpip3 install flaskpip3 install pyechartspip3 install psutil	15	
7. Python 项目应能正常运行，会查看输出日志		15	
8. 能使用浏览器访问 Python 应用项目，查看系统资源使用情况		15	

【相关知识】

Python 第三方库有 3 种安装方式，分别是 pip 工具安装、自定义安装、文件安装。

1. pip 工具安装

这是最常用且最高效的 Python 第三方库安装方式。pip 是 Python 官方提供并维护的第三方在线安装工具。对于同时安装 Python 2 和 Python 3 的系统，建议使用 pip3 命令专门为 Python 3 版本安装第三方库。注意：pip 是 python 内置命令，需要在命令行界面中行，而不要在 IDLE 中运行。

执行 pip －h 命令将列出 pip 常用的子命令。

pip 支持安装（install）、下载（download）、卸载（uninstall）、列表（list）、查看（show）、查找（search）等一系列子命令。

（1）安装一个库：pip install ＜拟安装库名＞。

（2）更新一个库：pip install －U ＜ ＞（也可以是 pip，即用 pip 更新自身）。

（3）卸载一个库：pip uninstall ＜ ＞。

（4）列出当前系统已经安装的第三方库：pip list。

（5）列出某个已安装库的详细信息：pip show ＜拟查询库名＞。

（6）下载第三方库的安装包，但不安装：pip download ＜ ＞。

（7）联网搜索库名或摘要中的关键字：pip search ＜拟查询关键字＞。

pip 工具安装是 Python 的第三方库最主要的安装方式，可以安装 90％以上的第三方库，但还有一些第三方库不能用 pip 安装，此时用其他安装方式。

pip 与操作系统也有关系，在 mac OS 和 Linux 等操作系统中，pip 几乎可以安装任何 Python 第三方库，在 Windows 操作系统中有一些第三方库需要用其他方式安装。

2. 自定义安装

自定义安装指按照第三方库提供的步骤和方式安装，第三方库都有用于维护库的代码和文档。自定义安装一般适合用于 pip 中尚无登记或安装失败的第三方库。以用于科学计算的 numpy 库为例，开发者维护的官方页面如下：http://www.numpy..org/。在该页面中找到下载链接（http://www.scipy.org/scipylib/download.html），然后根据指示安装。

3. 文件安装

由于 Python 的某些第三方库仅提供源代码，所以通过 pip 下载文件后无法在 Windows 操作系统中编译安装，会导致第三方库安装失败。在 Windows 平台中遇到的无法安装第三方库的问题大多属于这类。为了解决这个问题，美国加州大学尔湾分校提供了一个页面，帮助 Python 用户获得可直接在 Windows 平台中安装的第三方库文件（链接地址：http://www.lfd.uci.edu/~gohlke/pythonlibs/）。

该地址列出了一批在 pip 工具安装中可能出现问题的第三方库，例如 scipy 库。选择其中的 WHL 文件下载，这里选择 Python 3.5 版本解释器和 32 位系统对应文件"scipy-0.18.1-cp35-cp35m-win32.whl"，下载到"D:\pycodes"目录。然后，采用以下命令安装该文件即可。

```
pip install D:\pycodes\scipy-0.18.1-cp35-cp35m-win32.whl
```

注：WHL 是 Python 库的一种打包格式，用于通过 pip 进行安装，相当于 Python 库的安装包文件格式。WHL 本质上是一个压缩格式，可以通过更改扩展名为".zip"查看其中内容。WHL 格式用于替代 Python 早期的 EGG 格式，是 Python 打包格式的事实标准。

在以上三种安装方式中，一般优先采用 pip 工具安装，如果安装失败，则采用自定义安装或文件安装（Windows 平台）。另外，在没有网络的条件下安装第三方库时，直接采用文件安装方式。其中，WHL 文件可以通过 pip download 命令在有网络的条件下获得。

任务 2　后台运行与进程管理

【任务分析】

Python 应用项目部署成功且能正确运行后，如果希望在关闭 Xshell 会话后，浏览器仍然能够访问该项目，查看系统资源使用情况，则可以使用 nohup 和 & 命令实现不挂起后台运行。还可以使用 ps 等命令进行后台运行与进程管理。

【任务准备】

完成本项目的任务 1，在 Ubuntu 20.04 服务器版虚拟机中部署 Python 应用项目。

【任务实施】

（1）nohup 命令。

nohup 命令可以挂起 Python 应用项目进入后台运行，除非手动结束该命令，或者关闭虚拟机，否则 Python 应用项目将保持运行状态。

后台运行 Python 应用项目的命令如下。

```
nohup python3 app.py &
```

命令运行结果如图 3－30 所示。

图 3－30　挂起 Python 应用项目进入后台运行

转入后台运行后，在浏览器中仍然可以查看系统资源使用情况，如图 3－31 所示。

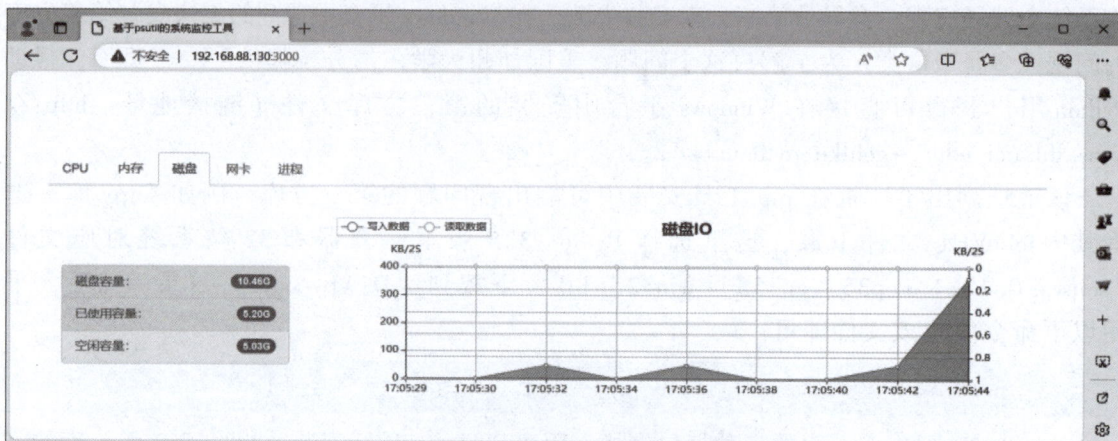

图 3－31　在浏览器中查看系统资源使用情况

转后台运行不会影响在前台正常使用 Ubuntu 操作系统。

此时，目录中多了一个"nohup. out"文件。

（2）可查看后台运行的日志信息，命令如下。

```
tail -f nohup.out
```

命令运行结果如图 3－32 所示。

（3）关闭 Xshell 会话后，在浏览器中仍然能够访问该项目，如图 3－33 所示。

此时若在前台运行该项目，则提示出错。

（4）使用 ps 命令进行后台运行进程的管理。

展示和 Python 相关的进程的完整信息，命令如下。

```
ps -ef |grep python
```

命令运行结果如图 3－34 所示。

```
long@userver:~/psutil$ ls
app.py  nohup.out  psutil.tar.gz  templates
long@userver:~/psutil$ tail -f nohup.out
192.168.88.1 - - [29/Aug/2023 17:06:16] "GET /cpu HTTP/1.1" 200 -
192.168.88.1 - - [29/Aug/2023 17:06:16] "GET /memory HTTP/1.1" 200 -
192.168.88.1 - - [29/Aug/2023 17:06:16] "GET /netio HTTP/1.1" 200 -
192.168.88.1 - - [29/Aug/2023 17:06:16] "GET /disk HTTP/1.1" 200 -
192.168.88.1 - - [29/Aug/2023 17:06:16] "GET /process HTTP/1.1" 200 -
192.168.88.1 - - [29/Aug/2023 17:06:18] "GET /memory HTTP/1.1" 200 -
192.168.88.1 - - [29/Aug/2023 17:06:18] "GET /cpu HTTP/1.1" 200 -
192.168.88.1 - - [29/Aug/2023 17:06:18] "GET /netio HTTP/1.1" 200 -
192.168.88.1 - - [29/Aug/2023 17:06:18] "GET /disk HTTP/1.1" 200 -
192.168.88.1 - - [29/Aug/2023 17:06:18] "GET /process HTTP/1.1" 200 -
192.168.88.1 - - [29/Aug/2023 17:06:20] "GET /cpu HTTP/1.1" 200 -
192.168.88.1 - - [29/Aug/2023 17:06:20] "GET /memory HTTP/1.1" 200 -
192.168.88.1 - - [29/Aug/2023 17:06:20] "GET /netio HTTP/1.1" 200 -
192.168.88.1 - - [29/Aug/2023 17:06:20] "GET /disk HTTP/1.1" 200 -
192.168.88.1 - - [29/Aug/2023 17:06:20] "GET /process HTTP/1.1" 200 -
192.168.88.1 - - [29/Aug/2023 17:06:22] "GET /cpu HTTP/1.1" 200 -
192.168.88.1 - - [29/Aug/2023 17:06:22] "GET /memory HTTP/1.1" 200 -
192.168.88.1 - - [29/Aug/2023 17:06:22] "GET /netio HTTP/1.1" 200 -
192.168.88.1 - - [29/Aug/2023 17:06:22] "GET /disk HTTP/1.1" 200 -
```

图 3－32　查看后台运行的日志信息

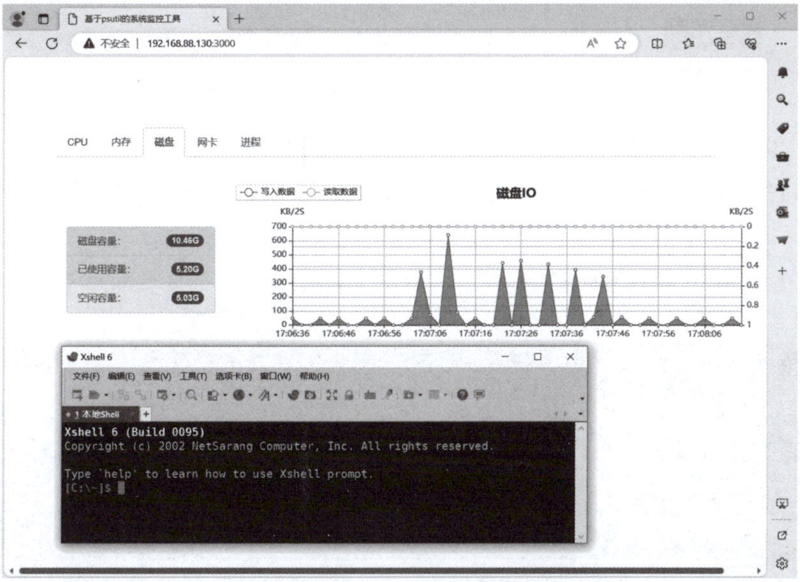

图 3－33　关闭 Xshell 会话后，在浏览器中仍然能够访问该项目

```
long@userver:~$ ps -ef |grep python
root         842       1  0 15:42 ?        00:00:00 /usr/bin/python3 /usr/bin/networkd-dispatcher
--run-startup-triggers
root         911       1  0 15:42 ?        00:00:00 /usr/bin/python3 /usr/share/unattended-upgrade
s/unattended-upgrade-shutdown --wait-for-signal
long        9684       1  0 17:04 ?        00:00:00 python3 app.py
long        9686    9684  1 17:04 ?        00:00:06 /usr/bin/python3 /home/long/psutil/app.py
long       10597   10549  0 17:10 pts/0    00:00:00 grep --color=auto python
```

图 3－34　查看进程信息

（5）结束进程，命令如下。

```
kill 进程号
```

后台进程结束后，在浏览器中就无法访问该项目，如图 3－35 所示。

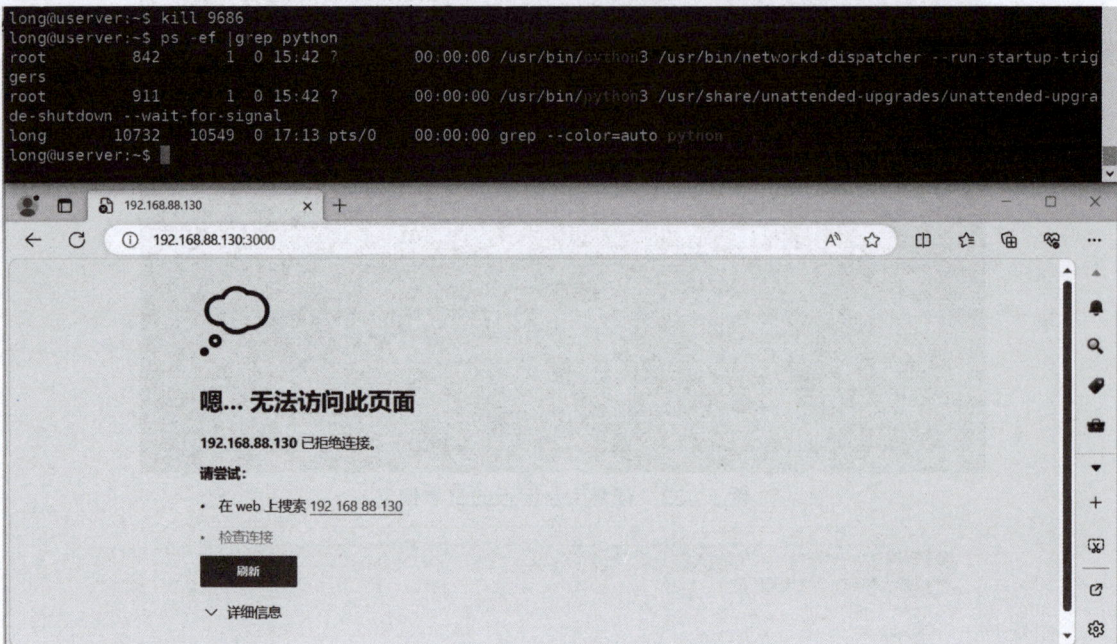

图 3-35 结束后台运行的进程

此时在前台运行该项目，浏览器可以正常访问该项目，如图 3-36 所示。

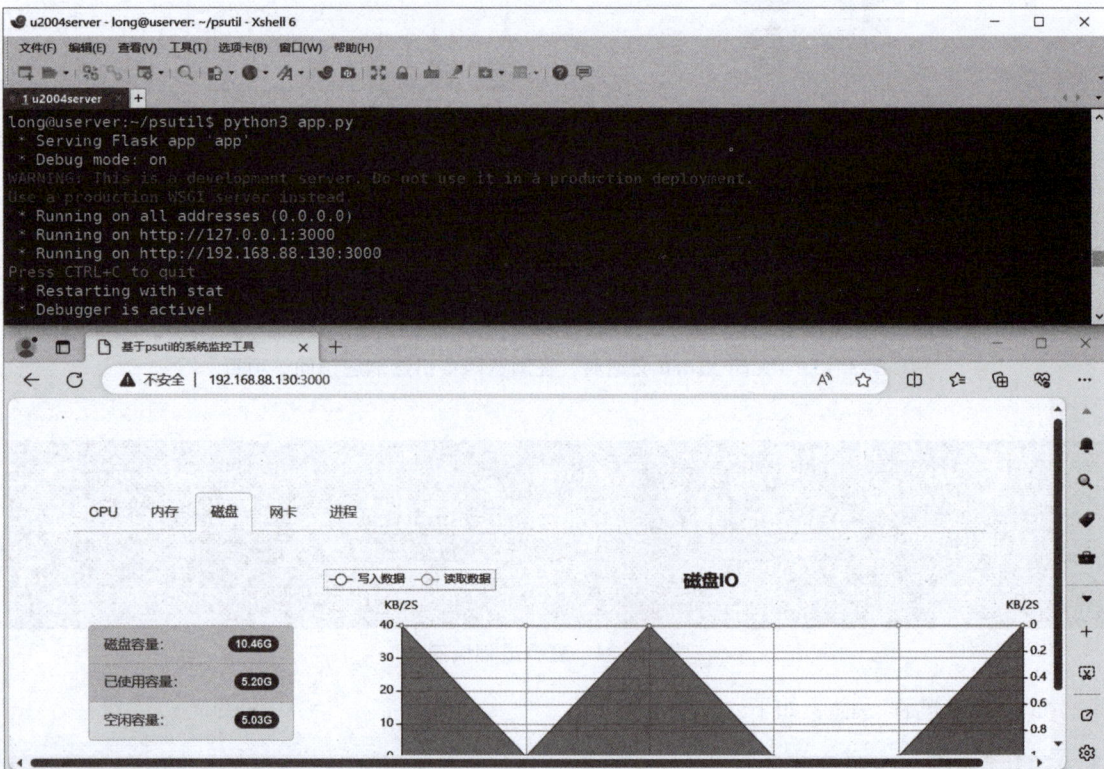

图 3-36 再次前台运行该项目

【任务评价】

评价内容	评价标准参考	参考分	得分
1. 会运行 nohup 命令，挂起 Python 应用项目进入后台运行	nohup python3 app. py &	20	
2. 会查看后台运行日志信息	tail －f nohup. out	20	
3. 会使用 ps 命令进行后台运行的进程的管理	ps － ef | grep python	20	
4. 会结束进程	kill 进程号	20	
5. 能再次在前台运行该项目	python3 app. py	20	

【相关知识】

1. 后台运行与进程管理

在 Linux 操作系统中，后台运行与进程管理是系统管理的重要组成部分，对于确保服务器中应用的稳定性和可靠性至关重要。以下是关于后台运行与进程管理的基础知识。

1）后台运行的概念

在 Linux 操作系统中，可以让进程在后台运行，即进程在无须与用户交互的情况下继续执行。这通常通过在命令后添加 "&" 实现。

后台运行的进程不会占用当前 Xshell，允许用户继续在同一命令行界面中运行其他命令。

2）进程管理

（1）查看进程。使用 ps 命令可以查看当前运行的进程，结合 grep 命令可以过滤特定进程。常用的 ps 命令包括 ps aux 和 ps － ef，用于展示进程的完整信息，包括父进程 ID。

（2）终止进程。使用 kill 命令加上进程 ID（PID）可以终止一个进程。若需要强制终止进程，可使用 kill － 9 PID 命令。

（3）启动进程。可以直接运行命令启动进程，或使用 nohup 命令确保进程在用户注销后依然运行。

3）日志管理

后台进程通常会记录日志。查看和管理这些日志对于监控应用行为和调试问题非常重要。

总的来说，理解并掌握如何在 Linux 操作系统中有效地管理后台进程和服务，是维护稳定和可靠系统的关键。

2. 进程管理命令

1）ps 命令

（1）ps aux：显示系统中所有用户的进程。

（2）ps －ef：展示进程的完整信息，包括父进程 ID。

（3）进程状态：R（运行）、S（睡眠）、T（停止）、Z（僵尸）。

2）top 命令

（1）实时展示系统进程状态和系统性能信息。

（2）显示 CPU 使用率、内存使用率和进程列表。

3）kill 命令

（1）kill PID：终止指定 PID 的进程。

（2）kill －9 PID：强制终止进程，不给予进程处理信号的机会。

4）killall 命令

killall 进程名：终止所有同名进程。

5）pgrep 命令

pgrep －u 用户名 进程名：列出匹配的进程 ID。

6）pkill 命令

pkill 进程名：根据进程名终止匹配的进程。

7）nice 命令

nice －n 优先值 进程名：设置进程的优先级。

8）renice 命令

renice －n 优先值 －p PID：改变正在运行的进程的优先级。

9）nohup 命令

nohup 进程 &：使进程在用户注销后继续运行。

10）bg 和 fg 命令

（1）ctrl＋z：挂起当前运行的进程。

（2）bg％jobnumber：将挂起的进程转入后台运行。

（3）fg％jobnumber：将后台进程调到前台执行。

综上所述，掌握这些基本命令对于系统管理员和普通用户来说都非常重要，它们可以帮助监控系统的运行状态、合理分配系统资源，以及在必要时进行进程干预和优化。通过灵活运用这些命令，可以有效地管理和优化 Linux 操作系统中的进程，提高系统的性能和稳定性。

项目 2　使用 Ubuntu 20.04 云服务器发布 Java Web 网站

项目描述

龙师傅向 IT 学员们介绍开发人员开发的 Java Web 网站，其在本机运行后只能在局域网内部访问。然而，在实际的生产环境中，网站需要能够随时随地被访问。为了实现这一目标，IT 学员们学习使用 Ubuntu 20.04 云服务器发布 Java Web 网站，使网站能够在全球范围内被访问，并能通过日志跟踪和管理，解决网站运行过程中遇到的常见问题。

项目分析

本项目介绍如何在云环境中部署和管理 Java Web 网站。本项目分析如图 3－37 所示，本项目的关键在于选择合适的云服务、配置服务器的 Java Web 环境，发布 Java Web 网站，并实现日志的跟踪和管理。通过实际操作，读者将获得宝贵的经验，初步学习云服务器的使用方法，具备将 Java Web 项目部署到云服务器的能力。

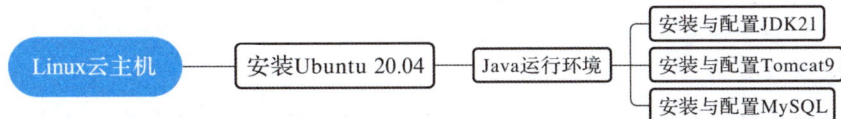

图 3－37　"使用 Ubuntu 20.04 云服务器发布 Java Web 网站"项目分析

项目任务分解

根据项目分析的结果，可以把本项目分解为图 3－38 所示的 3 个任务。

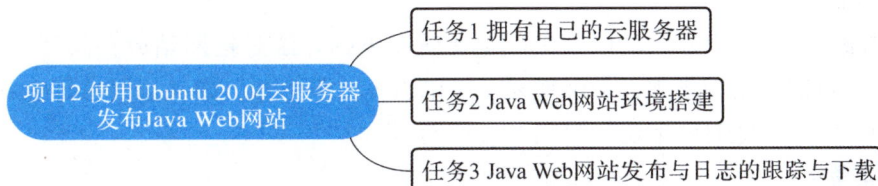

图 3－38　"使用 Ubuntu 20.04 云服务器发布 Java Web 网站"项目任务分解

项目目标

知识目标

（1）了解常用的云服务器及其使用方法。

（2）掌握在 Ubuntu 云服务器中安装与配置 JDK 的方法。

（3）掌握在 Ubuntu 云服务器中安装与配置 Tomcat 的方法。

（4）掌握在 Ubuntu 云服务器中安装与配置 MySQL 的方法。

（5）掌握在 Ubuntu 云服务器中搭建 Java Web 网站环境的方法和步骤。

（6）了解发布 Java Web 网站的方法。

（7）了解 Linux 用户、组与权限的概念。

（8）初步学习用户、组与权限的相关命令。

（9）了解跟踪日志的常用命令。

（10）了解下载日志的用户、权限及具体方法。

技能目标

（1）掌握连接使用云服务器的方法。

（2）掌握在 Ubuntu 20.04 云服务器中安装与配置 JDK 的方法。

（3）掌握在 Ubuntu 20.04 云服务器中安装与配置 Tomcat 的方法。

（4）掌握在 Ubuntu 20.04 云服务器中安装与配置 MySQL 的方法。

（5）掌握发布 Java Web 网站的方法。

（6）掌握合理设置用户、组与权限的方法。

（7）掌握跟踪与下载日志的方法。

素质目标

（1）培养对细节的关注和解决问题的耐心。

（2）培养社会责任感。

（3）提高实践能力。

（4）通过解决安装和连接过程中可能遇到的错误，提高逻辑分析和解决问题的能力。

（5）鼓励在遇到未知问题时，自主查找资料和学习新知识，以提高自我学习和解决问题的能力。

任务 1　拥有自己的云服务器

【任务分析】

要随时随地访问自己开发的网站，一个比较简单的方法是把网站放在具有公网 IP 地址的服务器中。目前常用的华为云、阿里云、腾讯云等云服务器，如果把网站打包发布到这些云服务器中，就可以随时随地访问自己开发的网站。

【任务准备】

完成模块 1 的项目 2 任务 1，安装远程连接工具 Xshell。

【任务实施】

1. 租用云服务器

可访问华为云（https://activity. huaweicloud. com/，图 3 - 39）、阿里云（https://www. aliyun. com/，图 3 - 40）、腾讯云（https://cloud. tencent. com/，图 3 - 41）等网站，免费试用或租用云服务器。

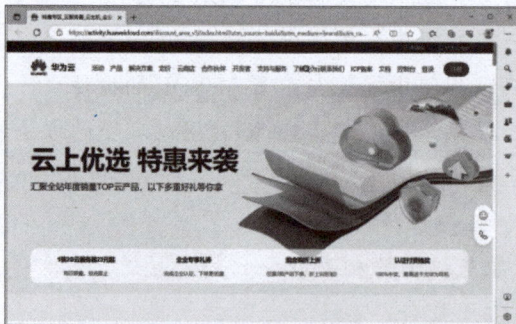

图 3 - 39　华为云

图 3－40　阿里云

图 3－41　腾讯云

2. 阿里云服务器

1）登录阿里云控制台

在阿里云网站登录阿里云控制台找到阿里云服务器，如图 3－42 所示。

图 3－42　阿里云服务器

注意：如果找不到阿里云服务器，可以尝试手动切换地区。

2）重装系统

新租用的云服务器一般需要重装系统，这里安装 Ubuntu 20.04（64 位）操作系统。首先停止云服务器实例，然后在"更多"→"云盘和镜像"菜单中重新选择需要的镜像，如图 3－43 所示。

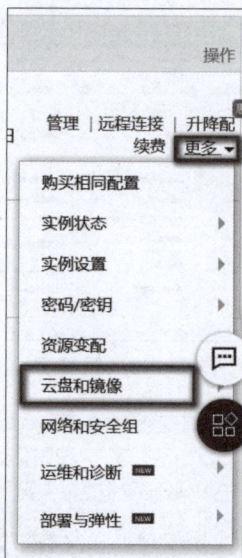

图 3 – 43　重新选择镜像

3）开放端口

只有开放云服务器的端口，才能随时随地访问。开放阿里云服务器端口时，首先需要访问安全组配置规则，如图 3 – 44 所示，然后在"入方向"选项卡中单击"手动添加"按钮，如图 3 – 45 所示。

接着，添加安全组规则，允许入方向访问 8080 端口，如图 3 – 46 所示（有时出现图 3 – 47 所示界面）。

最后，依照上面添加 8080 端口的方式，添加 22，3306，80，443，21 等端口，如图 3 – 48 所示。

4）使用 Xshell 登录云服务器

选择需要的虚拟机镜像并开放需要的端口后，就可以和使用本地虚拟机一样，通过 Xshell

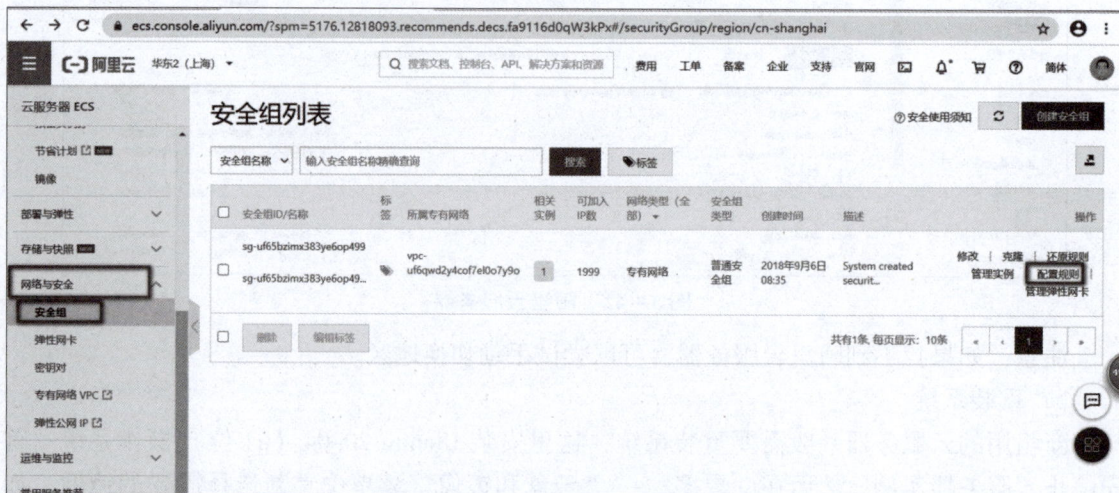

图 3 – 44　访问安全组配置规则

图 3 - 45　设置安全组规则入方向

图 3 - 46　添加 TCP 8080 端口（1）

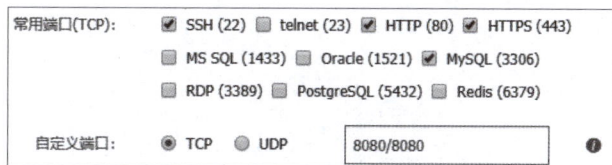

图 3 - 47　添加 TCP 8080 端口（2）

等远程连接工具连接云服务器。新建连接，名称可以任意设置，例如"aliyun2004"，在
"主机"框中需要输入云服务器的公网 IP 地址，如图 3 - 49 所示；然后单击"确定"按钮，
在图 3 - 50 所示对话框中单击"接受并保存"按钮，接着在图 3 - 51、图 3 - 52 所示对话框
中输入用户名（"root"或"ecs - user"）和连接的密码，即可登录云服务器。

☐	允许	自定义 TCP	3306/3306	IPv4地址段访问	0.0.0.0/0	-		1	2018年9月6日 08:41	修改 | 克隆 | 删除
☐	允许	自定义 TCP	8080/8080	IPv4地址段访问	0.0.0.0/0	-		1	2018年9月6日 08:41	修改 | 克隆 | 删除
☐	允许	自定义 TCP	80/80	IPv4地址段访问	0.0.0.0/0	-		1	2018年9月6日 08:40	修改 | 克隆 | 删除
☐	允许	全部 ICMP(IPv4)	-1/-1	IPv4地址段访问	0.0.0.0/0	System created rule.		110	2018年9月6日 08:35	修改 | 克隆 | 删除
☐	允许	自定义 TCP	22/22	IPv4地址段访问	0.0.0.0/0	System created rule.		110	2018年9月6日 08:35	修改 | 克隆 | 删除
☐	允许	自定义 TCP	3389/3389	IPv4地址段访问	0.0.0.0/0	System created rule.		110	2018年9月6日 08:35	修改 | 克隆 | 删除

图 3 - 48 添加端口结果

图 3 - 49 新建连接

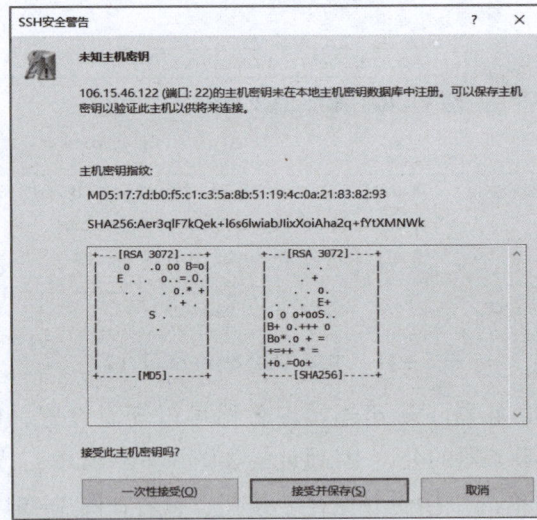

图 3 - 50 保存密码

图 3 – 51　设置登录的用户名

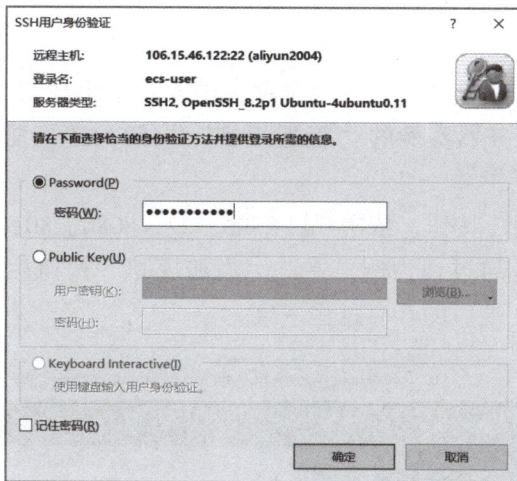

图 3 – 52　设置登录的密码

若出现图 3 – 53 所示界面，表示登录成功。

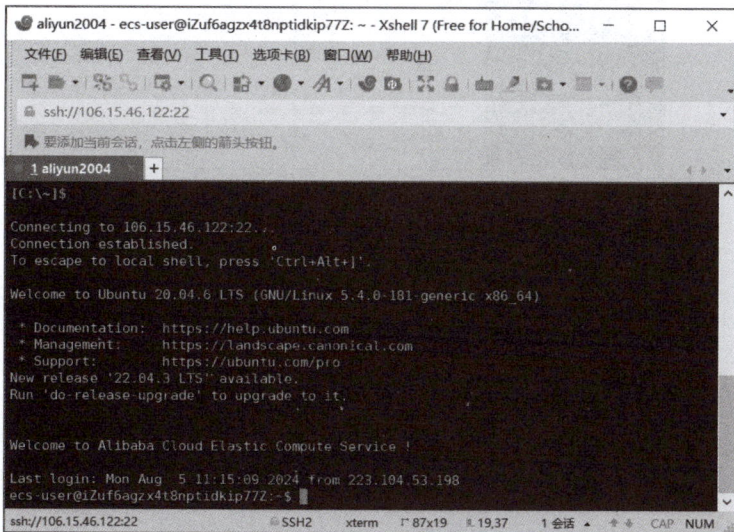

图 3 – 53　使用 Xshell 登录阿里云服务器

　　注意，阿里云服务器登录用户可以是 "root"，也可以是 "ecs – user"，推荐使用 "ecs – user"，这有助于更好地学习 Linux 用户权限相关知识。用户的密码可以在阿里云控制台重置。

3. 腾讯云服务器

1）登录腾讯云控制台

访问腾讯云控制台（https：//console. cloud. tencent. com），使用微信扫码登录，找到腾讯云服务器实例，如图 3 – 54 所示。

2）重装系统

新租用的云服务器一般需要重装系统，这里安装 Ubuntu 20.04（64 位）操作系统。首先，停止云服务器实例，然后选择"更多操作"→"重装系统"选项，如图 3 – 55 所示。

选择"官方镜像"→"系统镜像"→"Ubuntu server 20.04.1 LTS"选项，确定即可重装系统，出现图 3 – 56 所示界面。

3）开启端口

（1）选择左侧菜单组中的"安全组"选项，进入安全组规则设置界面，如图 3 – 57 所示；也可以单击腾讯云服务器实例的"管理规则"按钮，进入防火墙规则设置界面，如图 3 – 58、图 3 – 59 所示。

（2）单击"添加规则"按钮，依次开启 3306，22，8080，80，443，21 等端口。

此处以 8080 端口的开启过程为例，单击"添加规则"按钮后出现图 3 – 60 所示界面，其他端口开启过程与 8080 端口的开启过程一致。

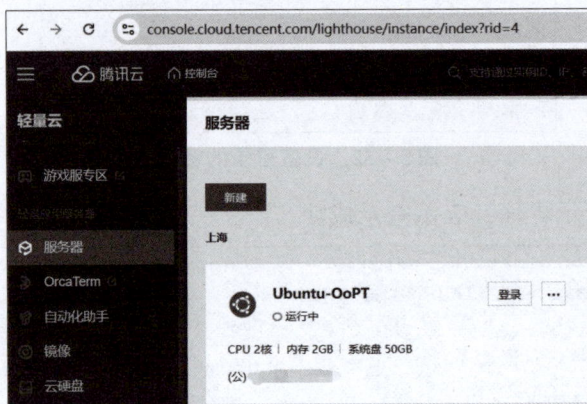

图 3 – 54　腾讯云服务器实例

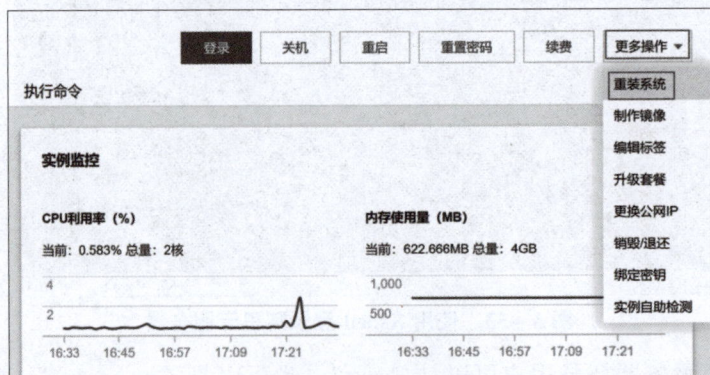

图 3 – 55　重装系统

图 3 – 56   选择系统镜像

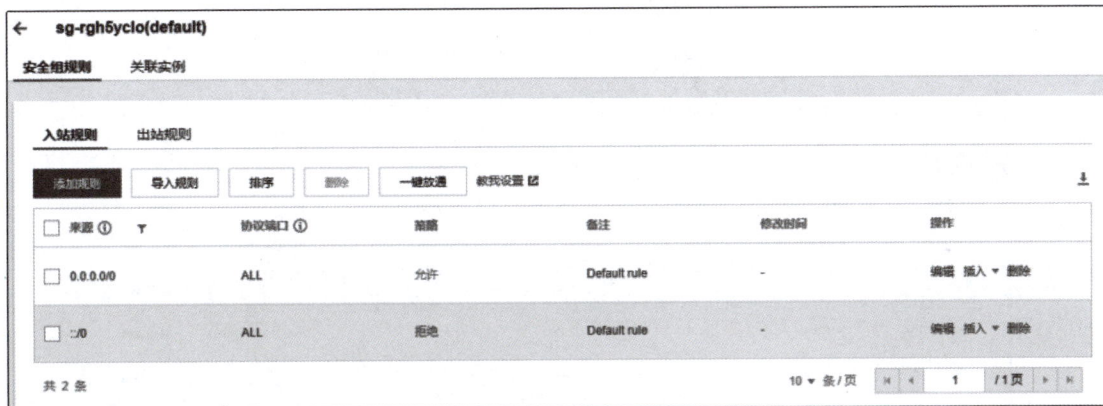

图 3 – 57   安全组规则设置界面

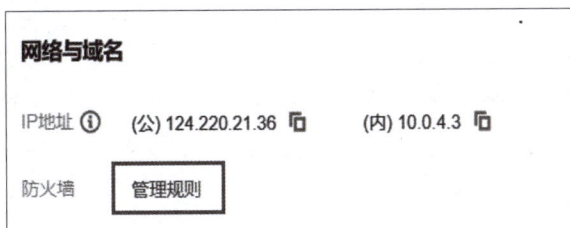

图 3 – 58   管理规则

图 3–59　防火墙规则设置界面

图 3–60　"添加规则"界面

以上端口都开启成功后，"防火墙"界面如图 3–61 所示。

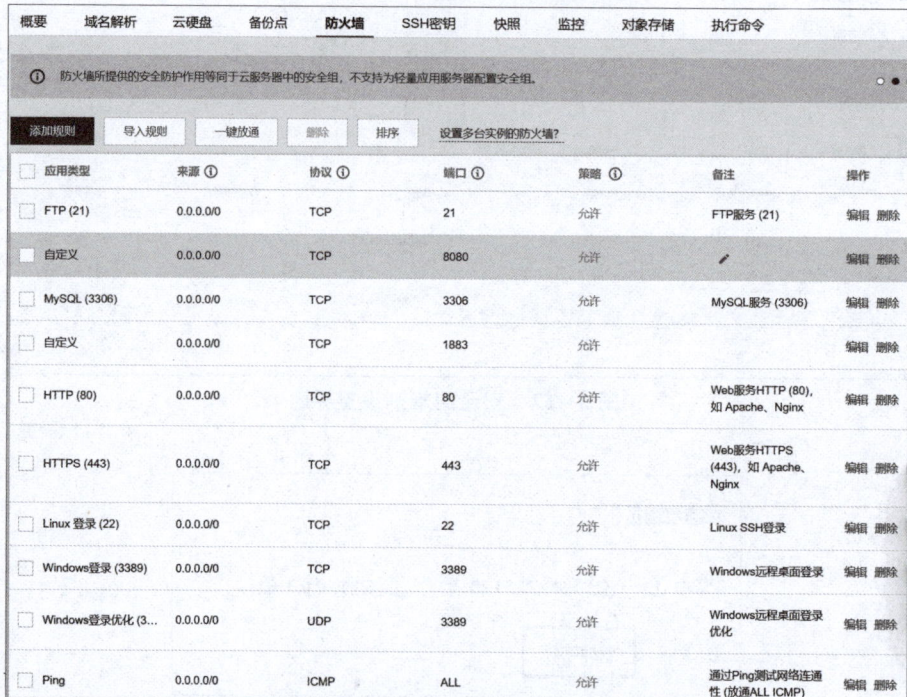

图 3–61　开启端口后的"防火墙"界面

4）返回腾讯云服务器实例

选择腾讯云控制台左上方的"服务器"选项即可返回腾讯云服务器实例，如图 3 – 62 所示。

图 3 – 62　返回腾讯云服务器实例

使用 Xshell 登录腾讯云服务器，如图 3 – 63 ~ 图 3 – 65 所示。

图 3 – 63　使用 Xshell 配置腾讯云云服务器 IP 地址

小贴士

　　阿里云、华为云的默认用户是"root"，阿里云还可以使用"ecs – user"用户，腾讯云的默认用户是"ubuntu"（sudo 权限用户）。

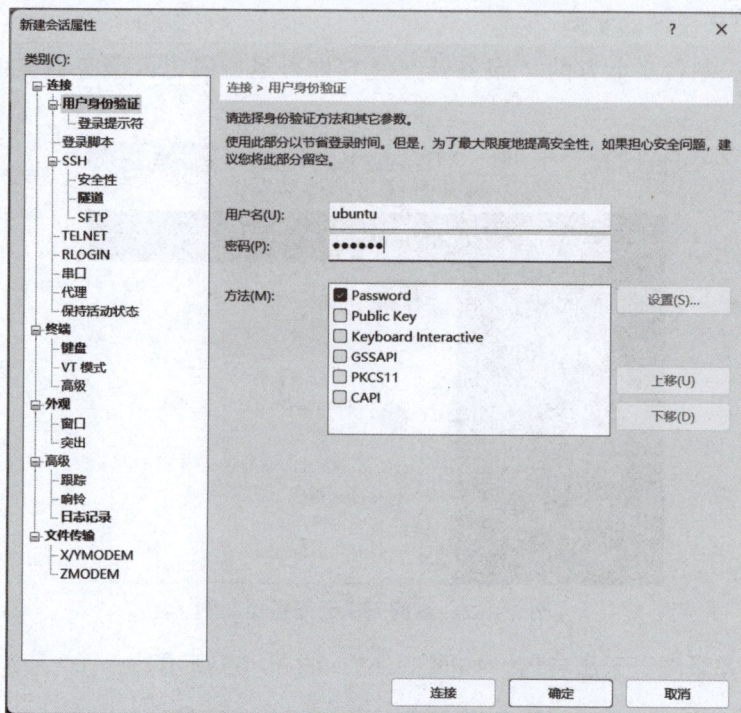

图 3－64　使用 Xshell 配置腾讯云服务器的用户名和密码

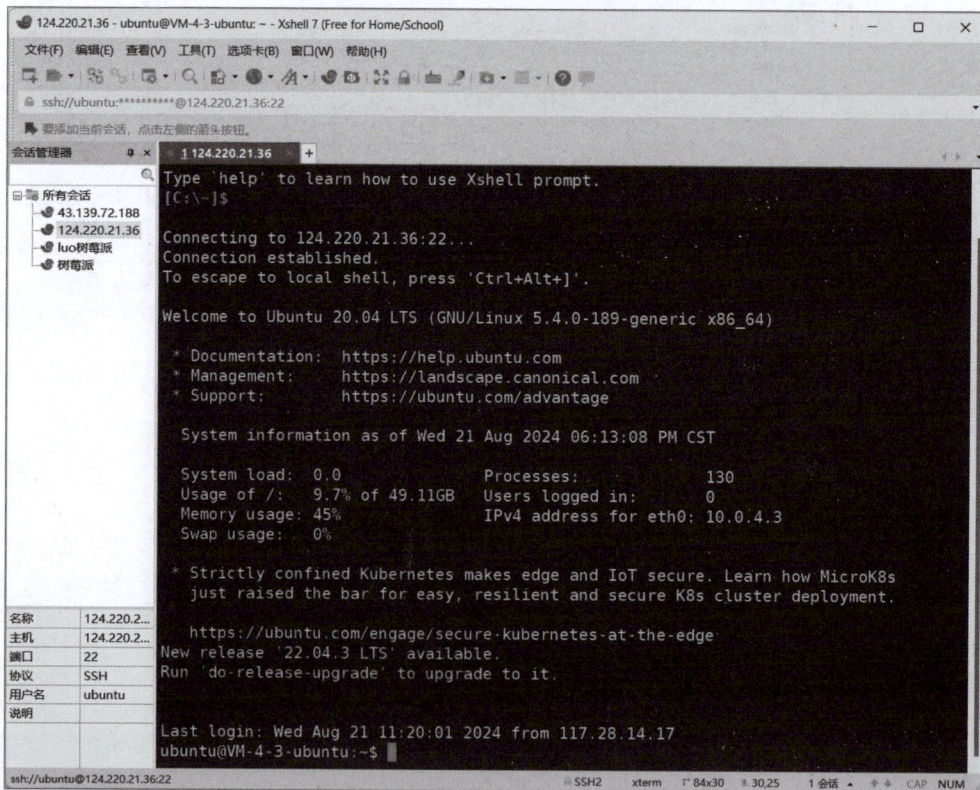

图 3－65　使用 Xshell 登录腾讯云服务器

【任务评价】

评价内容	评价标准参考	参考分	得分
1. 拥有自己的云主机		40	
2. 云服务器的 3306，22，8080，80，443，21 端口等已添加安全组，允许访问		30	
3. Xshell 能连接云服务器		30	

【相关知识】

云服务器是一种基于云计算技术的虚拟服务器，它通过互联网提供灵活、可扩展和按需分配的计算资源。与传统的物理服务器相比，云服务器具有许多优势，如较高的灵活性、成本效益、可靠性、全球性和安全性等。

（1）灵活性。云服务器可以根据需要轻松扩展或缩减计算资源，不需要购买新的硬件。这种弹性伸缩能力使用户能够根据业务需求的变化随时调整资源，从而有效应对高并发场景。

（2）成本效益。用户只需要支付实际使用的资源，无须承担额外的硬件和维护成本。这种按量付费的模式可以显著减少企业的 IT 支出。

（3）可靠性。云服务提供商通常提供高可用性和备份选项，确保数据安全可靠。例如，阿里云提供了多种数据备份和迁移服务，确保数据的持久性和安全性。

（4）全球性。用户可以在全球各地的数据中心托管云服务器，以提供更高的访问速度。多地域部署可以帮助企业优化应用程序性能，减小延迟，提升用户体验。

（5）安全性。云服务提供商通常提供先进的安全措施，如防火墙、数据加密和身份验证，保护数据免受威胁。阿里云还提供了多种安全服务，包括 DDoS 防护、WAF（Web 应用防火墙）以及安全组。

部署云服务器的步骤如下。选择一个信誉良好的云服务提供商并注册账户；根据需求选择适当的服务器规格，包括 CPU、内存和存储容量；选择距离目标受众最近的数据中心，以减小延迟；选择并安装所需的操作系统，通常在控制面板中完成；设置防火墙、数据加密和身份验证，确保云服务器受到保护；将应用程序部署到云服务器中，并确保一切正常运行。

总的来说，云服务器是现代互联网世界的核心组成部分，其较高的灵活性、可扩展性和成本效益使其成为个人和企业的理想选择。了解其基础知识和选择策略有助于更好地利用这一技术，满足各种应用场景的需求。

任务2 Java Web 网站环境搭建

【任务分析】

本任务需要在 Ubuntu 20.04 云服务器中搭建 Java Web 网站环境。根据要发布的 Java Web 网站需要的环境，首先需要安装 JDK 以支持 Java 程序运行，然后配置服务器 Apache Tomcat 以托管 Web 应用。此外，必须安装数据库 MySQL 来存储网站数据，并进行必要的数据库驱动配置。

【任务准备】

（1）完成模块 1 的项目 2 任务 1，安装远程连接工具 Xshell。

（2）完成本项目的任务 1，用 Xshell 连接自己的云服务器。

【任务实施】

1. 安装 JDK21

（1）查看系统发行版本，命令如下，命令运行结果如图 3－66 所示。

```
lsb_release -a
```

图 3-66　查看系统发行版本

（2）更新软件列表，命令如下。

```
sudo apt-get update
```

命令运行结果如图 3-67 所示。

图 3-67　更新软件列表

（3）下载 JDK21 的 deb 包。

下载网址为 https://www.oracle.com/java/technologies/downloads/#java21，如图 3-68 所示。

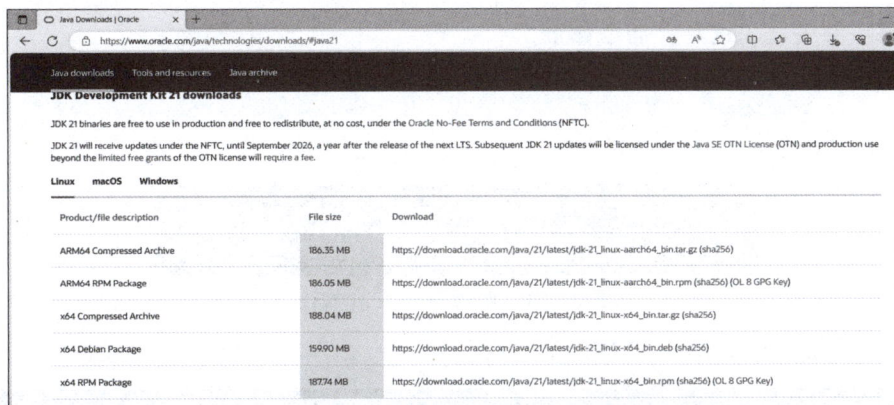

图 3-68　下载 JDK21 的 deb 包

（4）查看云服务器 Java 版本，命令如下。

```
java -version
```

命令运行结果如图 3-69 所示。

图 3-69　查看云服务器 Java 版本

📖 *小贴士*

　　即使云主机之前如果安装过其他版本的 JDK，如图 3 – 69 所示，也不影响 JDK21 的安装。

　　（5）上传 JDK21 的 deb 包到云服务器中，命令如下，在命令运行前后可用 ls 命令查看。

```
rz
```

命令运行结果如图 3 – 70 所示。

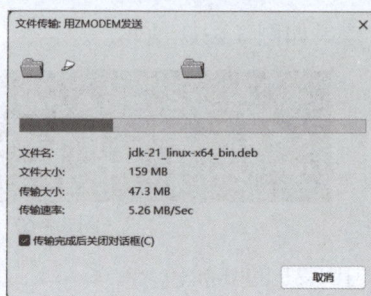

图 3 – 70　上传 JDK21 的 deb 包到云服务器中

　　（6）解压并安装 JDK21，命令如下。

```
sudo dpkg –i jdk –21 –linux –x64_bin.deb
```

命令运行结果如图 3 – 71 所示。

图 3 – 71　解压并安装 JDK21

JDK21 的安装过程如图 3 – 72 所示。

图 3 – 72　JDK21 的安装过程

（7）查看 Java 版本，命令如下。

```
java -version
```

命令运行结果如图 3 - 73 所示。

```
ubuntu@VM-4-3-ubuntu:~$ java -version
java version "21" 2023-09-19 LTS
Java(TM) SE Runtime Environment (build 21+35-LTS-2513)
Java HotSpot(TM) 64-Bit Server VM (build 21+35-LTS-2513, mixed mode, sharing)
ubuntu@VM-4-3-ubuntu:~$
```

图 3 - 73　查看 Java 版本

（8）查看 Java 安装路径。

可以使用 which 命令查找并显示当前 Java 的完整安装路径，命令如下。

```
which java
```

继续查找 Java 的实际安装路径，命令如下。

```
ll /usr/bin/java
```

根据命令运行结果，继续查看 Java 的实际安装路径，命令如下。

```
ll /etc/alternatives/java
```

命令运行结果如图 3 - 74 所示。

```
ubuntu@VM-4-3-ubuntu:~$ which java
/usr/bin/java
ubuntu@VM-4-3-ubuntu:~$ ll /usr/bin/java
lrwxrwxrwx 1 root root 22 Aug 20 11:08 /usr/bin/java -> /etc/alternatives/java*
ubuntu@VM-4-3-ubuntu:~$ ll /etc/alternatives/java
lrwxrwxrwx 1 root root 39 Aug 20 11:08 /etc/alternatives/java -> /usr/lib/jvm/jdk-21-oracle-x64/bin/java*
ubuntu@VM-4-3-ubuntu:~$
```

图 3 - 74　查找 Java 的实际安装路径

查看 Java 实际安装路径，命令参考如下：

```
ll /usr/lib/jvm
```

命令运行结果如图 3 - 75 所示。

```
ubuntu@VM-4-3-ubuntu:~$ ll /usr/lib/jvm
total 16
drwxr-xr-x  3 10668 10668 4096 Aug 20 11:08 ./
drwxr-xr-x 89 root  root  4096 Aug 20 11:07 ../
drwxr-xr-x  9 10668 10668 4096 Aug 20 11:08 jdk-21-oracle-x64/
-rw-r--r--  1 10668 10668 1608 Aug 10  2023 .jdk-21-oracle-x64.jinfo
ubuntu@VM-4-3-ubuntu:~$
```

图 3 - 75　查看 Java 的实际安装路径

2. 安装 Tomcat 9

（1）安装 Tomcat 9，命令如下。

```
sudo apt-get install tomcat9 -y
```

命令运行结果如图 3 - 76 所示。

```
ubuntu@VM-4-3-ubuntu:~$ sudo apt-get install tomcat9 -y
Reading package lists... Done
Building dependency tree
Reading state information... Done .
The following packages were automatically installed and are no longer required:
  crash dblatex dblatex-doc dh-strip-nondeterminism docbook-dsssl
```

```
Created symlink /etc/systemd/system/multi-user.target.wants/tomcat9.service → /l
ib/systemd/system/tomcat9.service.
Processing triggers for libc-bin (2.31-0ubuntu9.16)...
Processing triggers for rsyslog (8.2001.0-1ubuntu1.3) ...
Processing triggers for man-db (2.9.1-1) ...
Processing triggers for ca-certificates (20210119~20.04.2) ...
Updating certificates in /etc/ssl/certs...
0 added, 0 removed; done.
Running hooks in /etc/ca-certificates/update.d...

done.
done.
ubuntu@VM-4-3-ubuntu:~$
```

图 3 – 76   安装 **Tomcat 9**

（2）查看 Tomcat 9 服务状态，命令如下。

```
systemctl status tomcat9.service
```

命令运行结果如图 3 – 77 所示。

```
ubuntu@VM-4-3-ubuntu:~$ systemctl status tomcat9.service
● tomcat9.service - Apache Tomcat 9 Web Application Server
     Loaded: loaded (/lib/systemd/system/tomcat9.service; enabled; vendor preset: enabled)
     Active: active (running) since Tue 2024-08-20 11:29:53 CST; 4min 1s ago
       Docs: https://tomcat.apache.org/tomcat-9.0-doc/index.html
   Main PID: 39263 (java)
      Tasks: 35 (limit: 2246)
     Memory: 100.1M
     CGroup: /system.slice/tomcat9.service
             └─39263 /usr/lib/jvm/default-java/bin/java -Djava.util.logging.config.file=/v

Aug 20 11:29:54 VM-4-3-ubuntu tomcat9[39263]: OpenSSL successfully initialized [OpenSSL 1.
Aug 20 11:29:54 VM-4-3-ubuntu tomcat9[39263]: Initializing ProtocolHandler ["http-nio-8080
Aug 20 11:29:55 VM-4-3-ubuntu tomcat9[39263]: Server initialization in [1,524] millisecond
Aug 20 11:29:55 VM-4-3-ubuntu tomcat9[39263]: Starting service [Catalina]
Aug 20 11:29:55 VM-4-3-ubuntu tomcat9[39263]: Starting Servlet engine: [Apache Tomcat/9.0.
Aug 20 11:29:55 VM-4-3-ubuntu tomcat9[39263]: Deploying web application directory [/var/li
Aug 20 11:29:57 VM-4-3-ubuntu tomcat9[39263]: At least one JAR was scanned for TLDs yet co
Aug 20 11:29:57 VM-4-3-ubuntu tomcat9[39263]: Deployment of web application directory [/va
Aug 20 11:29:57 VM-4-3-ubuntu tomcat9[39263]: Starting ProtocolHandler ["http-nio-8080"]
Aug 20 11:29:57 VM-4-3-ubuntu tomcat9[39263]: Server startup in [2,666] milliseconds
lines 1-20/20 (END)
```

图 3 – 77   查看 **Tomcat 9** 服务状态

（3）更改软链接，命令如下。

```
cd /usr/lib/jvm/
sudo ln - snf jdk - 21 - oracle - x64/default - java
```

或

```
sudo ln - snf /usr/lib/jvm/jdk - 21 - oracle - x64/ /usr/lib/jvm/default - java
```

命令运行结果如图 3 – 78 所示。

图 3－78　更改软链接

（4）重启 Tomcat 9，使软链接指向的 JDK21 生效，命令如下。

```
sudo systemctl restart tomcat9.service
```

查看 Tomcat 9 服务状态，命令如下。

```
systemctl status tomcat9.service
```

命令运行结果如图 3－79 所示。

图 3－79　查看 Tomcat 9 服务状态

查看 Tomcat 9 服务日志，可看到 JVM Version 版本信息，命令如下。

```
journalctl -u tomcat9.service
```

修改软链接之前，Tomcat 9 的 JVM 版本为 11.0.24 + 8 – post – Ubuntu – lubuntu320.04，如图 3－80 所示。

修改软链接并重启 Tomcat 9 之后，Tomcat 9 的 JVM 版本已改为 21 + 35 – LTS – 2513，如图 3－81 所示。

（5）用浏览器访问 8080 端口，如图 3－82 所示。

至此，Tomcat 9 安装与配置成功。

3. 安装 MySQL8

（1）安装 MySQL8，命令如下，命令运行结果如图 3－83 所示。

```
sudo apt install mysql - server -y
```

```
ubuntu@VM-4-3-ubuntu:~$ journalctl -u tomcat9.service
-- Logs begin at Tue 2024-08-20 10:29:15 CST, end at Sat 2024-08-24 11:38:01 CST. --
Aug 20 11:29:53 VM-4-3-ubuntu systemd[1]: Starting Apache Tomcat 9 Web Application Server...
Aug 20 11:29:53 VM-4-3-ubuntu systemd[1]: Started Apache Tomcat 9 Web Application Server.
Aug 20 11:29:53 VM-4-3-ubuntu tomcat9[39263]: NOTE: Picked up JDK_JAVA_OPTIONS:  --add-opens=java.base/java.lang=ALL-UNNAMED --add-op>
Aug 20 11:29:54 VM-4-3-ubuntu tomcat9[39263]: Server version name:   Apache Tomcat/9.0.31 (Ubuntu)
Aug 20 11:29:54 VM-4-3-ubuntu tomcat9[39263]: Server built:          Jul 29 2024 17:43:06 UTC
Aug 20 11:29:54 VM-4-3-ubuntu tomcat9[39263]: Server version number: 9.0.31.0
Aug 20 11:29:54 VM-4-3-ubuntu tomcat9[39263]: OS Name:               Linux
Aug 20 11:29:54 VM-4-3-ubuntu tomcat9[39263]: OS Version:            5.4.0-189-generic
Aug 20 11:29:54 VM-4-3-ubuntu tomcat9[39263]: Architecture:          amd64
Aug 20 11:29:54 VM-4-3-ubuntu tomcat9[39263]: Java Home:             /usr/lib/jvm/java-11-openjdk-amd64
Aug 20 11:29:54 VM-4-3-ubuntu tomcat9[39263]: JVM Version:           11.0.24+8-post-Ubuntu-1ubuntu320.04
Aug 20 11:29:54 VM-4-3-ubuntu tomcat9[39263]: JVM Vendor:            Ubuntu
Aug 20 11:29:54 VM-4-3-ubuntu tomcat9[39263]: CATALINA_BASE:         /var/lib/tomcat9
Aug 20 11:29:54 VM-4-3-ubuntu tomcat9[39263]: CATALINA_HOME:         /usr/share/tomcat9
Aug 20 11:29:54 VM-4-3-ubuntu tomcat9[39263]: Command line argument: --add-opens=java.base/java.lang=ALL-UNNAMED
Aug 20 11:29:54 VM-4-3-ubuntu tomcat9[39263]: Command line argument: --add-opens=java.base/java.io=ALL-UNNAMED
Aug 20 11:29:54 VM-4-3-ubuntu tomcat9[39263]: Command line argument: --add-opens=java.rmi/sun.rmi.transport=ALL-UNNAMED
Aug 20 11:29:54 VM-4-3-ubuntu tomcat9[39263]: Command line argument: -Djava.util.logging.config.file=/var/lib/tomcat9/conf/logging.pr>
Aug 20 11:29:54 VM-4-3-ubuntu tomcat9[39263]: Command line argument: -Djava.util.logging.manager=org.apache.juli.ClassLoaderLogManager
Aug 20 11:29:54 VM-4-3-ubuntu tomcat9[39263]: Command line argument: -Djava.awt.headless=true
Aug 20 11:29:54 VM-4-3-ubuntu tomcat9[39263]: Command line argument: -Djdk.tls.ephemeralDHKeySize=2048
Aug 20 11:29:54 VM-4-3-ubuntu tomcat9[39263]: Command line argument: -Djava.protocol.handler.pkgs=org.apache.catalina.webresources
Aug 20 11:29:54 VM-4-3-ubuntu tomcat9[39263]: Command line argument: -Dorg.apache.catalina.security.SecurityListener.UMASK=0027
Aug 20 11:29:54 VM-4-3-ubuntu tomcat9[39263]: Command line argument: -Dignore.endorsed.dirs=
Aug 20 11:29:54 VM-4-3-ubuntu tomcat9[39263]: Command line argument: -Dcatalina.base=/var/lib/tomcat9
Aug 20 11:29:54 VM-4-3-ubuntu tomcat9[39263]: Command line argument: -Dcatalina.home=/usr/share/tomcat9
Aug 20 11:29:54 VM-4-3-ubuntu tomcat9[39263]: Command line argument: -Djava.io.tmpdir=/tmp
Aug 20 11:29:54 VM-4-3-ubuntu tomcat9[39263]: Loaded APR based Apache Tomcat Native library [1.2.23] using APR version [1.6.5].
```

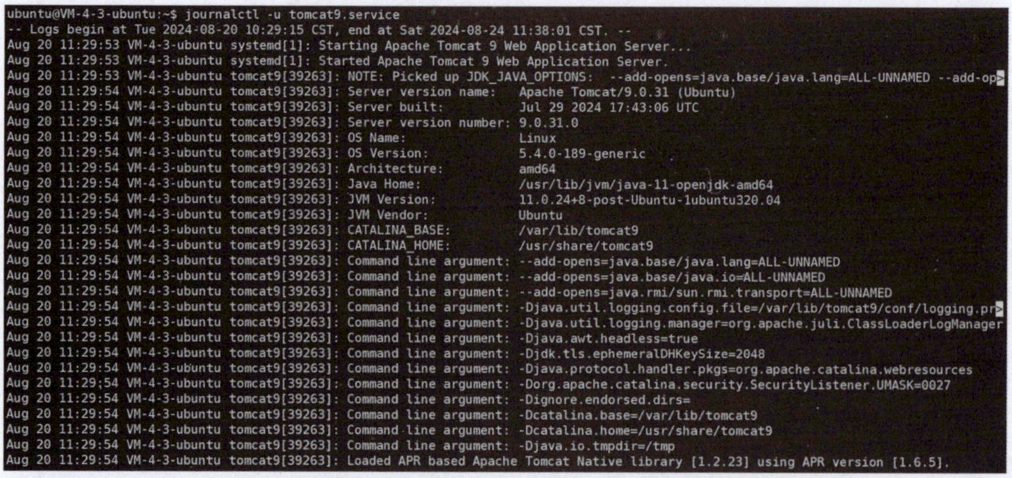

图 3－80　查看 Tomcat 9 服务日志

```
Aug 20 11:39:51 VM-4-3-ubuntu tomcat9[39263]: Destroying ProtocolHandler ["http-nio-8080"]
Aug 20 11:39:51 VM-4-3-ubuntu systemd[1]: tomcat9.service: Succeeded.
Aug 20 11:39:51 VM-4-3-ubuntu systemd[1]: Stopped Apache Tomcat 9 Web Application Server.
Aug 20 11:39:51 VM-4-3-ubuntu systemd[1]: Starting Apache Tomcat 9 Web Application Server...
Aug 20 11:39:51 VM-4-3-ubuntu systemd[1]: Started Apache Tomcat 9 Web Application Server.
Aug 20 11:39:51 VM-4-3-ubuntu tomcat9[44055]: NOTE: Picked up JDK_JAVA_OPTIONS:  --add-opens=java.base/java.lang=ALL-UNNAMED --add-opens=jav>
Aug 20 11:39:52 VM-4-3-ubuntu tomcat9[44055]: Server version name:   Apache Tomcat/9.0.31 (Ubuntu)
Aug 20 11:39:52 VM-4-3-ubuntu tomcat9[44055]: Server built:          Jul 29 2024 17:43:06 UTC
Aug 20 11:39:52 VM-4-3-ubuntu tomcat9[44055]: Server version number: 9.0.31.0
Aug 20 11:39:52 VM-4-3-ubuntu tomcat9[44055]: OS Name:               Linux
Aug 20 11:39:52 VM-4-3-ubuntu tomcat9[44055]: OS Version:            5.4.0-189-generic
Aug 20 11:39:52 VM-4-3-ubuntu tomcat9[44055]: Architecture:          amd64
Aug 20 11:39:52 VM-4-3-ubuntu tomcat9[44055]: Java Home:             /usr/lib/jvm/jdk-21-oracle-x64
Aug 20 11:39:52 VM-4-3-ubuntu tomcat9[44055]: JVM Version:           21+35-LTS-2513
Aug 20 11:39:52 VM-4-3-ubuntu tomcat9[44055]: JVM Vendor:            Oracle Corporation
Aug 20 11:39:52 VM-4-3-ubuntu tomcat9[44055]: CATALINA_BASE:         /var/lib/tomcat9
Aug 20 11:39:52 VM-4-3-ubuntu tomcat9[44055]: CATALINA_HOME:         /usr/share/tomcat9
Aug 20 11:39:52 VM-4-3-ubuntu tomcat9[44055]: Command line argument: --add-opens=java.base/java.lang=ALL-UNNAMED
Aug 20 11:39:52 VM-4-3-ubuntu tomcat9[44055]: Command line argument: --add-opens=java.base/java.io=ALL-UNNAMED
Aug 20 11:39:52 VM-4-3-ubuntu tomcat9[44055]: Command line argument: --add-opens=java.rmi/sun.rmi.transport=ALL-UNNAMED
Aug 20 11:39:52 VM-4-3-ubuntu tomcat9[44055]: Command line argument: -Djava.util.logging.config.file=/var/lib/tomcat9/conf/logging.properties
Aug 20 11:39:52 VM-4-3-ubuntu tomcat9[44055]: Command line argument: -Djava.util.logging.manager=org.apache.juli.ClassLoaderLogManager
Aug 20 11:39:52 VM-4-3-ubuntu tomcat9[44055]: Command line argument: -Djava.awt.headless=true
Aug 20 11:39:52 VM-4-3-ubuntu tomcat9[44055]: Command line argument: -Djdk.tls.ephemeralDHKeySize=2048
Aug 20 11:39:52 VM-4-3-ubuntu tomcat9[44055]: Command line argument: -Djava.protocol.handler.pkgs=org.apache.catalina.webresources
Aug 20 11:39:52 VM-4-3-ubuntu tomcat9[44055]: Command line argument: -Dorg.apache.catalina.security.SecurityListener.UMASK=0027
Aug 20 11:39:52 VM-4-3-ubuntu tomcat9[44055]: Command line argument: -Dignore.endorsed.dirs=
Aug 20 11:39:52 VM-4-3-ubuntu tomcat9[44055]: Command line argument: -Dcatalina.base=/var/lib/tomcat9
Aug 20 11:39:52 VM-4-3-ubuntu tomcat9[44055]: Command line argument: -Dcatalina.home=/usr/share/tomcat9
Aug 20 11:39:52 VM-4-3-ubuntu tomcat9[44055]: Command line argument: -Djava.io.tmpdir=/tmp
```

图 3－81　修改软链接后的 Tomcat 9 服务日志

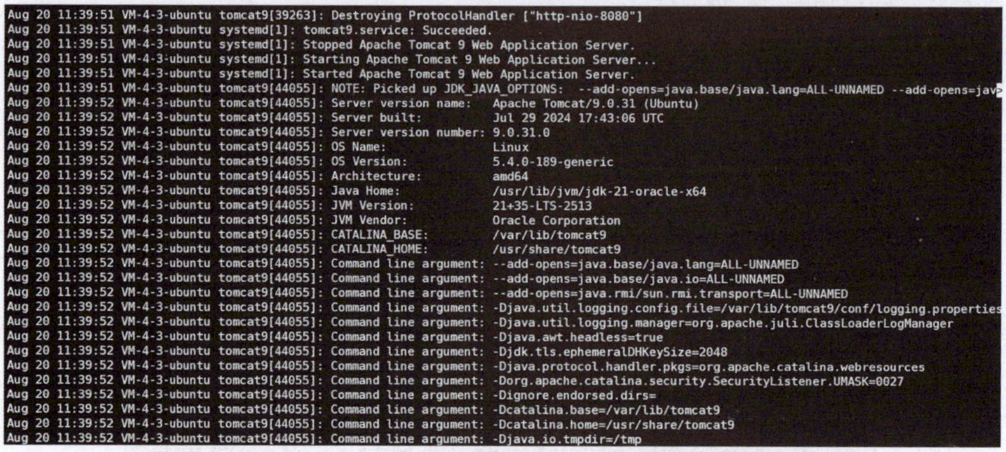

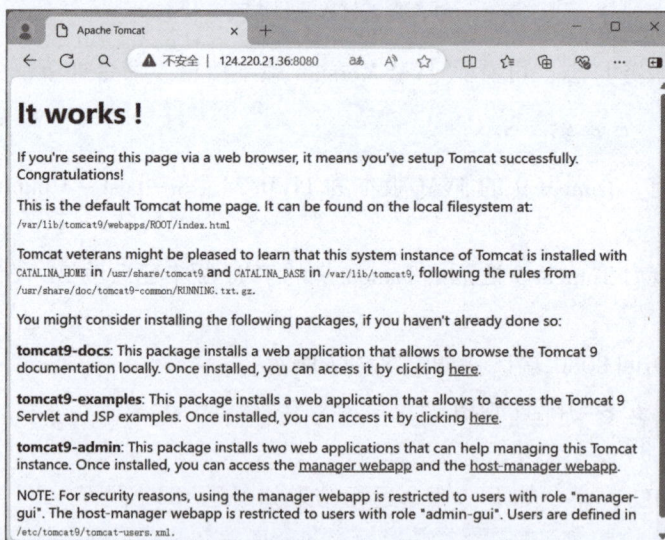

图 3－82　用浏览器访问 8080 端口

```
ubuntu@VM-4-3-ubuntu:~$ sudo apt install mysql-server -y
Reading package lists... Done
Building dependency tree
Reading state information... Done
The following packages were automatically installed and are no longer required:
  crash dblatex dblatex-doc dh-strip-nondeterminism docbook-dsssl docbook-utils

......

emitting double-array: 100% |########################################|
reading /usr/share/mecab/dic/ipadic/matrix.def ... 1316x1316
emitting matrix      : 100% |########################################|

done!
update-alternatives: using /var/lib/mecab/dic/ipadic-utf8 to provide /var/lib
tionary) in auto mode
Setting up mysql-server (8.0.39-0ubuntu0.20.04.1) ...
Processing triggers for systemd (245.4-4ubuntu3.21) ...
Processing triggers for man-db (2.9.1-1) ...
Processing triggers for libc-bin (2.31-0ubuntu9.16) ...
ubuntu@VM-4-3-ubuntu:~$
```

图 3 – 83 安装 MySQL8

（2）查看 MySQL 版本，命令如下。

```
mysql -V
```

命令运行结果如图 3 – 84 所示。

```
ubuntu@VM-4-3-ubuntu:~$ mysql -V
mysql  Ver 8.0.39-0ubuntu0.20.04.1 for Linux on x86_64 ((Ubuntu))
ubuntu@VM-4-3-ubuntu:~$
```

图 3 – 84 查看 MySQL8 版本

查看 MySQL 状态，命令如下。

```
systemctl status mysql.service
```

命令运行结果如图 3 – 85 所示。

```
ubuntu@VM-4-3-ubuntu:~$ systemctl status mysql.service
● mysql.service - MySQL Community Server
     Loaded: loaded (/lib/systemd/system/mysql.service; enabled; vendor preset:
     Active: active (running) since Tue 2024-08-20 11:49:29 CST; 3min 48s ago
   Main PID: 48474 (mysqld)
     Status: "Server is operational"
      Tasks: 37 (limit: 2246)
     Memory: 371.4M
     CGroup: /system.slice/mysql.service
             └─48474 /usr/sbin/mysqld

Aug 20 11:49:28 VM-4-3-ubuntu systemd[1]: Starting MySQL Community Server...
Aug 20 11:49:29 VM-4-3-ubuntu systemd[1]: Started MySQL Community Server.
lines 1-12/12 (END)
```

图 3 – 85 查看 MySQL 状态

（3）创建 MySQL 的用户。

①登录 MySQL。

a. 如果在安装过程中没有提示设置 "root" 用户密码或不知道 MySQL 服务的 "root" 用户密码，则可以用 sudo mysql 命令登录 MySQL，命令运行结果如图 3 – 86 所示。

```
ubuntu@VM-4-3-ubuntu:~$ sudo mysql
Welcome to the MySQL monitor.  Commands end with ; or \g.
Your MySQL connection id is 8
Server version: 8.0.39-0ubuntu0.20.04.1 (Ubuntu)

Copyright (c) 2000, 2024, Oracle and/or its affiliates.

Oracle is a registered trademark of Oracle Corporation and/or its
affiliates. Other names may be trademarks of their respective
owners.

Type 'help;' or '\h' for help. Type '\c' to clear the current input statement.

mysql> 
```

图 3-86 登录 MySQL

b. 如果在安装过程中提示设置“root”用户密码，可以用以下命令登录 MySQL。-u 表示选择登录的用户名，-p 表示登录的用户密码，输入命令之后会提示输入用户密码，此时输入刚才设置的密码就可以登录到 MySQL。

```
mysql -u root -p
```

②配置 MySQL 允许用户（如“iot”）接入。

a. 创建“iot”用户，命令如下，后面的'iot'是连接密码，'%'表示“iot”用户可以从所有 IP 地址连接到 MySQL 服务器。

```
mysql >create user 'iot'@ '% ' identified by 'iot';
```

命令运行结果如图 3-87 所示。

```
mysql> create user 'iot'@'%' identified by 'iot';
Query OK, 0 rows affected (0.02 sec)
```

图 3-87 创建登录 MySQL 的用户

b. 为“iot”用户授权，让“iot”用户可以访问指定的数据库和表。因为后续需要所有权限，所以下面根据需要授予“iot”用户所有数据库和表的所有权限，命令如下。

```
mysql >grant all privileges on *.* to 'iot'@ '% ' with grant option;
```

命令运行结果如图 3-88 所示。

```
mysql> grant all privileges on *.* to 'iot'@'%' with grant option;
Query OK, 0 rows affected (0.01 sec)
```

图 3-88 为登录用户授权

这里的 all privileges 所有权限可以根据需要换成 select、insert、update、delete、drop、create 等具体权限。

c. 刷新 MySQL 系统权限关系表，命令如下。

```
mysql >flush privileges;
```

命令运行结果如图 3-89 所示。

```
mysql> flush privileges;
Query OK, 0 rows affected (0.01 sec)
```

图 3-89 刷新 MySQL 系统权限关系表

d. 查询用户指令，命令如下。

```
mysql > select user,host from mysql.user;
```

命令运行结果如图 3 – 90 所示。

可以看到返回了数据库的所有用户，若其中有自己添加的用户，则表示添加成功。

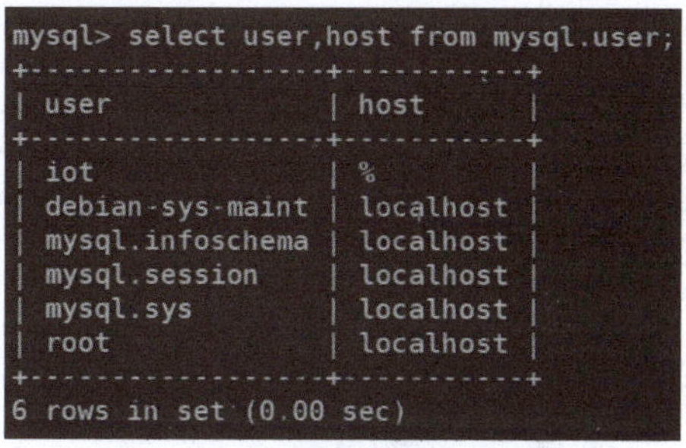

```
mysql> select user,host from mysql.user;
+-------------------+-----------+
| user              | host      |
+-------------------+-----------+
| iot               | %         |
| debian-sys-maint  | localhost |
| mysql.infoschema  | localhost |
| mysql.session     | localhost |
| mysql.sys         | localhost |
| root              | localhost |
+-------------------+-----------+
6 rows in set (0.00 sec)
```

图 3 – 90　查询数据库的用户

e. 退出数据库，命令如下。

```
mysql > exit
```

（4）修改 MySQL 配置文件，设置远程访问，命令如下。

```
sudo nano /etc/mysql/mysql.conf.d/mysqld.cnf
```

修改 MySQL 配置文件后（bind – address = 127.0.0.1），允许其他 IP 地址登录 MySQL，如图 3 – 91 所示。

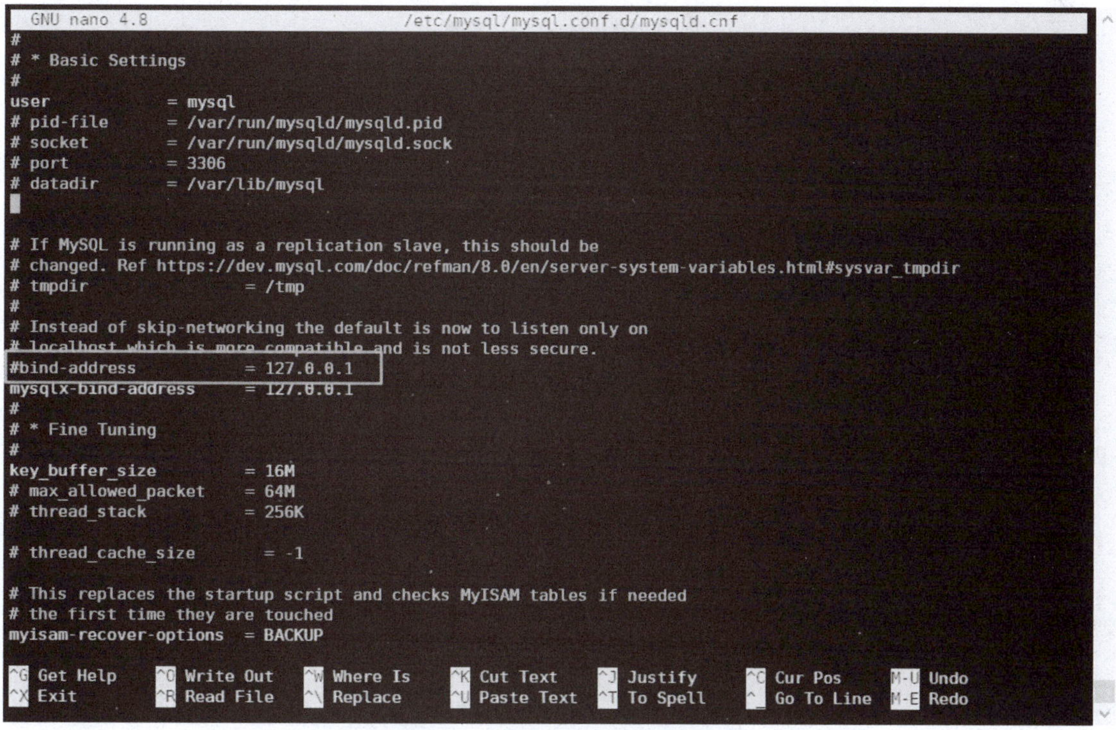

```
  GNU nano 4.8                        /etc/mysql/mysql.conf.d/mysqld.cnf
#
# * Basic Settings
#
user            = mysql
# pid-file       = /var/run/mysqld/mysqld.pid
# socket         = /var/run/mysqld/mysqld.sock
# port           = 3306
# datadir        = /var/lib/mysql

# If MySQL is running as a replication slave, this should be
# changed. Ref https://dev.mysql.com/doc/refman/8.0/en/server-system-variables.html#sysvar_tmpdir
# tmpdir              = /tmp
#
# Instead of skip-networking the default is now to listen only on
# localhost which is more compatible and is not less secure.
#bind-address           = 127.0.0.1
mysqlx-bind-address     = 127.0.0.1
#
# * Fine Tuning
#
key_buffer_size         = 16M
# max_allowed_packet     = 64M
# thread_stack           = 256K

# thread_cache_size       = -1

# This replaces the startup script and checks MyISAM tables if needed
# the first time they are touched
myisam-recover-options  = BACKUP

^G Get Help    ^O Write Out    ^W Where Is     ^K Cut Text     ^J Justify      ^C Cur Pos      M-U Undo
^X Exit        ^R Read File    ^\ Replace      ^U Paste Text   ^T To Spell     ^_ Go To Line   M-E Redo
```

图 3 – 91　修改 MySQL 配置文件

（5）重启 MySQL 服务，命令如下。

```
sudo systemctl restart mysql.service
```

（6）使用主机 Navicat for MySQL 进行测试连接。

①打开 Navicat for MySQL 主界面，如图 3 – 92 所示。

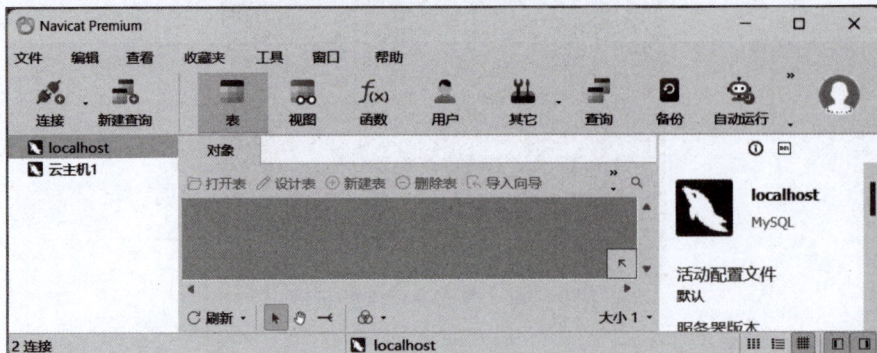

图 3 – 92　Navicat for MySQL 主界面

②新建连接（MySQL）。

新建连接，主机 IP 地址为云主机公网 IP 地址，用户名和密码均为"iot"，单击 Navicat for MySQL 主界面中的"测试连接"按钮，如图 3 – 93 所示：

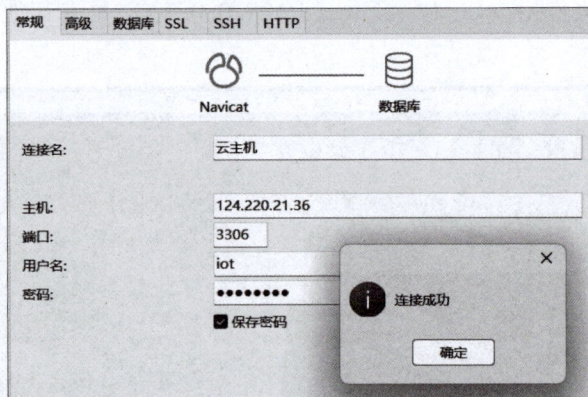

图 3 – 93　主机测试连接云主机 MySQL

在云主机中新建"test"数据库，如图 3 – 94 所示，并尝试在"test"数据库中创建一张"user"表，如图 3 – 95 所示。

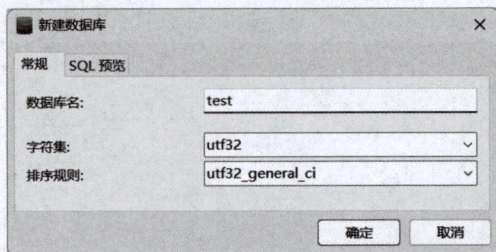

图 3 – 94　在云主机中新建"test"数据库

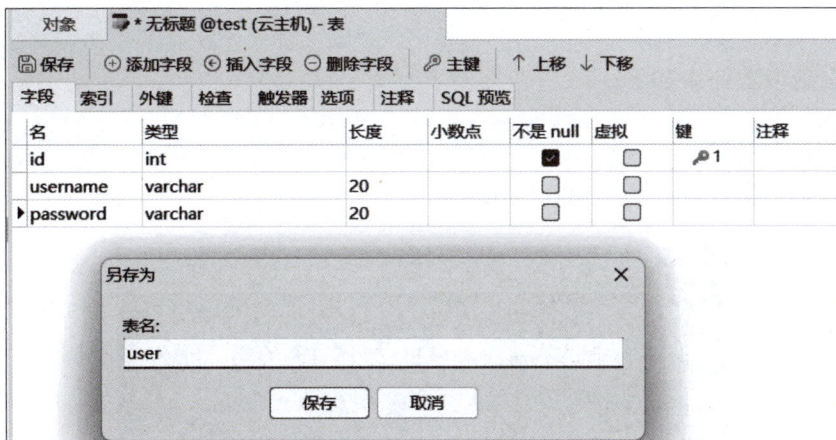

图 3 – 95　新建"user"表

（7）常见错误及解决方案。

①使用 Navicat for MySQL 进行测试连接时出现连接错误"2003 – Can't connect to MySQL server on'IP 地址'（10038）"的原因和解决办法见表 3 – 1。

表 3 – 1　测试连接错误的原因和解决办法

原因	解决办法
MySQL 服务没有启动	检查 MySQL 服务状态，根据情况启动或重启 MySQL 服务
Linux 防火墙中没有配置 MySQL 端口（3306）	添加允许访问 TCP 3306 端口
用户没有权限使用远程连接，MySQL 禁止远程登录	查看 MySQL 服务状态，确认服务状态正常（systemctl status mysql. service）

②使用 Navicat for MySQL 进行测试连接时出现连接错误"1251 – Client does not support authentication protocol requested by server；consider upgrading MySQL cli"。

a. 错误原因。MySQL 版本问题，MySQL8 之前的版本的加密规则是 mysql_native_password，而 MySQL8 之后的版本的加密规则是 caching_sha2_password，因此可能需要改变 MySQL 的加密规则。

b. 解决办法。

首先，登录 MySQL，输入以下命令进行查看。

```
>SELECT user,host,plugin from mysql.user;
>ALTER USER 'iot'@ '% ' IDENTIFIED BY 'iot' PASSWORD EXPIRE NEVER;
```

然后，修改密码的加密规则，命令如下。

```
ALTER USER 'iot'@ '% ' IDENTIFIED WITH mysql_native_password BY '你自己的密码';
>ALTER USER 'iot'@ '% ' IDENTIFIED WITH mysql_native_password BY 'iot';
```

最后，刷新设置命令如下。

```
FLUSH PRIVILEGES;
```

查看设置是否生效，如图 3－96 所示。

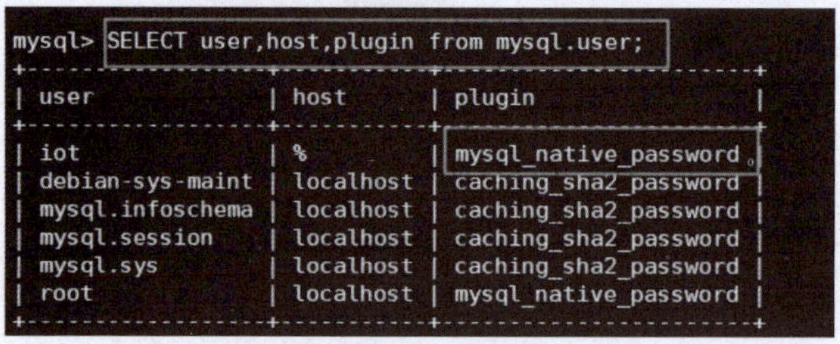

图 3－96 查看设置是否生效

再次尝试进行 Navicat for MySQL 测试连接即可连接成功。

【任务评价】

评价内容	评价标准参考	参考分	得分
1. 安装 JDK21	能正确查看 Java 的版本号  	30	
2. 安装 Tomcat 9	能正确访问云主机 8080 端口 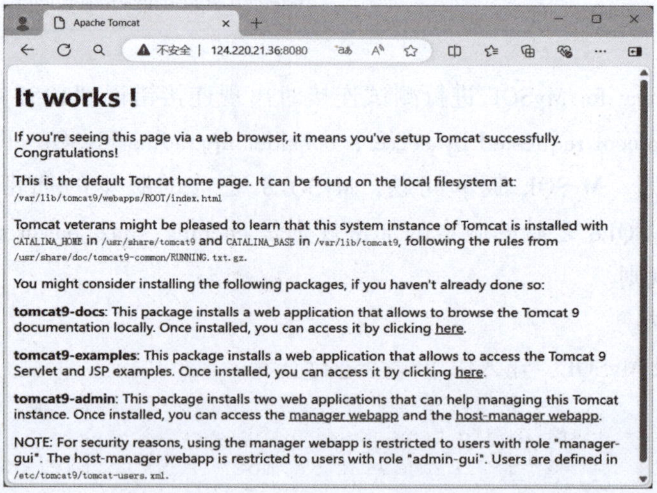 	30	

续表

评价内容	评价标准参考	参考分	得分
3. 安装 MySQL8	能正确连接云主机数据库 常规　高级　数据库　SSL　SSH　HTTP Navicat　　　数据库 连接名：　云主机 主机：　124.220.21.36 端口：　3306 用户名：　iot 密码：　●●●●●●●●　　连接成功 ☑ 保存密码　　　　　　确定	40	

【相关知识】

在 Linux 操作系统中，每个文件和目录都有一个特定的访问权限设置，用于控制哪些用户可以读取、写入或执行该文件。这些权限分为 3 类：所有者权限（Owner）、所属组权限（Group）和其他用户权限（Others）。

权限可以通过 ls -l 命令查看，例如：

```
-rw-r--r--1 user group 0 Jan 1 00:00 file.txt
```

这里的 "-rw-r--r--" 表示文件的权限。第一个字符 "-" 表示这是一个普通文件，如果第一个字符是 "d" 则表示这是一个目录。接下来的 3 个字符分别表示所有者权限（Owner）、所属组权限（Group）和其他用户权限（Others）。

（1）-r：可读（Read）。

（2）-w：可写（Write）。

（3）-x：可执行（Execute）。

（4）--：没有相应的权限。

每个权限组合可以用数字表示，示例如下。

（1）-rwx：7（4+2+1）。

（2）-rw-：6（4+2）。

（3）-r--：4。

（4）--wx：3（2+1）。

（5）----：0。

要修改文件权限，可以使用 chmod 命令。例如，要将文件 "file. txt" 的所有者权限设置为可读写执行，将所属组权限设置为只读，将其他用户权限设置为只读，可以运行以下命令。

```bash
chmod 744 file.txt
```

此外，还可以使用符号表示法修改权限。例如上面的命令，用符号表示法可以写作以下形式。

```bash
chmod u = rwx,g = r,o = r file.txt
```

这里，"u" 代表所有者(User)，"g" 代表所属组(Group)，"o" 代表其他用户(Others)；" = "表示设置权限，"＋"表示添加权限，" － "表示删除权限，"a"表示所有(All)。

任务3　Java Web 网站发布与日志的跟踪和下载

【任务分析】

本任务需要在 Ubuntu 20.04 云服务器上搭建 Java Web 网站环境后，进行 Java Web 网站的发布，然后在浏览器中通过云服务器公网 IP 地址访问网站，并跟踪和下载网站日志。

本任务操作要点如图 3 – 97 所示。

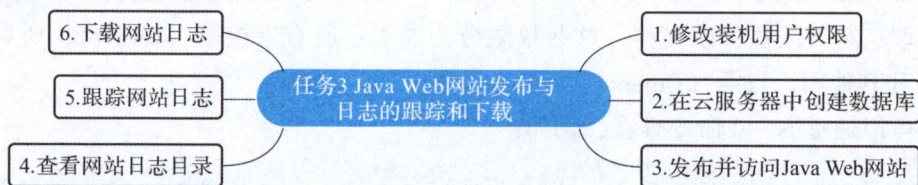

```
6.下载网站日志                                    1.修改装机用户权限

5.跟踪网站日志        任务3 Java Web网站发布与        2.在云服务器中创建数据库
                     日志的跟踪和下载

4.查看网站日志目录                                3.发布并访问Java Web网站
```

图 3 – 97　"Java Web 网站发布与日志的跟踪和下载"任务操作要点

【任务准备】

完成本项目的任务 1 和任务 2，用 Xshell 连接 Ubuntu 20.04 云服务器，并完成 Java Web 网站发布。

【任务实施】

发布 Java Web 网站的步骤如下。

（1）进入"/var/lib/tomcat9"目录，查看目录，如图 3 – 98 所示。

```
ubuntu@VM-4-3-ubuntu:~$ cd /var/lib/tomcat9/
ubuntu@VM-4-3-ubuntu:/var/lib/tomcat9$ ls
conf  lib  logs  policy  webapps  work
```

图 3 – 98　进入"/var/lib/tomcat9"目录

（2）进入"webapps"目录，尝试发布 Java Web 网站，如图 3 – 99、图 3 – 100 所示。

```
ubuntu@VM-4-3-ubuntu:/var/lib/tomcat9$ cd webapps/
ubuntu@VM-4-3-ubuntu:/var/lib/tomcat9/webapps$ ls
ROOT
ubuntu@VM-4-3-ubuntu:/var/lib/tomcat9/webapps$ rz
```

图 3 – 99　上传 WAR 包

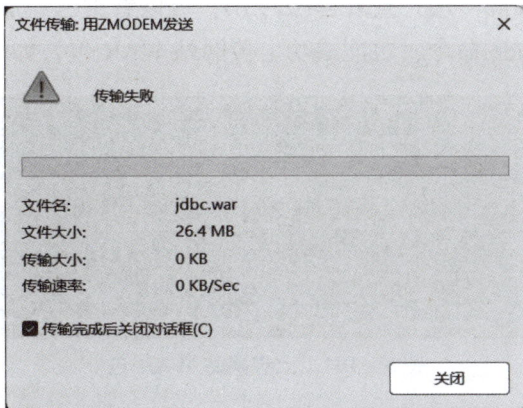

图 3 – 100　上传 WAR 包失败示意

（3）修改权限，使装机用户可以自己发布 Java Web 网站。

①检查"webapps"目录的权限，如图 3 – 101 所示。

图 3 – 101　检查"webapps"目录的权限

查看"webapps"目录的用户、组、权限，此时，仅"tomcat"用户和"tomcat"组成员用户，以及"root"用户拥有写权限（w）。

②修改当前用户权限。

这里采用将当前用户加入"tomcat"组的方法来获取对"webapps"目录的写权限，这既可让当前用户成功发布 Java Web 网站，安全性也相对比较高。

命令如下，命令运行结果如图 3 – 102 所示。注意命令中的 ubuntu 是装机用户名，请根据实际情况修改。

```
sudo gpasswd –a ubuntu tomcat
```

图 3 – 102　修改当前用户权限

打开一个新的 Xshell 会话窗口，查看当前用户的信息，如图 3 – 103 所示。

图 3 – 103　查看当前用户的信息

在新的连接中，"ubuntu"用户查看自己的 ID，可以看到已经加入"tomcat"组。此时，不需要使用 sudo 命令，也能成功上传网站 WAR 包，如图 3 – 104 所示。

图 3 – 104   上传网站 WAR 包

WAR 包（电子材料"jdbc. war"）上传后会自动解压到"jdbc"文件夹。通过图 3 – 104 可以看到 WAR 包的所有者（属主）和所属组（属组）都是"ubuntu"，而解压后的目录"jdbc"的所有者（属主）和所属组（属组）都是"tomcat"。

（4）在云服务器中为网站创建"jdbc"数据库。

①新建"jdbc"数据库，如图 3 – 105 所示。

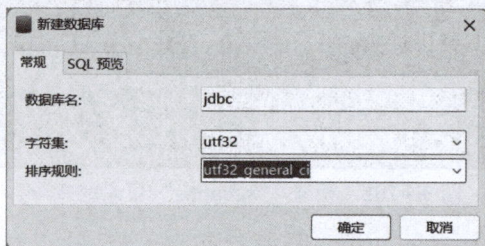

图 3 – 105   新建"jdbc"数据库

②导入数据。

双击新建的"jdbc"数据库，选择本书提供的"jdbc. sql"后单击"开始"按钮，如图 3 – 106 所示。

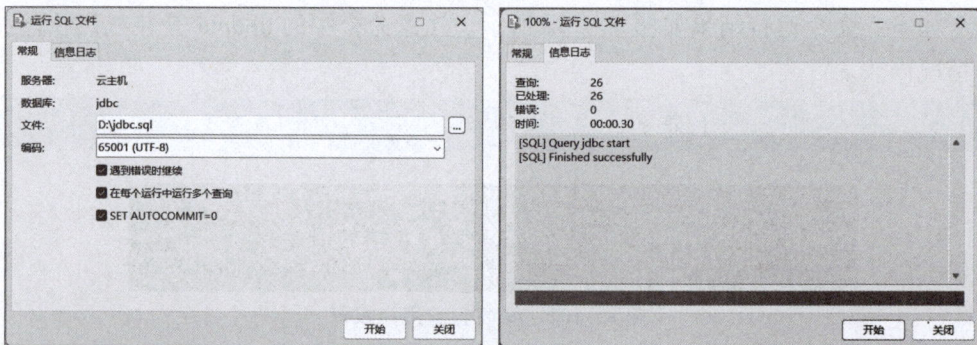

图 3 – 106   导入数据

③查看"jdbc"数据库中的"product"表数据，如图 3 – 107 所示。

（5）访问 Java Web 网站。

①访问静态页面。

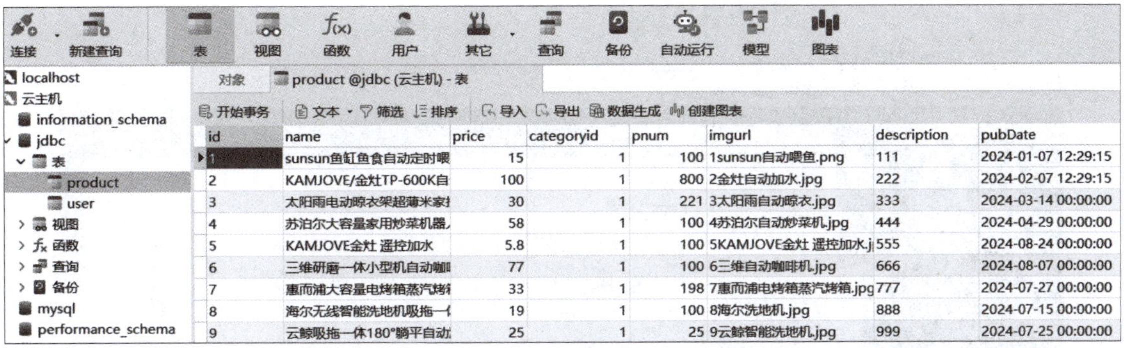

图 3 - 107 查看 "jdbc" 数据库中的 "product" 表数据

用浏览器查看 "http://云主机 IP 地址:8080/jdbc",可以打开图 3 - 108 的页面,此时显示的是静态页面,页面中数据为空。

图 3 - 108 访问静态页面

②访问动态数据。

在搜索框中输入查询关键字,可以动态搜索到 MySQL 中 "product" 表中 "name" 字段包含查询关键字的产品数据。图 3 - 109 所示为查询关键字是 "自动" 的查询结果。

③注意事项。

开放云主机端口 8080,3306(操作过程详见本项目的任务 1),结果如图 3 - 110 所示。

(6)跟踪已发布的 Java Web 网站日志。

①准备工作。

可以通过跟踪日志来查看已发布的 Java Web 网站的运行情况,Tomcat 日志文件一般在 "/var/log/tomcat*" 目录下,使用 Xshell 连接虚拟机,先进入目录 "/var/log/tomcat*",查看相关 Tomcat 日志文件,命令如下。

```
cd /var/log/tomcat9
ls
```

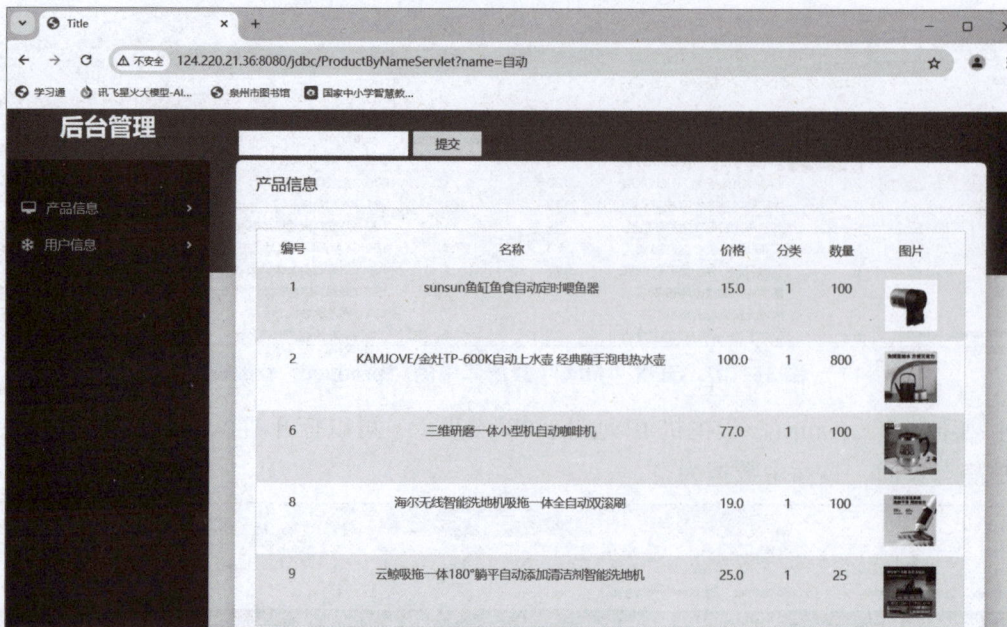

图 3 – 109　访问动态数据

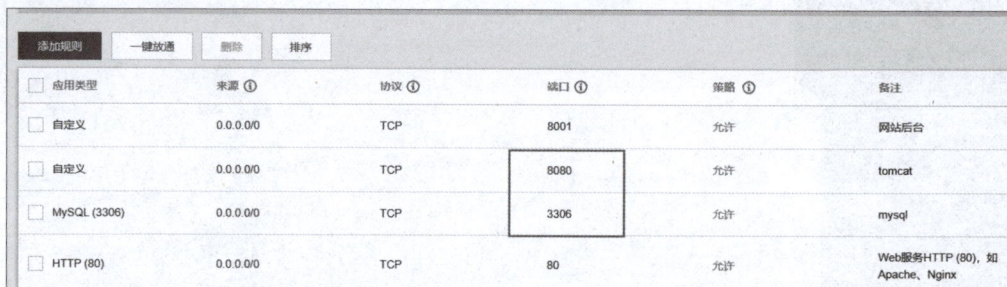

图 3 – 110　开通 8080、3306 端口

或者

```
ll
```

命令运行结果如图 3 – 111 所示。

分别打开 4 个会话窗口，用于跟踪"catalina. out""catalina. 日期. log""localhost_access_log. 日期. txt""localhost. 日期. log"。

请注意观察操作前后的文件大小。

```
ubuntu@VM-4-3-ubuntu:~$ cd /var/log/tomcat9/
ubuntu@VM-4-3-ubuntu:/var/log/tomcat9$ ll
total 268
drwxrwxs---  2 tomcat adm      4096 Aug 21 10:05 ./
drwxrwxr-x 12 root   syslog    4096 Aug 21 00:00 ../
-rw-r-----  1 tomcat adm      4207 Aug 20 21:11 catalina.2024-08-20.log.gz
-rw-r-----  1 tomcat adm     59156 Aug 21 10:49 catalina.2024-08-21.log
-rw-r-----  1 syslog adm    110445 Aug 21 10:49 catalina.out
-rw-r-----  1 tomcat adm      1330 Aug 20 18:18 localhost.2024-08-20.log.gz
-rw-r-----  1 tomcat adm     34784 Aug 21 10:19 localhost.2024-08-21.log
-rw-r-----  1 tomcat adm      2035 Aug 20 23:52 localhost_access_log.2024-08-20.txt.gz
-rw-r-----  1 tomcat adm     23188 Aug 21 11:10 localhost_access_log.2024-08-21.txt
```

图 3 – 111　查看 Tomcat 日志文件

②用 tail 命令跟踪"catalina. out"日志，命令如下。

```
tail -f catalina.out
```

命令运行结果如图 3 - 112 所示。

图 3 - 112　用 tail 命令跟踪"catalina. out"日志

③新打开一个会话窗口，跟踪"localhost. 日期. log"日志，命令如下。

```
tail -f localhost.日期.out
```

命令运行结果如图 3 - 113 所示。

图 3 - 113　跟踪"localhost. 日期. log"日志

④再打开一个会话窗口，跟踪"localhost_access_log. 日期. txt"日志，命令如下。

```
tail -f localhost_access_log.日期.txt
```

命令运行结果如图 3 - 114 所示。

图 3 - 114　跟踪"localhost_access_log. 日期. txt"日志

⑤有时也可以通过打印日志的后5行等方式查看日志内容，命令如下。

```
tail -5 catalina.日期.log
```

命令运行结果如图3-115所示。

```
ubuntu@VM-4-3-ubuntu:/var/log/tomcat9$ tail -5 catalina.2024-08-21.log
        at org.apache.tomcat.util.net.SocketProcessorBase.run(SocketProcessorBase.java:49)
        at java.base/java.util.concurrent.ThreadPoolExecutor.runWorker(ThreadPoolExecutor.java:1144)
        at java.base/java.util.concurrent.ThreadPoolExecutor$Worker.run(ThreadPoolExecutor.java:642)
        at org.apache.tomcat.util.threads.TaskThread$WrappingRunnable.run(TaskThread.java:61)
        at java.base/java.lang.Thread.run(Thread.java:1583)
```

图3-115　打印"localhost_access_log.日期.txt"日志的后5行

通过跟踪日志，可以知道Java Web网站异常时的报错信息等，据此解决问题，实现对Java Web网站的实时管理与监控。

【任务评价】

评价内容	评价标准参考	参考分	得分
1. 修改权限，使装机用户可以自己发布Java Web网站	sudo gpasswd -a 装机用户 tomcat	10	
2. 能访问网站（http://自己的云主机IP地址:8080/jdbc）	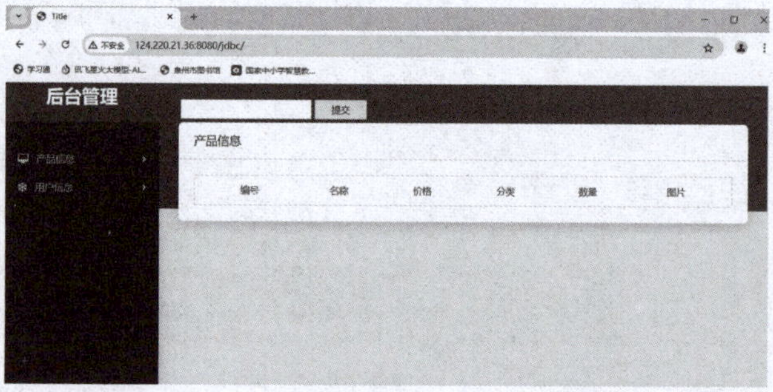	30	
3. 能在云主机网页中查询到数据	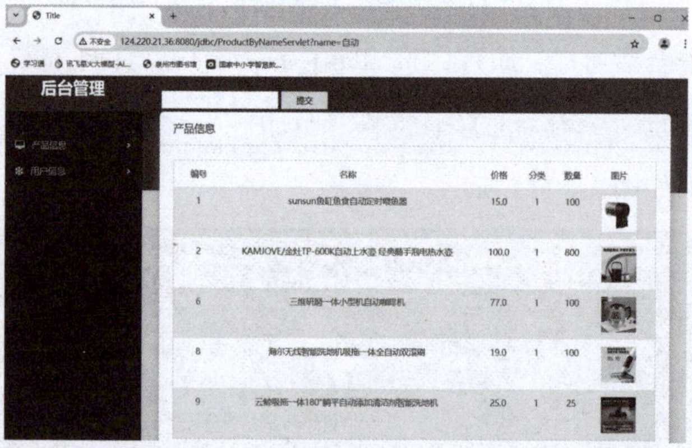	30	

续表

评价内容	评价标准参考	参考分	得分
4. 会跟踪已发布的 Java Web 网站日志		30	

【相关知识】

tail 命令是 Linux 操作系统中用于查看文件末尾内容的一个重要工具，特别适用于监控系统日志或查看大文件的尾部信息。

使用"tail −f filename"命令可以实时监控文件的变化，并自动刷新显示新添加的内容。当需要从文件的第 n 行开始显示所有内容时，可以使用"tail −n +N filename"命令实现这一目的。结合管道操作，可以对一系列文件进行筛选，找出最近修改的前几个文件（如"ls −ltr ｜ tail −n3"）；也可以跟踪查看 filename 文件中有报错信息的行（如"tail −f filename ｜ grep error"）。通过"tail −c N filename"命令，可以展示文件的最后 N 个字节，这对于查看非文本文件或二进制文件非常有用。

总的来说，掌握 tail 命令的基本及高级用法，对于提高 Linux 环境中的工作效率具有重要意义。它不仅可以帮助用户快速查看和监控文件的末尾内容，还能在脚本编写和日志管理中发挥重要作用。

模 块 4

Linux网络服务搭建

模块导读

　　在当前信息化和网络化高度发展的时代，Linux 操作系统以其卓越的稳定性和灵活性，成为构建各类网络服务的首选平台。Linux 操作系统不仅广泛应用于服务器、物联网设备等领域，也是各类网络服务和应用的基础。本模块聚焦于 Linux 环境中的关键网络服务配置与管理，通过 3 个核心项目，帮助读者深入掌握 Linux 网络服务搭建的核心技能。首先，Samba 服务器是 Linux 与 Windows 之间实现文件和打印共享的桥梁。通过配置 Samba 服务器，读者将学习如何在 Linux 操作系统中与 Windows 操作系统进行无缝的资源共享。这一技能在混合操作系统的企业环境中尤为重要，能够有效提升跨平台协作的效率。其次，MQTT 作为一种轻量级的消息传输协议，广泛应用于物联网设备间的通信。通过学习 MQTT 代理服务器的安装与配置，读者将掌握如何搭建和管理高效的消息传输系统，这对于物联网系统的构建至关重要，尤其是在资源受限的设备之间实现可靠通信时。最后，FRP 内网穿透服务是一种用于解决内网资源外部访问需求的高效工具。在复杂的网络环境中，FRP 能够实现外网对内网服务的访问，通过配置 FRP，读者将学会如何有效地管理网络服务，为日常的远程管理和安全性提供支持。

项目 1　Samba 服务器的安装与使用

项目描述

　　IT 学员们参加 IT 学院组织的 IT 学员培训。培训负责人龙师傅介绍了 Samba 服务器，强调其在跨平台文件共享和打印服务中的重要性。Samba 是一个开源的软件套件，能够在 Linux 和 UNIX 服务器中模拟 Windows 文件共享和打印服务，允许 Windows、macOS 和 Linux

客户端访问服务器中的文件和打印机资源。为了让 IT 学员熟悉 Samba 服务器的安装与使用，龙师傅布置了一个实践项目：在现有的 Ubuntu 服务器中安装并配置 Samba 服务器，实现跨平台文件共享，并进行相关的测试和使用。

项目分析

本项目旨在实现一套基于 Samba 的文件共享解决方案，满足某公司设计部和开发部的特定需求，保证文件共享的安全性和便捷性。本项目的主要任务包括创建独立的部门共享空间、设置公共共享目录，如图 4 - 1 所示。

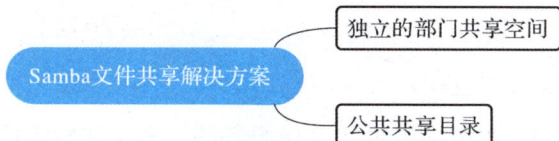

图 4 - 1　"Samba 服务器的安装与使用"项目分析

（1）独立的部门共享空间。设计部和开发部各自拥有独立的共享目录，确保部门内的文件仅供内部成员访问。不同部门之间的文件访问需要严格控制，其他部门成员无权访问彼此的共享目录。

（2）公共共享目录。设置一个公共共享目录，供所有部门成员使用，包括匿名用户。公共共享目录仅开放读取权限，禁止所有用户在此目录中进行写入操作。

项目任务分解

根据项目分析的结果，可以把本项目分解为图 4 - 2 所示的 2 个任务。

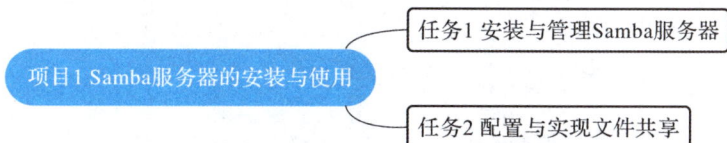

图 4 - 2　"Samba 服务器的安装与使用"项目任务分解

项目目标

知识目标

（1）掌握在 VMware 中导入 OVA 文件的方法与步骤。

（2）掌握在 Linux 操作系统中在线安装软件的方法与步骤，特别是 Samba 服务器的安装。

（3）掌握并进一步学习 systemctl 命令的使用方法，包括启动、停止、重启服务及查看服务状态。

（4）掌握并进一步学习基本的 Linux 文件管理命令与文件权限管理命令。

技能目标

（1）能在 VMware 中成功导入 Ubuntu 20.04 服务器版的 OVA 文件。

（2）能在 Ubuntu 20.04 服务器版中通过在线方式安装 Samba 服务器。

（3）能使用 sudo 命令正确借用管理员权限进行系统操作。

（4）能使用 Linux 文件管理命令正确进行文件和目录的权限操作。

（5）能使用 systemctl 命令查看服务状态，启动、停止或重启服务。

素质目标

（1）具备动手操作和解决问题的能力，通过实践掌握并巩固所学知识。

（2）培养良好的 Linux 操作系统管理习惯，尤其是安全管理与权限管理的意识。

（3）提高在项目实施过程中的自主学习与团队协作能力。

任务 1　安装与管理 Samba 服务器

【任务分析】

（1）安装 Samba 服务器，并确保其正常运行。

（2）配置基本的 Samba 服务器设置，确保服务的安全性和稳定性。

【任务准备】

（1）导入 Ubuntu 20.04 服务器版 OVA 文件。

（2）进行网络连接，用于下载 Samba 软件包。

（3）使用具有 sudo 权限的管理员账户"long"登录系统。

【任务实施】

（1）用 VMware 打开 Ubuntu20.04 服务器版 OVA 文件，如图 4 – 3 所示。

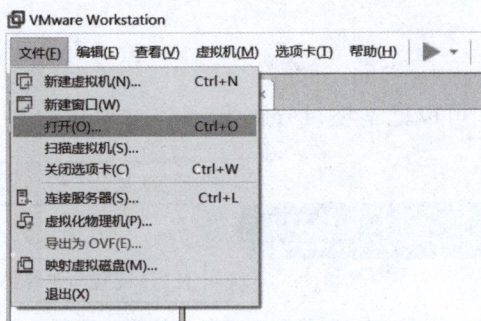

图 4 – 3　打开 OVA 文件（1）

（2）找到 OVA 文件对应的存放路径，选中 OVA 文件并单击"打开"按钮，如图 4 – 4 所示。

🔖 *小贴士*

如果导入 OVA 文件失败，则在弹出的对话框中单击"重试"按钮。

（3）使用 Xshell 登录 Ubuntu 20.04 服务器版，如图 4 – 5 所示。

（4）检查外网连通性，如图 4 – 6 所示。

（5）更新软件列表，命令如下。

```
sudo apt update
```

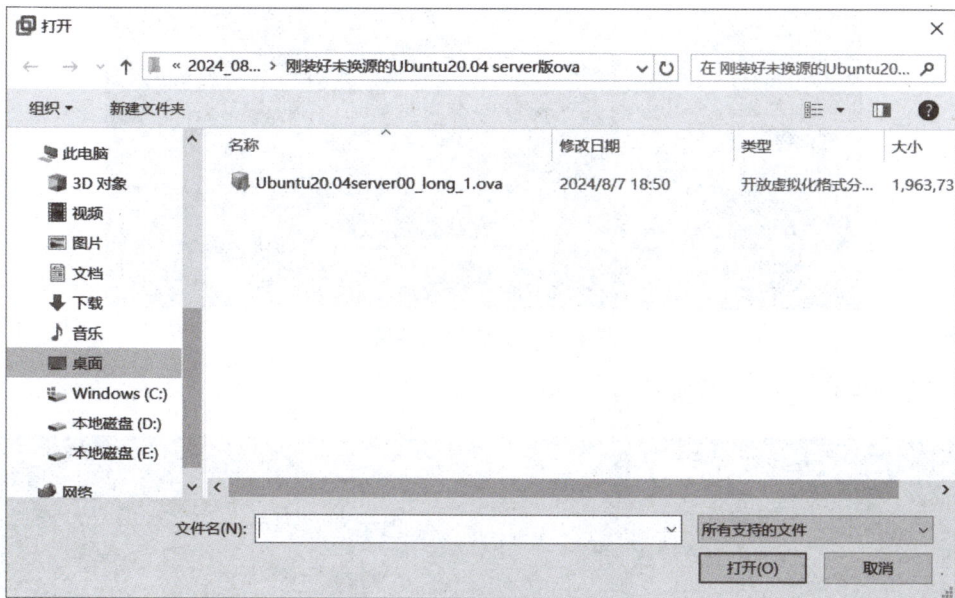

图 4 – 4　打开 OVA 文件（2）

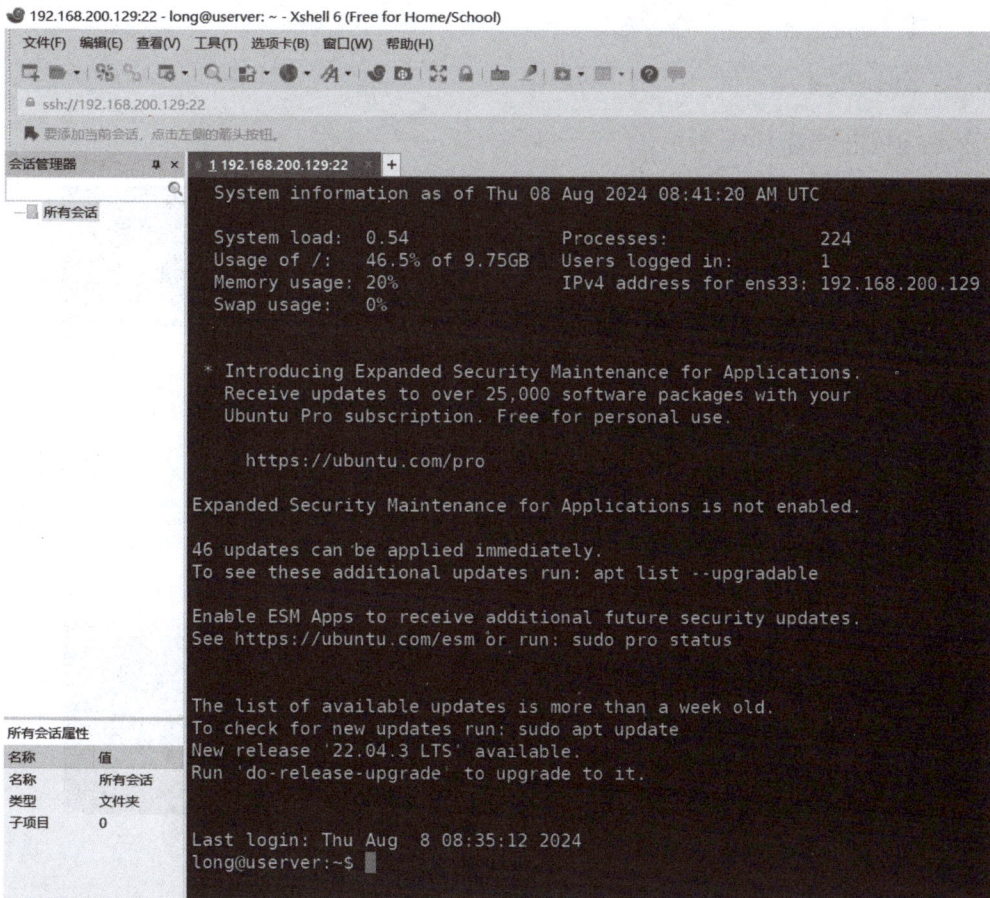

图 4 – 5　使 Xshell 登录 Ubuntu 20.04 服务器版

```
Last login: Thu Aug  8 08:35:12 2024
long@userver:~$ ping www.baidu.com
PING www.baidu.com (36.155.132.76) 56(84) bytes of data.
64 bytes from 36.155.132.76 (36.155.132.76): icmp_seq=1 ttl=128 time=28.5 ms
64 bytes from 36.155.132.76 (36.155.132.76): icmp_seq=2 ttl=128 time=29.0 ms
64 bytes from 36.155.132.76 (36.155.132.76): icmp_seq=3 ttl=128 time=34.2 ms
64 bytes from 36.155.132.76 (36.155.132.76): icmp_seq=4 ttl=128 time=28.0 ms
64 bytes from 36.155.132.76 (36.155.132.76): icmp_seq=5 ttl=128 time=30.1 ms
64 bytes from 36.155.132.76 (36.155.132.76): icmp_seq=6 ttl=128 time=28.8 ms
64 bytes from 36.155.132.76 (36.155.132.76): icmp_seq=7 ttl=128 time=33.5 ms
^C
--- www.baidu.com ping statistics ---
7 packets transmitted, 7 received, 0% packet loss, time 6015ms
rtt min/avg/max/mdev = 27.959/30.295/34.239/2.350 ms
long@userver:~$
```

图 4 – 6　检查外网连通性

命令运行结果如图 4 – 7 所示。

```
long@userver:~$ sudo apt update
Hit:1 http://mirrors.tuna.tsinghua.edu.cn/ubuntu focal InRelease
Get:2 http://mirrors.tuna.tsinghua.edu.cn/ubuntu focal-updates InRelease [128 kB]
Get:3 http://mirrors.tuna.tsinghua.edu.cn/ubuntu focal-backports InRelease [128 kB]
Get:5 http://mirrors.tuna.tsinghua.edu.cn/ubuntu focal-updates/main amd64 Packages [3,462 kB]
Get:6 http://mirrors.tuna.tsinghua.edu.cn/ubuntu focal-updates/main Translation-en [539 kB]
Get:7 http://mirrors.tuna.tsinghua.edu.cn/ubuntu focal-updates/main amd64 c-n-f Metadata [17.7 kB]
Get:8 http://mirrors.tuna.tsinghua.edu.cn/ubuntu focal-updates/restricted amd64 Packages [3,114 kB]
```

图 4 – 7　更新软件列表

（6）安装 Samba 服务器，命令如下。

```
sudo apt install samba
```

命令运行结果如图 4 – 8 所示。

```
long@userver:~$ sudo apt install samba
Reading package lists... Done
Building dependency tree
Reading state information... Done
The following additional packages will be installed:
    attr ibverbs-providers libavahi-client3 libavahi-common-data libavahi-common3
```

图 4 – 8　安装 Samba 服务器

（7）启动 Samba 服务器，命令如下。

```
sudo systemctl start smbd
sudo systemctl status smbd
```

命令运行结果如图 4 – 9 所示。

```
long@userver:~$ sudo systemctl start smbd
long@userver:~$ sudo systemctl status smbd
● smbd.service - Samba SMB Daemon
     Loaded: loaded (/lib/systemd/system/smbd.service; enabled; vendor preset: enabled)
     Active: active (running) since Thu 2024-08-08 08:55:20 UTC; 6min ago
       Docs: man:smbd(8)
             man:samba(7)
             man:smb.conf(5)
   Main PID: 4585 (smbd)
```

图 4 – 9　启动 Samba 服务器

设置开机自启动，命令如下。

```
sudo systemctl enable smbd
```

命令运行结果如图 4 - 10 所示。

```
long@userver:~$ sudo systemctl enable smbd
Synchronizing state of smbd.service with SysV service script with /lib/systemd/systemd-sysv-install.
Executing: /lib/systemd/systemd-sysv-install enable smbd
```

图 4 - 10　设置开机自启动

【任务评价】

评价内容	评价标准参考	参考分	得分

1. 在终端执行 " ping www. baidu. com" 命令	`long@userver:~$ ping www.baidu.com`
	`PING www.baidu.com (36.155.132.76) 56(84) bytes of data.`
	`64 bytes from 36.155.132.76 (36.155.132.76): icmp_seq=1 ttl=128 time=28.5 ms`
	`64 bytes from 36.155.132.76 (36.155.132.76): icmp_seq=2 ttl=128 time=29.0 ms`
	`64 bytes from 36.155.132.76 (36.155.132.76): icmp_seq=3 ttl=128 time=34.2 ms`
		30	

2. 在终端执行 "sudo systemctl status smbd" 命令	`long@userver:~$ sudo systemctl status smbd`
	`● smbd.service - Samba SMB Daemon`
	`   Loaded: loaded (/lib/systemd/system/smbd.servic`
	`   Active: active (running) since Thu 2024-08-08 0`
	`     Docs: man:smbd(8)`
	`           man:samba(7)`
	`           man:smb.conf(5)`
	` Main PID: 4585 (smbd)`
	`   Status: "smbd: ready to serve connections..."`
		50	

3. 在终端执行 "sudo systemctl enable smbd" 命令	`long@userver:~$ sudo systemctl enable smbd`
	`Synchronizing state of smbd.service with SysV service script`
	`Executing: /lib/systemd/systemd-sysv-install enable smbd`
		20	

【相关知识】

Samba 是一个自由软件实现的 SMB/CIFS 协议的套件，最早由 Andrew Tridgell 在 1991 年开发。其主要功能是允许 UNIX 和 Linux 共享文件和打印机服务给 Windows 客户端，以及提供与 Windows 服务器的互操作性。Samba 的开发使非 Windows 操作系统能够与 Windows 网络实现无缝集成，从而大大提高了跨平台网络环境中的资源共享效率。

Samba 的应用场景如下。①文件共享：Samba 常用于在 Linux 服务器中设置文件共享服务，使 Windows、Linux 和 macOS 客户端能够方便地访问和共享文件。②打印共享：Samba 可以被配置为打印服务器，使不同操作系统的用户能够共享网络打印机。③域控制器：Samba 可以作为主域控制器（PDC）或备份域控制器（BDC），提供用户认证和组策略管理功能。④跨平台网络集成：在混合操作系统的网络环境中，Samba 可以实现文件和资源的无缝共享，提高工作效率。⑤备份与存储：Samba 可以作为集中式存储和备份解决方案，方便不同操作系统的用户存储和检索数据。

任务 2　配置与实现文件共享

【任务分析】

本任务创建独立的部门共享空间和公共共享目录。

（1）创建用户组和用户。根据某公司部门架构，创建设计部（design）和开发部

（development）的用户组，并为每个部门创建测试用户。

（2）创建和配置公共共享目录。在服务器中为设计部和开发部分别创建独立的部门共享空间 "/mnt/design" 和 "/mnt/development"，并创建一个公共共享目录 "/mnt/public"。设置相应的目录权限，确保部门内部的文件只有部门成员可以访问，公共共享目录允许所有用户读取，但不允许写入。

（3）配置 Samba 共享。编辑 Samba 配置文件，将上述创建的公共共享目录添加到 Samba 配置文件中，并设置相应的访问控制策略，确保公共共享目录的权限配置符合需求。

（4）验证和测试共享配置。启动并测试 Samba 服务器，确保不同用户和组的访问权限符合预期，并能够正常访问和操作公共共享目录中的文件。

【任务准备】

（1）已成功安装并运行 Samba 服务的 Linux 服务器（Samba 服务器）。

（2）创建用于测试的用户和组。

【任务实施】

（1）创建公共共享目录，准备测试文件。

创建相应的文件夹，命令如下。

```
sudo mkdir /mnt/design
sudo mkdir /mnt/development
sudo mkdir /mnt/public
```

创建相应的测试文件，命令如下。

```
cd /mnt/design
#在文档中输入内容
echo "this is the department of design" |sudo tee -a design_test.txt
cd /mnt/development
#在文档中输入内容
echo "this is the department of development" |sudo tee -a development_test.txt
cd /mnt/public
#在文档中输入内容
echo "this is the public areas" |sudo tee -a public_test.txt
```

（2）备份默认配置文件，命令如下。

```
sudo cp /etc/samba/smb.conf /etc/samba/smb.conf.bak
```

（3）创建相关组与用户——设计部测试用户和组、开发部测试用户和组，并添加相应的 Samba 账户。

创建组，命令如下。

```
sudo groupadd design
sudo groupadd development
```

创建用户并添加到相应的组中，命令如下。

```
sudo useradd -g design alice
sudo useradd -g development bob
```

设置账户和密码，密码自行设定，命令如下。

```
sudo passwd alice
sudo passwd bob
```

命令运行结果如图 4-11 所示。

```
long@userver:/mnt/public$ sudo passwd alice
New password:
Retype new password:
passwd: password updated successfully
long@userver:/mnt/public$ sudo passwd bob
New password:
Retype new password:
passwd: password updated successfully
```

图 4-11   设置账户和密码

添加相应的 Samba 账户，命令如下。

```
sudo smbpasswd -a alice
sudo smbpasswd -a bob
```

命令运行结果如图 4-12 所示。

```
long@userver:/mnt/public$ sudo smbpasswd -a alice
New SMB password:
Retype new SMB password:
Added user alice.
long@userver:/mnt/public$ sudo smbpasswd -a bob
New SMB password:
Retype new SMB password:
Added user bob.
```

图 4-12   添加 Samba 账户

（4）设置公共共享目录的本地系统权限，命令如下。

```
#chgrp 将原来由 root 创建的 /mnt/design 目录更改为 design 组所属
sudo chgrp design /mnt/design
#chgrp 将原来由 root 创建的 /mnt/development 目录更改为 development 组所属
sudo chgrp development /mnt/development
#0 表示其他用户(除 root 和本组用户)无任何权限,以隔离访问服务器上的资源
sudo chmod 770 /mnt/design
sudo chmod 770 /mnt/development
#公共区域可访问
sudo chmod -R 775 /mnt/public
```

命令运行结果如图 4-13 所示。

```
long@userver:/mnt$ ll
total 20
drwxr-xr-x  5 root root        4096 Aug 11 02:03 ./
drwxr-xr-x 19 root root        4096 Aug 26  2023 ../
drwxrwx---  2 root design      4096 Aug 11 01:49 design/
drwxrwx---  2 root development 4096 Aug 11 01:53 development/
drwxrwxr-x  2 root root        4096 Aug 11 02:03 public/
```

图 4-13   设置公共共享目录的本地系统权限

（5）修改配置文件，命令如下。

```
sudo vim /etc/samba/smb.conf
```

在配置文件后面添加以下内容。

```
[public]
    comment = Public
    path = /mnt/public
    browseable = yes
    guest ok = yes
    public = yes
[design]
    comment = design
    path = /mnt/design
    writable = yes
    browseable = yes
    valid users = @ design
[development]
    comment = development
    path = /mnt/development
    writable = yes
    browseable = yes
    valid users = @ development
```

小贴士

　　配置完成后可通过直接运行 testparm 命令验证 Samba 配置文件的语法是否正确。

（6）重启 Samba 服务器，命令如下。

```
sudo systemctl restart smbd
```

（7）进行 Windows 客户端测试。

小贴士

　　如果 Samba 客户端是 Windows 10 操作系统，则先安装 SMB 1.0/CIFS 客户端，如图 4 – 14 所示。

　　在地址栏中直接输入 UNC 路径，其中的 IP 地址为虚拟机的 IP 地址，如图 4 – 15 所示。选择文件夹，输入前面配置的 Samba 账户"alice"和"bob"，验证读写权限。对于"public"文件夹，普通用户可以读取数据，但是不能进行写操作，否则会出现图 4 – 16 所示的写入失败警告。

　　（8）进行 Linux 客户端测试。

　　选取另一台 Linux 虚拟机作为客户端，命令如下。

```
sudo apt install smbclient
```

Linux 客户端连接 Samba 服务器，命令如下。

```
smbclient -L 192.168.200.129
```

命令运行结果如图 4 - 17 所示。

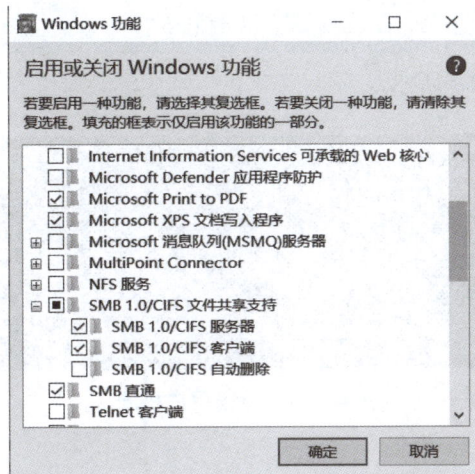

图 4 - 14　安装 SMB 1.0/CIFS 客户端

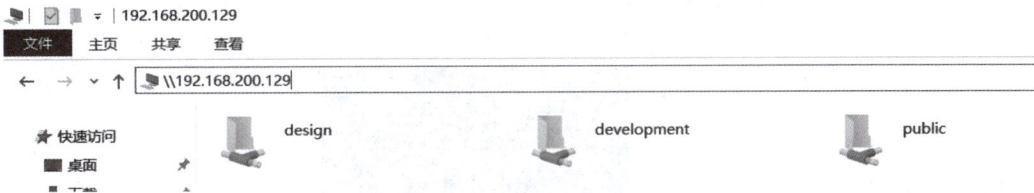

图 4 - 15　Windows 客户端测试

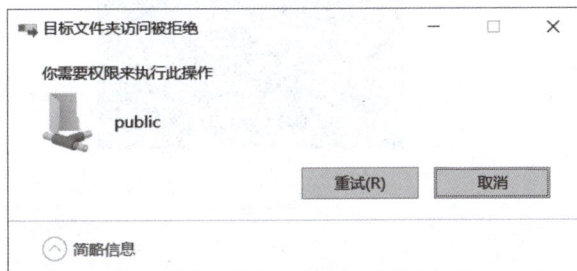

图 4 - 16　写入失败警告

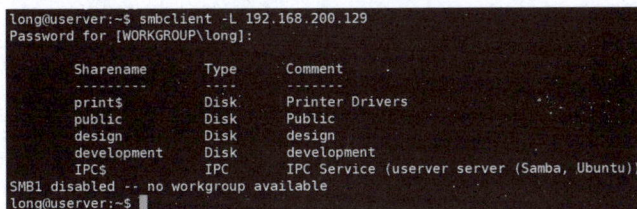

图 4 - 17　查看共享资源

小贴士

Linux 客户端连接 Samba 服务器后, 可以通过输入 "help" 获取相关命令的用法。

验证用户权限, 命令如下。

```
smbclient //192.168.200.129/design -U alice
```

命令运行结果如图 4-18 所示。

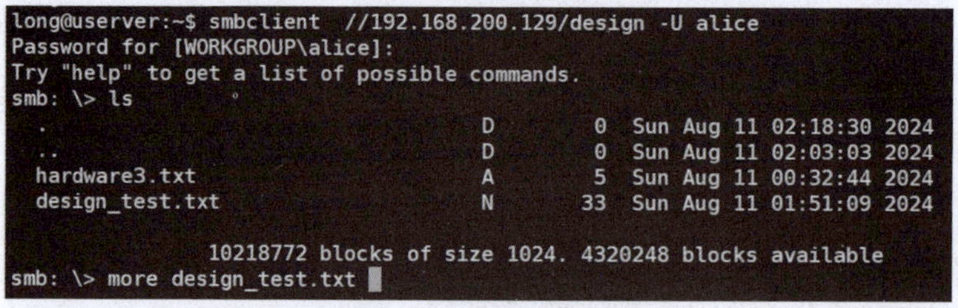

图 4-18　验证用户权限

【任务评价】

评价内容	评价标准参考	参考分	得分
1. 用 testparm 命令验证 Samba 配置文件的语法是否正确	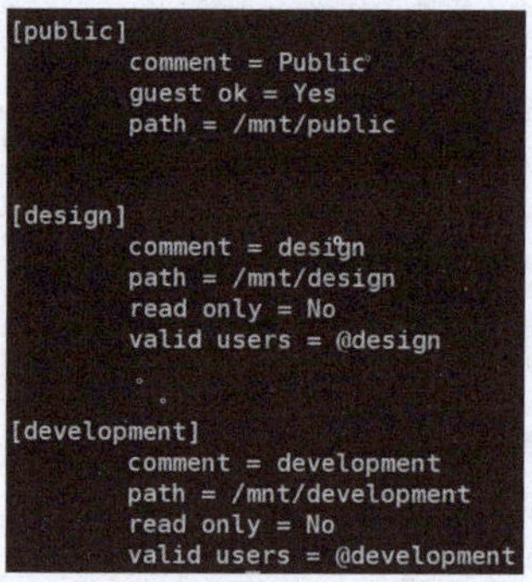	50	
2. 通过不同的客户端对文件读取操作进行验证: 从 Windows 操作系统中打开 "samba" 文件夹中的文档, 查看文档内容	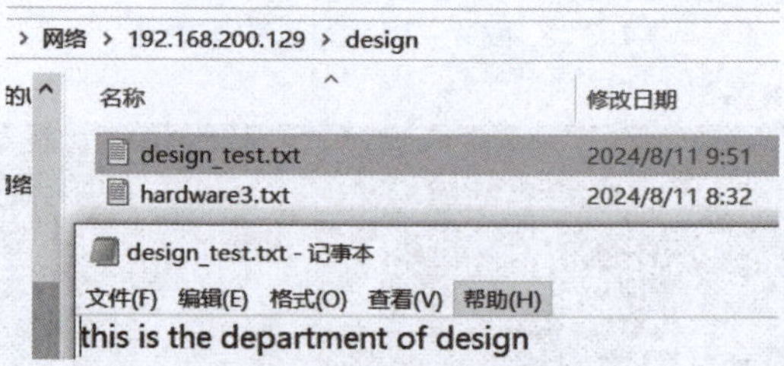	25	

续表

评价内容	评价标准参考	参考分	得分
3. 通过不同的客户端对文件写入操作进行验证：从 Windows 操作系统中复制 TXT 文档到"samba"文件夹中		25	

【相关知识】

Samba 的主要配置文件是"/etc/samba/smb. conf"，它控制着 Samba 服务器的行为，包括共享资源、权限设置、网络配置等。该文件分为多个部分，常见的部分如下。

（1）［global］：全局设置，影响整个 Samba 服务器的行为，例如工作组名称（workgroup）、服务器描述（server string）、安全模式（security）等。

（2）［share］：共享资源定义，每个共享目录对应一个部分，这里定义了共享目录的路径、访问权限、有效用户等。

常见的 Samba 测试与故障排除方法如下。

（1）验证 Samba 配置。使用 testparm 命令检查"/etc/samba/smb. conf"文件的语法和配置是否正确：

```
testparm
```

（2）检查 Samba 服务器状态。使用 systemctl 命令检查 Samba 服务器是否正在运行：

```
sudo systemctl status smbd
```

（3）测试共享。使用 smbclient 命令连接到 Samba 共享，测试访问权限和资源可用性：

```
smbclient //server_ip/share_name -U username
```

（4）检查日志文件。在 Ubuntu 20.04 中，Samba 的日志文件通常位于"/var/log/samba/"目录下。如果出现问题，则可以查看这些日志文件以获取详细的错误信息。

项目 2　MQTT 代理服务器的安装与使用

项目描述

在 IT 学员的技术培训中，龙师傅介绍了某公司的一些物联网项目，这些项目需要将物联网设备采集的数据传输到网页或手机 App 中，同时，网页或手机 App 也可以发送指令控制指定的物联网设备，其中的信息通信可使用 MQTT 协议实现。MQTT 是一种轻量级的消息传输协议，以其独特的发布/订阅模式、可靠、易于实现和跨平台支持等特点，广泛应用于物联网和传感器网络中。MQTT 代理服务器作为消息传输的中转站，负责消息的接收、分发和存储，是构建 MQTT 通信系统的关键组件。为了让 IT 学员了解 MQTT 如何在物联网应用中提供可靠的消息传输服务，龙师傅布置了一个实践项目：搭建一个 MQTT 代理服务器，并进行相关的测试和使用，体验 MQTT 为物联网应用提供的可靠消息传输服务。

项目分析

本项目旨在搭建一个 MQTT 代理服务器，通过安装、配置和使用，了解 MQTT 的工作原理和实际应用，实现物联网设备之间高效、可靠的消息传输。本项目的主要任务包括 MQTT 代理服务器安装、配置与使用等。

（1）MQTT 代理服务器的安装：下载与安装 mosquitto 和 mosquitto 客户端，启动 mosquitto 服务。

（2）MQTT 代理服务器的配置：配置防火墙，开放 MQTT 监听端口 1883，配置 MQTT 连接用户名和密码认证。

（3）MQTT 代理服务器的使用：安装 MQTT 客户端软件 MQTTBox，配置连接参数，发布与订阅消息。

项目任务分解

根据项目分析结果，可以把本项目分解为图 4-19 所示的 2 个任务。

图 4-19 "MQTT 代理服务器的安装与使用" 项目任务分解

项目2 MQTT代理服务器的安装与使用
任务1 安装与启动MQTT代理服务器
任务2 测试与使用MQTT代理服务器

项目目标

知识目标

（1）熟练掌握 Linux 操作系统在线安装软件的方法和步骤。

（2）进一步学习并掌握 Linux 操作系统的相关操作命令。

（3）进一步学习并掌握 systemctl 命令的使用方法。

技能目标

（1）能在线安装 mosquitto 和 mosquitto 客户端。

（2）能正确完成 MQTT 的相关配置。

（3）能正确使用 systemctl 命令进行服务状态查看、重启服务等操作。

素质目标

（1）提高实践能力和自主学习能力。

（2）提升在实操中解决问题的能力和团队协作能力。

任务 1　安装与启动 MQTT 代理服务器

【任务分析】

物联网设备的数据采集与设备控制可以采用 MQTT 协议，可以在云主机或者虚拟机中安装 MQTT 代理服务器，物联网设备和网页、手机 App 可以通过 MQTT 代理服务器订阅和发布消息，进行设备控制和传感器数据采集。本任务以云主机为例演示 MQTT 代理服务器的安装与启动，Ubuntu 20.04 服务器版虚拟机的操作步骤与云主机基本一致。可以根据实际情况，自行选择使用云主机或者 Ubuntu 20.04 服务器版虚拟机安装 MQTT 代理服务器。

【任务准备】

在云主机中安装 Ubuntu 20.04 服务器版操作系统。

【任务实施】

1. 安装 mosquitto 和 mosquitto 客户端

使用 Xshell 连接 sudo 用户"ubuntu"登录云主机，并使用 apt – get 命令安装 mosquitto 和 mosquitto 客户端，安装命令如下，命令运行结果如图 4 – 20 所示。

```
sudo apt –get install mosquitto mosquitto –clients
```

```
ubuntu@VM-4-10-ubuntu:~$ sudo apt-get install mosquitto mosquitto-clients
Reading package lists... Done
Building dependency tree
Reading state information... Done
The following additional packages will be installed:
  libc-ares2 libev4 libmosquitto1 libuv1 libwebsockets8
The following NEW packages will be installed:
  libc-ares2 libev4 libmosquitto1 libuv1 libwebsockets8 mosquitto mosquitto-clients
0 upgraded, 7 newly installed, 0 to remove and 73 not upgraded.
Need to get 233 kB/381 kB of archives.
After this operation, 1,117 kB of additional disk space will be used.
Do you want to continue? [Y/n] y
Get:1 http://mirrors.tencentyun.com/ubuntu bionic-security/main amd64 libc-ares2 amd64 1
.14.0-1ubuntu0.2 [37.5 kB]
Get:2 http://mirrors.tencentyun.com/ubuntu bionic-security/universe amd64 libmosquitto1
amd64 1.4.15-2ubuntu0.18.04.3 [32.9 kB]
Get:3 http://mirrors.tencentyun.com/ubuntu bionic/main amd64 libuv1 amd64 1.18.0-3 [64.4
 kB]
Get:4 http://mirrors.tencentyun.com/ubuntu bionic/universe amd64 libev4 amd64 1:4.22-1 [
26.3 kB]
Get:5 http://mirrors.tencentyun.com/ubuntu bionic/universe amd64 libwebsockets8 amd64 2.
0.3-3build1 [71.8 kB]
Fetched 233 kB in 0s (1,560 kB/s)
Selecting previously unselected package libc-ares2:amd64.
```

图 4 – 20　在云主机中安装 mosquitto 和 mosquitto 客户端

如果出现安装报错，需要重新安装 mosquitto 和 mosquitto 客户端的情况，则先运行卸载命令，再重新运行安装命令。卸载命令如下。

```
sudo apt - get autoremove mosquitto mosquitto - clients
```

MQTT 的监听端口默认为 1883，需要在云主机的防火墙中添加允许 1883 端口访问的安全组规则，如图 4 – 21 所示。

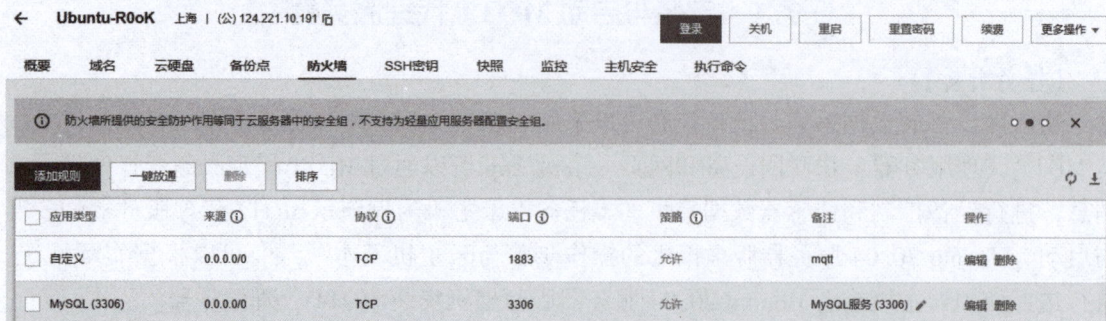

图 4 – 21   在云主机的防火墙中添加允许 1883 端口访问的安全组规则

如果云主机中有开放防火墙（ufw），则需要同步允许端口 1883 的访问，命令如下。

```
sudo ufw allow 1883
```

2. 查看 mosquitto 服务状态

在默认情况下，Ubuntu 操作系统会在 mosquitto 安装成功后自动启动 mosquitto 服务，查看 mosquitto 服务状态的命令如下，命令运行结果如图 4 – 22、图 4 – 23 所示。

```
systemctl status mosquitto.service
```

或

```
service mosquitto status
```

🗒️**小贴士**

结束服务状态查看的快捷键为 "Ctrl + C"。

图 4 – 22   在云主机中使用 systemctl 命令查看 mosquitto 服务状态

```
ubuntu@VM-4-10-ubuntu:~$ service mosquitto status
● mosquitto.service - LSB: mosquitto MQTT v3.1 message broker
   Loaded: loaded (/etc/init.d/mosquitto; generated)
   Active: active (running) since Tue 2024-08-13 14:39:43 CST; 23min ago
     Docs: man:systemd-sysv-generator(8)
    Tasks: 1 (limit: 2308)
   CGroup: /system.slice/mosquitto.service
           └─14099 /usr/sbin/mosquitto -c /etc/mosquitto/mosquitto.conf

Aug 13 14:39:43 VM-4-10-ubuntu systemd[1]: Starting LSB: mosquitto MQTT v3.1 message bro
Aug 13 14:39:43 VM-4-10-ubuntu mosquitto[14093]:  * Starting network daemon: mosquitto
Aug 13 14:39:43 VM-4-10-ubuntu mosquitto[14093]:    ...done.
Aug 13 14:39:43 VM-4-10-ubuntu systemd[1]: Started LSB: mosquitto MQTT v3.1 message brok
lines 1-12/12 (END)
```

图 4－23　在云主机中使用 service 命令查看 mosquitto 服务状态

3. 停止/开启 mosquitto 服务（使用时保持开启状态）

1）停止及查看 mosquitto 服务状态

停止 mosquitto 服务的命令如下。

```
sudo systemctl stop mosquitto.service
```

命令运行结果如图 4－24 所示。

```
ubuntu@VM-4-10-ubuntu:~$ sudo systemctl stop mosquitto.service
ubuntu@VM-4-10-ubuntu:~$ systemctl status mosquitto.service
● mosquitto.service - LSB: mosquitto MQTT v3.1 message broker
   Loaded: loaded (/etc/init.d/mosquitto; generated)
   Active: inactive (dead) since Tue 2024-08-13 15:20:13 CST; 15s ago
     Docs: man:systemd-sysv-generator(8)
  Process: 30688 ExecStop=/etc/init.d/mosquitto stop (code=exited, status=0/SUCCESS)
    Tasks: 0 (limit: 2308)
   CGroup: /system.slice/mosquitto.service

Aug 13 14:39:43 VM-4-10-ubuntu systemd[1]: Starting LSB: mosquitto MQTT v3.1 message bro
Aug 13 14:39:43 VM-4-10-ubuntu mosquitto[14093]:  * Starting network daemon: mosquitto
Aug 13 14:39:43 VM-4-10-ubuntu mosquitto[14093]:    ...done.
Aug 13 14:39:43 VM-4-10-ubuntu systemd[1]: Started LSB: mosquitto MQTT v3.1 message brok
Aug 13 15:20:13 VM-4-10-ubuntu systemd[1]: Stopping LSB: mosquitto MQTT v3.1 message bro
Aug 13 15:20:13 VM-4-10-ubuntu mosquitto[30688]:  * Stopping network daemon: mosquitto
Aug 13 15:20:13 VM-4-10-ubuntu mosquitto[30688]:    ...done.
Aug 13 15:20:13 VM-4-10-ubuntu systemd[1]: Stopped LSB: mosquitto MQTT v3.1 message brok
lines 1-16/16 (END)
```

图 4－24　云主机停止及查看 mosquitto 服务状态

2）启动及查看 mosquitto 服务状态

启动 mosquitto 服务的命令如下。

```
sudo systemctl start mosquitto.service
```

命令运行结果如图 4－25 所示。

```
ubuntu@VM-4-10-ubuntu:~$ sudo systemctl start mosquitto.service
ubuntu@VM-4-10-ubuntu:~$ systemctl status mosquitto.service
● mosquitto.service - LSB: mosquitto MQTT v3.1 message broker
   Loaded: loaded (/etc/init.d/mosquitto; generated)
   Active: active (running) since Tue 2024-08-13 15:25:24 CST; 4s ago
     Docs: man:systemd-sysv-generator(8)
  Process: 32763 ExecStop=/etc/init.d/mosquitto stop (code=exited, status=0/SUCCESS)
  Process: 346 ExecStart=/etc/init.d/mosquitto start (code=exited, status=0/SUCCESS)
    Tasks: 1 (limit: 2308)
   CGroup: /system.slice/mosquitto.service
           └─352 /usr/sbin/mosquitto -c /etc/mosquitto/mosquitto.conf

Aug 13 15:25:24 VM-4-10-ubuntu systemd[1]: Starting LSB: mosquitto MQTT v3.1 message bro
Aug 13 15:25:24 VM-4-10-ubuntu mosquitto[346]:  * Starting network daemon: mosquitto
Aug 13 15:25:24 VM-4-10-ubuntu mosquitto[346]:    ...done.
Aug 13 15:25:24 VM-4-10-ubuntu systemd[1]: Started LSB: mosquitto MQTT v3.1 message brok
lines 1-14/14 (END)
```

图 4－25　云主机启动及查看 mosquitto 服务状态

【任务评价】

评价内容	评价标准参考	参考分	得分
1. 安装 mosquitto 和 mosquitto 客户端	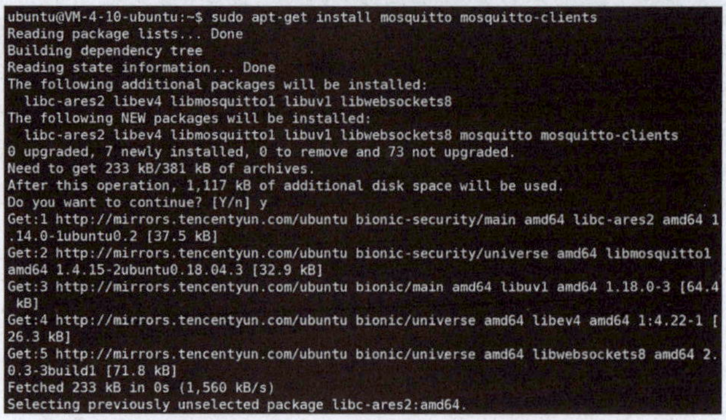	20	
2. 配置云主机防火墙端口 1883 的安全组规则	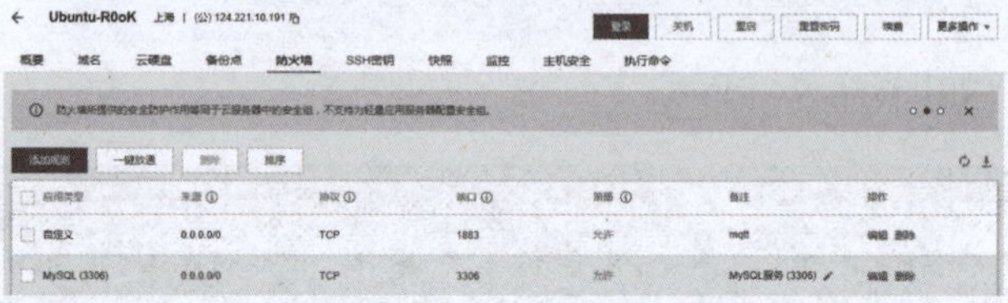	20	
3. 云主机停止及查看 mosquitto 服务状态	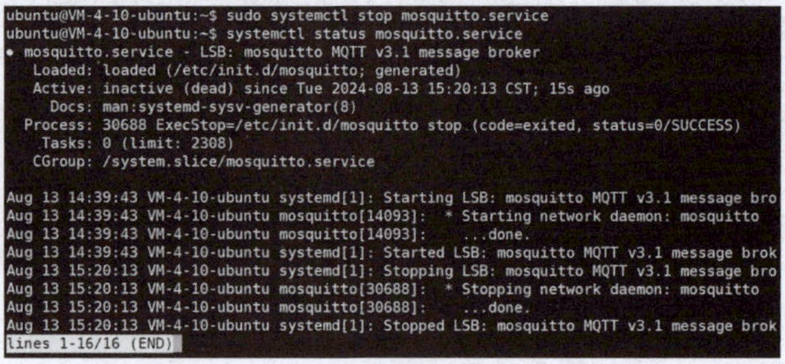	30	
4. 云主机启动及查看 mosquitto 服务状态	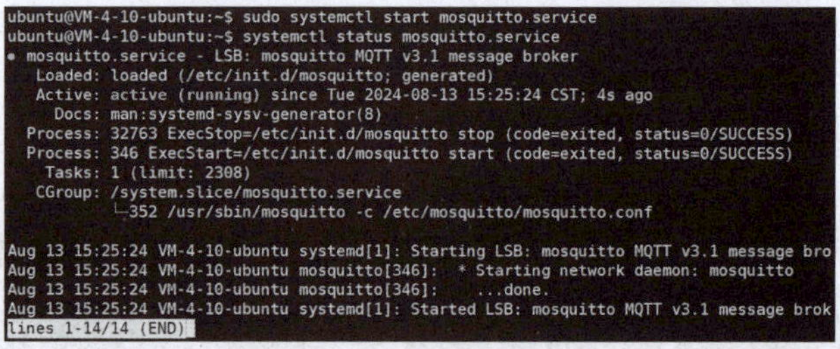	30	

【相关知识】

　　MQTT 是一种轻量级的、基于发布/订阅模式的消息传输协议，在 TCP/IP 协议族上提供一对多的消息发布服务，广泛应用于物联网等领域，特别适用于硬件性能低下的远程设备以及带宽低、网络状况不佳的情况，具有轻量、可靠、跨平台支持和易于实现等特点。

MQTT 的使用主要包括发布者、代理服务器（Broker）和订阅者 3 部分，其采用发布/订阅模式，实现发布者和订阅者之间的解耦。发布者指定消息的主题，将消息发布到 MQTT 代理服务器上。订阅者通过订阅相应的主题，从 MQTT 代理服务器接收消息。MQTT 代理服务器作为中间件，负责存储消息并将其分发给所有订阅了该主题的订阅者。

MQTT 支持 3 种消息发布服务质量（QoS）级别，以确保消息的可靠传输。QoS 0 表示最多一次传输，QoS 1 表示至少一次传输，QoS 2 表示仅一次传输。

1. MQTT 的优点

（1）轻量级。MQTT 设计简洁，消息头部较小，数据包开销小，适合在资源受限的物联网设备和低带宽网络环境中使用。这种轻量级特性有助于节省带宽和能源消耗，提高传输效率。

（2）易于实现。MQTT 的核心功能较少，只包括几个基本的操作，因此易于开发和部署。开发者可以使用多种编程语言和平台实现 MQTT 客户端和服务器，便于集成到现有的系统中。

（3）可靠性。MQTT 支持 3 种不同的 QoS 级别，分别是 QoS 0（最多一次）、QoS 1（至少一次）和 QoS 2（仅一次）。这允许根据实际需求选择合适的 QoS 级别，确保消息的可靠传输。同时，MQTT 使用 TCP 进行可靠的消息传输，确保消息的及时到达和顺序传输。

（4）异步通信。MQTT 支持异步通信模式，客户端可以通过订阅主题来接收感兴趣的消息，而不需要主动请求。这种机制使 MQTT 非常适用于实时通信和事件驱动的应用场景。

（5）灵活性。MQTT 支持多种消息发布和订阅模式，可以根据需求进行灵活配置。同时，MQTT 还支持消息的保留和持久化，可以确保消息在断线重连后仍然可用。

（6）广泛支持。MQTT 得到了广泛的支持和应用，拥有众多的开源实现和商业产品。这使开发者可以轻松地将其集成到现有的系统中，并使其与其他物联网设备和平台进行互操作。

（7）低功耗。MQTT 专为低功耗目标设计，当数据不变时不需要发送消息，从而节省带宽和电量。这对于电池供电的物联网设备尤为重要。

（8）安全性。MQTT 提供了多种安全机制，包括 TLS/SSL 加密、用户名/密码认证等，以确保数据在传输过程中的安全性和保密性。

2. MQTT 的缺点

（1）不适合大量数据传输。由于 MQTT 是轻量级协议，其消息体大小受到限制，所以不适合传输大量数据。在处理大量数据时，可能需要考虑其他更合适的协议。

（2）需要专门的代理服务器。为了使用 MQTT，需要一个专门的代理服务器来处理消息传输。这可能增加系统的复杂性，并需要额外的资源来部署和维护代理服务器。

（3）QoS 等级影响性能。使用高 QoS 等级会增加延迟和网络负载，因此必须仔细选择 QoS 等级以平衡可靠性和性能。

（4）不支持广播消息。MQTT 基于发布/订阅模式，不支持广播消息。这限制了其在某些需要广播通信的场景中的应用。

（5）不支持推送通知。作为异步通信协议，MQTT 不支持从服务器主动推送消息给客户端。如果需要实现推送功能，可能需要结合其他协议或机制。

（6）SDK 和集成限制。不同异构终端需要对应的 SDK 包以实现互连互通。此外，MQTT 与基于传统的 HTTP 的 Web 服务器之间的集成可能较为困难，需要额外的开发工作。

（7）不支持负载均衡和用户管理端口。MQTT 本身不支持负载均衡和用户管理端口，这在进行设备的行为数据分析时可能是一个限制。为了防止高并发和恶意攻击，可能需要额外的负载均衡服务器和用户管理机制。

（8）不支持离线消息。设备离线后，MQTT 服务器对设备的控制信息可能会丢失。这可能需要额外的机制来确保离线消息的可靠传输。

总的来说，MQTT 因其优势在物联网领域得到了广泛的应用，随着物联网技术的不断发展，其应用前景将更加广阔，但 MQTT 也存在一些限制和缺点。在选择是否使用 MQTT 时，需要根据具体的应用场景和需求进行权衡。

任务 2　测试与使用 MQTT 代理服务器

【任务分析】

一个完整的 MQTT 示例包括代理服务器、发布者和订阅者。订阅者在 MQTT 客户端订阅指定主题的消息，发布者在同一 MQTT 代理服务器的客户端发布指定主题的消息，订阅者如果能收到该消息，即表示该 MQTT 代理服务器能正常工作。可以使用 MQTTBox 新建 MQTT 客户端进行测试。

【任务准备】

（1）在云主机中成功安装并启动 mosquitto 服务。

（2）在本地计算机成功安装 "MQTTBox – win. exe"。

【任务实施】

1. 测试

（1）测试分为以下几个步骤。

①启动 mosquitto 服务（在上一个任务中已完成，这里可检查并确认 mosquitto 服务状态为 active）。

②新建或配置 MQTT 客户端（这里用 MQTTBox 完成，需先安装 "MQTTBox – win. exe"）。

③订阅者订阅指定主题的消息。

④发布者发布指定主题的消息。

⑤MQTT 代理服务器把指定主题的消息推送到订阅者（订阅者收到指定主题的消息）。

（2）打开 MQTTBox，新建 MQTT 客户端，设置如下。

①MQTT Client Name：MQTT 客户端名称，可任意设置，最好有意义。

②MQTT Client Id：MQTT 客户端 ID，可单击刷新按钮，以保证 MQTT 客户端 ID 的唯一性。

③Protocol：协议，选择 "mqtt/tcp" 选项。

④Host：主机/服务器，设置为 "mosquitto 服务器端的虚拟机或云主机的 IP 地址：1883"。

这里以云主机的 MQTT 代理服务器为例,使用 MQTTBox 创建 MQTT 客户端(如图 4 - 26 所示),使用云主机公网 IP 地址进行 MQTT 连接设置,MQTTBox 客户端设置结果如图 4 - 27 所示。

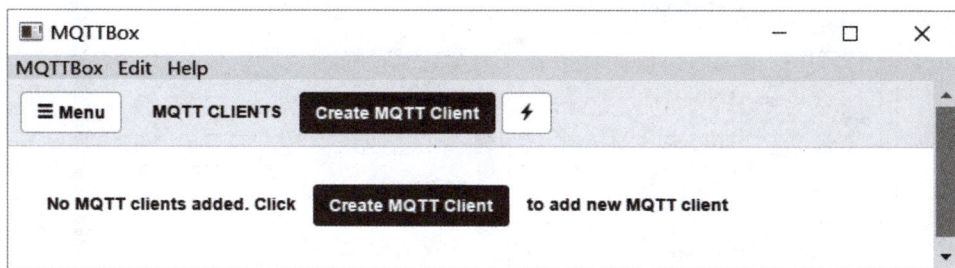

图 4 - 26　使用 MQTTBox 创建 MQTT 客户端界面

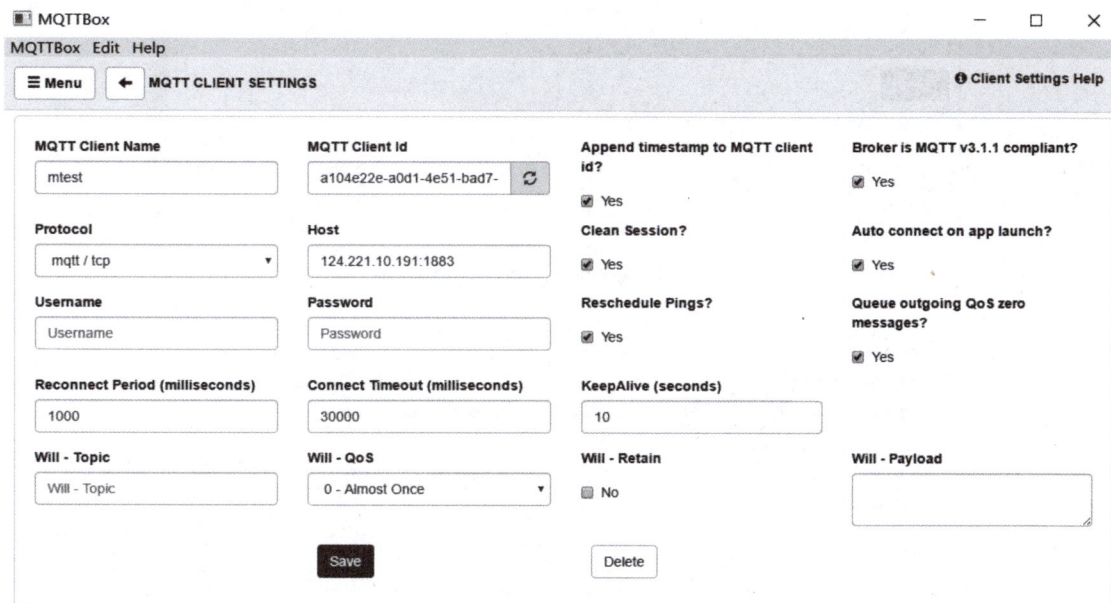

图 4 - 27　MQTTBox 客户端设置结果

设置完成后,单击"Save"按钮进行保存,连接成功则 MQTTBox 客户端窗口显示绿色"Connected"标识 ,如图 4 - 28 所示。

连接成功后,尝试进行 MQTT 消息的发布与订阅测试,步骤如下。

①在"Topic to publish"框中发布话题"control",并在"Payload"框中输入话题信息"open led"。

②在"Topic to subscribe"框中订阅话题"control",并单击"Subscribe"按钮。

③单击"Publish"按钮,发布话题信息,同时订阅端收到信息"open led"。

MQTT 发布话题和订阅话题的过程如图 4 - 29、图 4 - 30 所示。

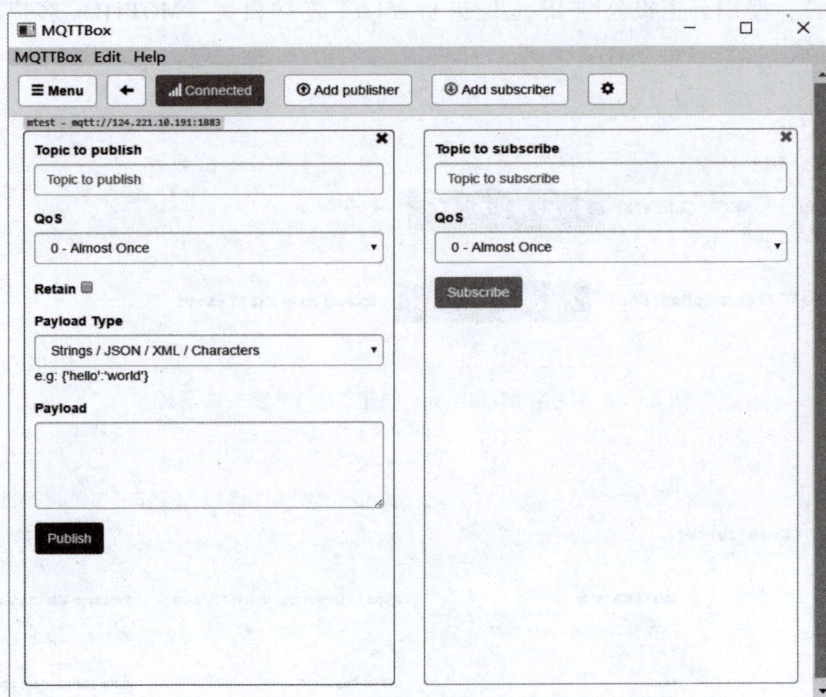

图 4 – 28　MQTT 客户端连接成功

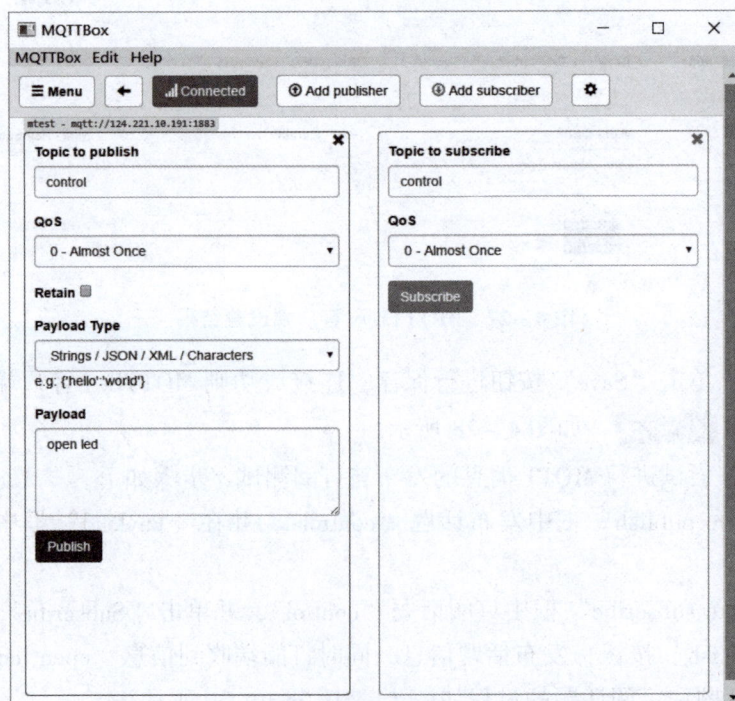

图 4 – 29　MQTT 发布话题和订阅话题设置

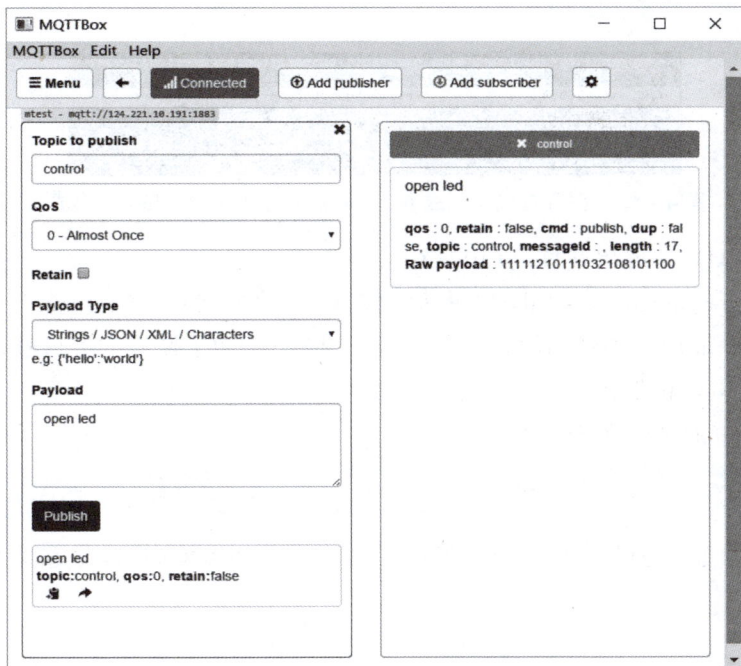

图 4－30　MQTT 话题信息发布与订阅结果

2. 配置 MQTT 连接用户、密码

（1）设置 MQTT 连接用户和密码。

mosquitto 包含 mosquitto_passwd 命令，可用来生成特殊的密码文件。通过 mosquitto_passwd 命令可为指定的用户名设置密码，并把结果保存在"/etc/mosquitto/passwd"目录下。MQTT 的连接用户名可根据需要自行指定为任意大小写的英文名称，使用时注意保持大小写一致即可。这里把用户名、密码均设为"mqtt"，命令如下。

```
sudo mosquitto_passwd -c /etc/mosquitto/passwd mqtt
```

命令运行结果如图 4－31 所示。

图 4－31　在云主机中设置 MQTT 连接用户和密码

（2）为 mosquitto 创建一个新的配置文件"default. conf"。

创建配置文件"default. conf"，用以指定所有连接登录时所需的密码文件，命令如下。

```
sudo nano /etc/mosquitto/conf.d/default.conf
```

上述命令会打开一个新的配置文件，输入以下内容。

```
allow_anonymous false
password_file /etc/mosquitto/passwd
listener 1883
```

命令运行结果如图 4 – 32 所示。

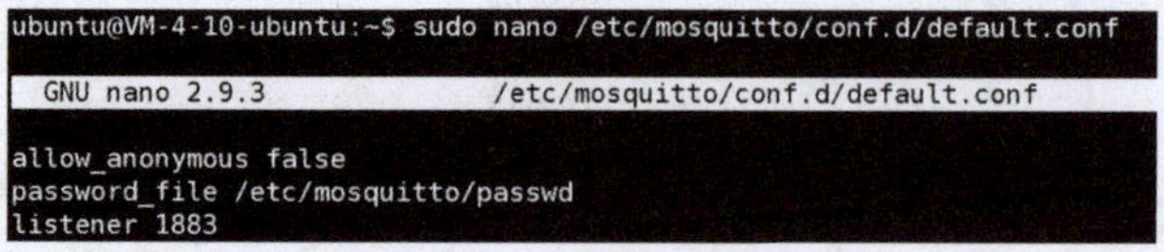

图 4 – 32　在云主机中创建 mosquitto 配置文件"default. conf"

保存（Ctrl + O）并退出文件（Ctrl + X）。

其中，"allow_anonymous false"将禁用未认证的链接；"password_file"一行指定 mosquitto 从何处获取用户和密码信息；"listener 1883"指明了监听的端口号。

（3）重启 mosquitto 服务。

重启 mosquitto 服务的命令如下。

```
sudo systemctl restart mosquitto.service
```

重启成功后，原 MQTT 连接报错，显示红色的"Connection Error"标识，如图 4 – 33 所示。

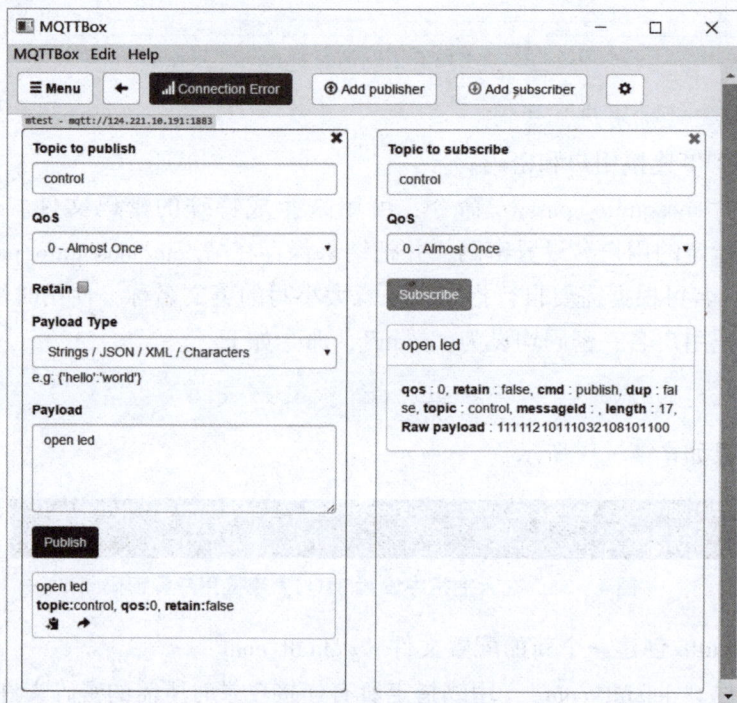

图 4 – 33　MQTT 连接报错

3. 再次测试

为 MQTT 代理服务器设置连接需要的用户名、密码后，原来的连接已不可用，此时，需要单击 按钮，根据上面设置的 MQTT 连接用户名和密码修改 MQTT 连接配置。在"Username"框中输入前面设置的 MQTT 连接用户名"mqtt"，在"Password"框中输入前面设置的 MQTT 连接密码"mqtt"，如图 4 – 34 所示。

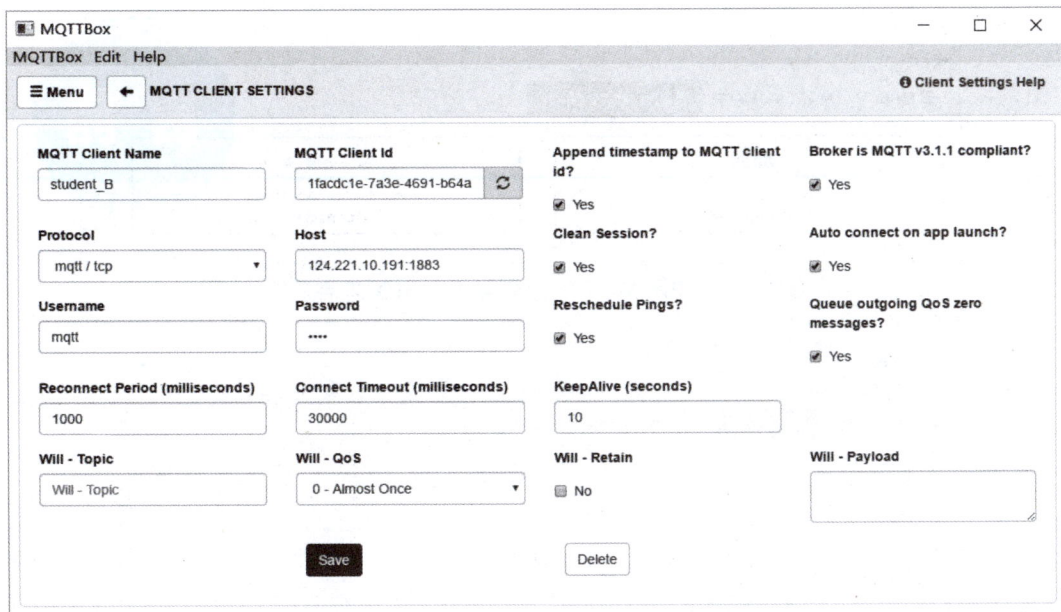

图 4-34　配置 MQTT 连接用户名和密码

保存后回到话题信息订阅/发布页面，客户端显示绿色的"Connected"标识，表示连接成功。最终的 MQTT 话题信息发布与订阅结果如图 4-35 所示。

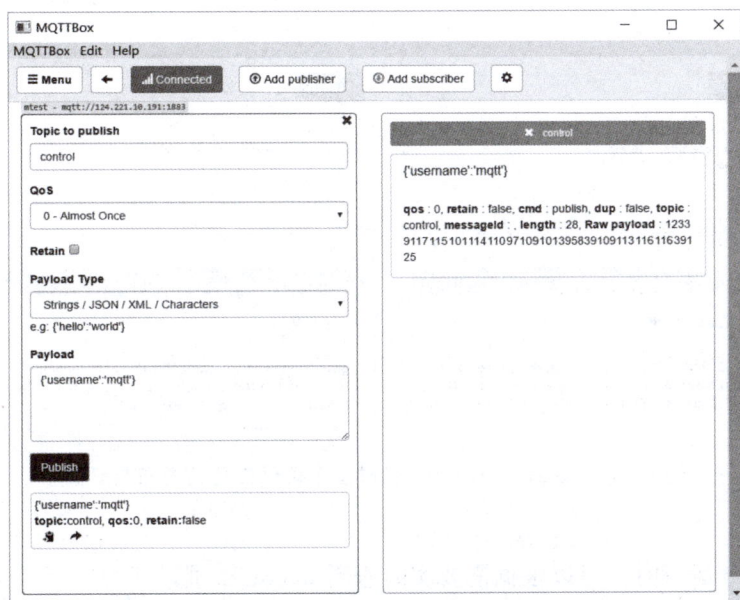

图 4-35　使用指定用户名和密码完成 MQTT 连接并发布订阅话题信息

还可以使用 MQTTBox 创建多个 MQTT 客户端，即在 MQTTBox 首界面单击"Create MQTT Client"按钮新建客户端并进行连接设置，如图 4-36 所示。同时，可以在同一个 MQTT 客户端中通过"Add publisher"按钮和"Add subscriber"按钮完成多个话题信息的发布和订阅，如图 4-37 所示。

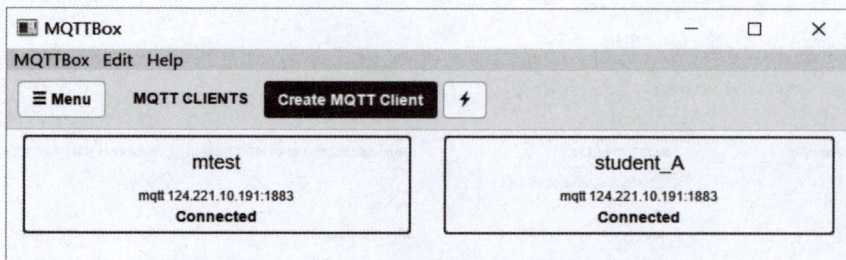

图 4-36 使用 MQTTBox 创建多个 MQTT 客户端

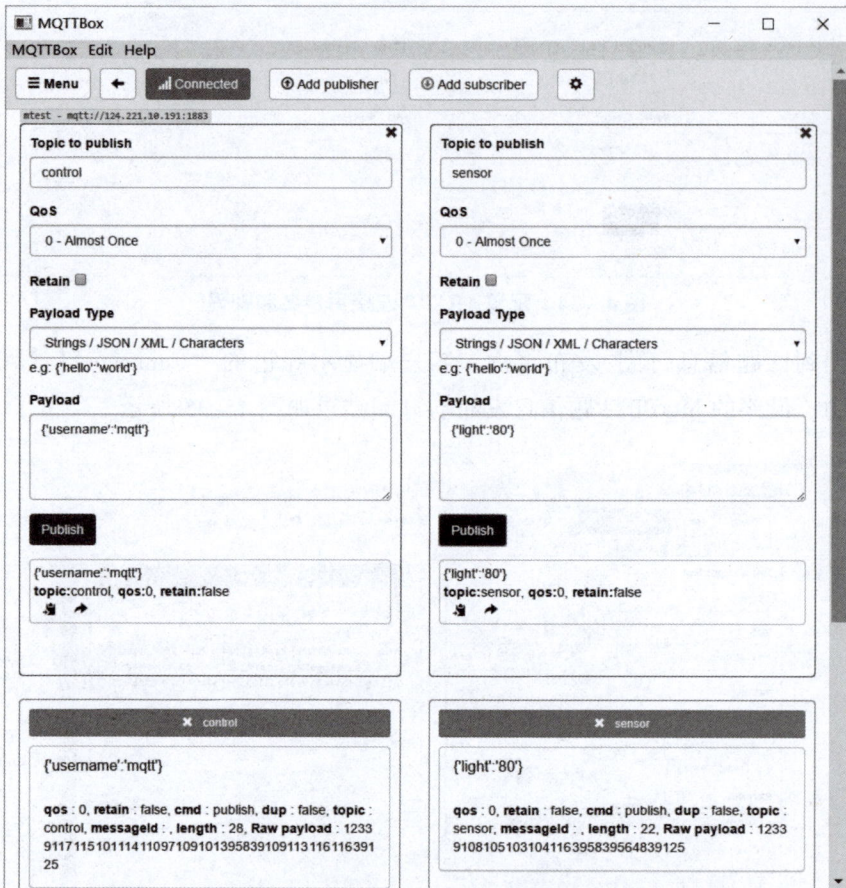

图 4-37 使用 MQTTBox 完成多个话题信息的发布与订阅

4. 日志

mosquitto 服务运行时，可以根据需要实时查看 mosquitto 服务日志，命令如下。

```
sudo tail -f /var/log/mosquitto/mosquitto.log
```

打印 mosquitto 服务日志的命令如下。

```
sudo cat /var/log/mosquitto/mosquitto.log
```

命令运行结果如图 4-38 所示。

```
ubuntu@VM-4-10-ubuntu:~$ sudo tail -f /var/log/mosquitto/mosquitto.log
1723556922: Socket error on client <unknown>, disconnecting.
1723556923: New connection from 117.24.205.143 on port 1883.
1723556923: Socket error on client <unknown>, disconnecting.
1723556924: New connection from 117.24.205.143 on port 1883.
1723556924: Socket error on client <unknown>, disconnecting.
1723556925: New connection from 117.24.205.143 on port 1883.
1723556925: Socket error on client <unknown>, disconnecting.
1723556926: New connection from 117.24.205.143 on port 1883.
1723556926: New client connected from 117.24.205.143 as a104e22e-a0d1-4e51-bad7-62a6eecd
9a181723556927066 (c1, k10, u'iot').
1723558025: Saving in-memory database to /var/lib/mosquitto/mosquitto.db.
```

图 4－38　在云主机中实时查看 mosquitto 服务日志

5. 练习

两个 IT 学员互相发布/订阅话题信息，要求如下。

(1) 已至少安装并配置好一台 MQTT 代理服务器，即安装 mosquitto 服务的虚拟机或云主机。

注意：若使用虚拟机做此练习，则要确保两人的计算机处于相同的网段中，或能访问对方的虚拟机。

(2) 两人使用相同的 MQTT 代理服务器，即在 MQTTBox 中设置“Host”为相同的 IP 地址，连接同一个服务端。

(3) 两人各用一个 MQTT 客户端，MQTT 客户端 ID 不同，即各自的计算机开启 MQTTBox，分配不同的 ID。

(4) A 学员发布话题“atest”，发布内容自拟。

B 学员订阅 A 学员的话题。

(5) B 学员发布话题“btest”，发布内容自拟。

A 学员订阅 B 学员的话题。

(6) 分别测试话题“atest”和“btest”的发布与订阅情况。

【任务评价】

评价内容	评价标准参考	参考分	得分
1. 在 MQTTBox 中使用指定用户名和密码完成 MQTT 连接并发布话题信息	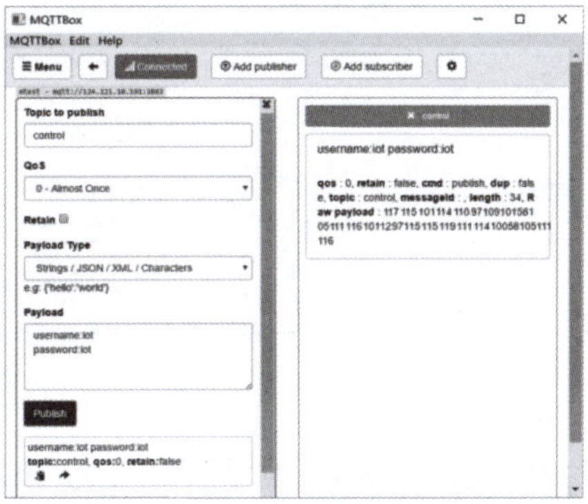	20	

续表

评价内容	评价标准参考	参考分	得分
2. 使用 MQTTBox 完成多个话题信息的发布与订阅		20	
3. 在云主机中实时查看 mosquitto 服务日志		10	
4. 在虚拟机中实时查看 mosquitto 服务日志		10	
5. 两个 IT 学员互相发布/订阅话题信息		40	

【相关知识】

　　MQTTBox 是一款流行的 MQTT 客户端工具，它支持多种平台（如 Windows、Linux、macOS 等）并提供可视化的界面以简化 MQTT 通信的配置和使用。

1. MQTT 客户端基本配置

（1）Client ID：MQTT 客户端的唯一标识符，通常是一个字符串，可手动刷新。

（2）Host：MQTT 服务器的地址，可以是 IP 地址或域名。

（3）Port：MQTT 服务器监听的端口号，默认为 1883（非加密）；如果 MQTT 服务器启用了 SSL/TLS 加密，则可能是 8883 或其他端口。

（4）Username 和 Password（可选）：如果 MQTT 服务器设置要求 MQTT 客户端进行认证，则需要在这里输入 MQTT 连接用户名和密码。

（5）Clean Session：决定 MQTT 客户端是否希望在重新连接时清除之前的会话信息。

（6）KeepAlive：设置心跳间隔，以秒为单位；这是 MQTT 客户端向服务器发送 ping 请求的时间间隔，用于保持连接活跃。

（7）SSL/TLS（可选）：如果 MQTT 服务器启用了 SSL/TLS 加密，则需要在这里配置 SSL/TLS 选项，包括证书文件等。

2. MQTT 客户端高级配置选项

为了满足不同场景的需求，MQTTBox 还提供了以下高级配置选项。

（1）订阅管理：可以配置多个订阅，订阅不同的话题，并设置消息的 QoS 等级。

（2）发布管理：可以配置多个发布，发布消息到指定的话题，并设置消息内容、QoS 等级等。

（3）负载测试：MQTTBox 提供了简单的性能测试功能，可以对 MQTT 服务器的负载进行测试，并通过图表可视化测试结果。

3. 注意事项

（1）防火墙和安全组设置：确保 MQTT 服务器的端口（如 1883，8883 等）已经在防火墙和安全组中开放，以便 MQTTBox 能够成功连接到 MQTT 服务器。

（2）加密和认证：如果 MQTT 服务器要求使用 SSL/TLS 加密和/或用户名/密码认证，则应确保在 MQTTBox 中正确配置了相应选项。

（3）网络问题：如果 MQTTBox 无法连接到 MQTT 服务器，则应检查网络连接是否正常，以及 MQTT 服务器的 IP 地址和端口是否正确。

4. 参考文档和资源

（1）MQTTBox 的官方网站或文档通常会提供详细的安装、配置和使用指南。

（2）可以参考其他用户的使用经验和教程，了解更多关于 MQTTBox 的进阶用法和技巧。

项目 3　FRP 内网穿透

项目描述

在 IT 学员的技术培训中，IT 学员们已经安装部署好自己计算机的 Ubuntu 虚拟机，并可通过 Windows 操作系统使用 Xshell 进行访问。龙师傅介绍，客户有时需要通过外网访问局域网内部的虚拟机，此时可以使用内网穿透技术满足这个功能需求。目前主流的内网穿透技术包括反向代理、端口映射、VPN 以及 FRP 等，可以根据需求和实际情况选择合适的技术进行内网穿透。其中，FRP 是一种功能强大、易于使用的内网穿透解决方案，可轻松实现内网服务的公网访问和远程管理。为了让 IT 学员们学习、体验内网穿透技术，龙师傅以 FRP 为例，布置了一个实践项目：在云主机和虚拟机之间搭建一个 FRP 连接通道，实现通过云主机公网 IP 地址访问局域网内部 Ubuntu 虚拟机的功能。

项目分析

本项目旨在通过学习和使用 FRP 技术，满足外部用户访问局域网内部虚拟机的服务需求。FRP 主要由服务端（frps）和客户端（frpc）两个组件组成，通过部署 frps 和 frpc，在外网服务端和内网客户端之间建立连接通道，利用反向代理的思想，将外部请求转发到内网客户端，实现内、外网之间的互连互通。

（1）服务端（frps）：部署在具有公网 IP 地址的云主机中，作为中转服务器，负责接收外部请求并将其转发到内网中的对应服务。

（2）客户端（frpc）：部署在需要穿透的内网服务所在的虚拟机中，负责将内网服务的端口映射到服务端的特定端口，实现外部访问。

项目任务分解

根据项目分析结果，可以把本项目分解为图 4 – 39 所示的 3 个任务。

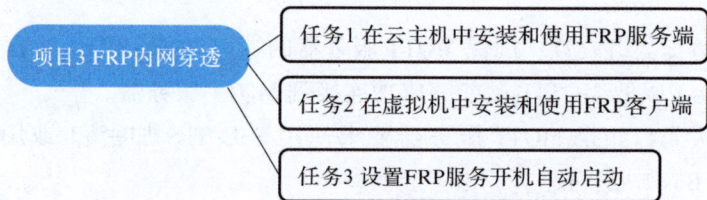

图 4 – 39　"FRP 内网穿透"项目任务分解

项目目标

知识目标

（1）了解在 Linux 操作系统中解压安装软件的方法和步骤。

（2）进一步学习并掌握 Linux 文件管理命令。

（3）学习并掌握 FRP 服务配置方法。

（4）学习并掌握 systemctl 命令的使用方法。

技能目标

（1）能在 Ubuntu 20.04 服务器版中解压安装 FRP 客户端程序。

（2）能在云主机中解压安装 FRP 服务端程序。

（3）能正确使用 Linux 文件管理命令完成增、删、改文件目录操作。

(4) 能配置 FRP 服务端和客户端程序开机自启动。

素质目标

(1) 提高实践能力和自主学习能力。

(2) 提高在实操中解决问题的能力和团队协作能力。

任务 1　在云主机中安装和使用 FRP 服务端

【任务分析】

FRP 内网穿透是一种高效、安全、灵活的内网穿透解决方案。通过部署 FRP 服务端和客户端，可轻松实现内、外网之间的连通，满足各种内网穿透的远程访问需求。云主机具有公网 IP 地址，允许任意网段的访问，可作为中转服务器部署 FRP 服务端。

【任务准备】

安装 Ubuntu 服务器版云主机。

【任务实施】

1. 下载 FRP 文件

FRP 文件有很多不同版本，可根据云主机系统型号下载对应版本的 FRP 文件，FRP 项目 Release 下载地址为 https://github.com/fatedier/frp/releases。

这里下载 FRP 的 Release 文件 “frp_0.22.0_linux_amd64.tar.gz”。下载 FRP 文件的命令如下。

```
wget https://github.com/fatedier/frp/releases/download/v0.22.0/frp_0.22.0_linux_amd64.tar.gz
```

命令运行结果如图 4 – 40 所示。

```
ubuntu@VM-4-10-ubuntu:~$ wget https://github.com/fatedier/frp/releases/download/v0.22.0/frp_0.22.0_linux_amd64.tar.gz
--2024-08-14 09:36:17--  https://github.com/fatedier/frp/releases/download/v0.22.0/frp_0.22.0_linux_amd64.tar.gz
Resolving github.com (github.com)... 20.205.243.166
Connecting to github.com (github.com)|20.205.243.166|:443... connected.
HTTP request sent, awaiting response... 302 Found
Location: https://objects.githubusercontent.com/github-production-release-asset-2e65be/48378947/3d1b4200-fc06-11e8-90eb
-4c6fd39e8ee2?X-Amz-Algorithm=AWS4-HMAC-SHA256&X-Amz-Credential=releaseassetproduction%2F20240814%2Fus-east-1%2Fs3%2Faw
s4_request&X-Amz-Date=20240814T013617Z&X-Amz-Expires=300&X-Amz-Signature=ed41b0393c71e89e55370ab446417fffc5e4ab8d433f26
afff932c559eb32cca&X-Amz-SignedHeaders=host&actor_id=0&key_id=0&repo_id=48378947&response-content-disposition=attachmen
t%3B%20filename%3Dfrp_0.22.0_linux_amd64.tar.gz&response-content-type=application%2Foctet-stream [following]
--2024-08-14 09:36:18--  https://objects.githubusercontent.com/github-production-release-asset-2e65be/48378947/3d1b4200
-fc06-11e8-90eb-4c6fd39e8ee2?X-Amz-Algorithm=AWS4-HMAC-SHA256&X-Amz-Credential=releaseassetproduction%2F20240814%2Fus-e
ast-1%2Fs3%2Faws4_request&X-Amz-Date=20240814T013617Z&X-Amz-Expires=300&X-Amz-Signature=ed41b0393c71e89e55370ab446417ff
fc5e4ab8d433f26afff932c559eb32cca&X-Amz-SignedHeaders=host&actor_id=0&key_id=0&repo_id=48378947&response-content-dispos
ition=attachment%3B%20filename%3Dfrp_0.22.0_linux_amd64.tar.gz&response-content-type=application%2Foctet-stream
Resolving objects.githubusercontent.com (objects.githubusercontent.com)... 185.199.110.133, 185.199.109.133, 185.199.10
8.133, ...
Connecting to objects.githubusercontent.com (objects.githubusercontent.com)|185.199.110.133|:443... connected.
HTTP request sent, awaiting response... 200 OK
Length: 7210950 (6.9M) [application/octet-stream]
Saving to: ‘frp_0.22.0_linux_amd64.tar.gz’

frp_0.22.0_linux_amd64.tar.gz 100%[================================================>]   6.88M  25.3KB/s    in 3m 44s
```

图 4 – 40　在云主机中下载 FRP 文件

下载进度为 100% 即下载成功。可通过 ls 命令查看对应文件的详细信息，命令如下，命令运行结果如图 4 – 41 所示。

```
ls frp_0.22.0_linux_amd64.tar.gz
ls -alh frp_0.22.0_linux_amd64.tar.gz
```

```
ubuntu@VM-4-10-ubuntu:~$ ll frp_0.22.0_linux_amd64.tar.gz
-rw-rw-r-- 1 ubuntu ubuntu 7210950 Dec  8  2021 frp_0.22.0_linux_amd64.tar.gz
ubuntu@VM-4-10-ubuntu:~$ ls -alh frp_0.22.0_linux_amd64.tar.gz
-rw-rw-r-- 1 ubuntu ubuntu 6.9M Dec  8  2021 frp_0.22.0_linux_amd64.tar.gz
```

图 4 – 41   下载的 FRP 文件详细信息

若出现下载失败的情况，可尝试重新下载。如果进行多次下载，则应检查并删除不完整的压缩包，保留正确的文件。

2. 创建 "frps" 文件夹

在云主机用户家目录下创建 "frps" 文件夹，命令如下。

```
mkdir frps
```

3. 解压并复制 frps 相关文件

（1）解压下载的 FRP 文件，命令如下。

```
tar xzf frp_0.22.0_linux_amd64.tar.gz
```

（2）验证解压结果，命令如下，命令运行结果如图 4 – 42 所示。

```
ls frp *
```

```
ubuntu@VM-4-10-ubuntu:~$ ls frp*
frp_0.22.0_linux_amd64.tar.gz

frp_0.22.0_linux_amd64:
frpc  frpc_full.ini  frpc.ini  frps  frps_full.ini  frps.ini  LICENSE

frps:
```

图 4 – 42   查看当前目录下以 "frp" 开头的文件

（3）将解压文件夹 "frp_0.22.0_linux_amd64" 中 "frps" "frps_full. ini" "frps. ini" 这3 个 FRP 服务端文件复制到 "frps" 文件夹中，命令如下，命令运行结果如图 4 – 43 所示。

```
cp frp_0.22.0_linux_amd64 /frps * frps
```

```
ubuntu@VM-4-10-ubuntu:~$ cp frp_0.22.0_linux_amd64/frps* frps
ubuntu@VM-4-10-ubuntu:~$ cd frps
ubuntu@VM-4-10-ubuntu:~/frps$ ls
frps  frps_full.ini  frps.ini
```

图 4 – 43   复制 frps 相关文件到 "frps" 文件夹中

4. 修改 "frps. ini" 文件的配置信息

在使用 FRP 服务端之前，需要先根据需求对 "frps. ini" 文件进行配置，可使用 nano 命令修改 "frps. ini" 文件的配置信息，命令如下，命令运行结果如图 4 – 44 所示。

```
nano /home /ubuntu /frps /frps. ini
```

图 4-44　修改 "frps. ini" 文件的配置信息

"frps. ini" 文件的内容如下。

```
#通用配置
[common]
#dashboard 仪表板端口
dashboard_port =7500
#dashboard 用户名密码,默认都为 admin,可自行修改
dashboard_user =自行设置用户名(如 frp)
dashboard_pwd =自行设置密码(如 frp)
#绑定端口
bind_port =12345

#日志存储
log_file = /home /ubuntu /frps /logs
log_level = info
log_max_days =3

# 后端连接池最大连接数量
max_pool_count =100
# 口令超时时间
#authentication_timeout = 10
```

```
#ssh 配置
[ssh]
type = tcp
bind_addr = 0.0.0.0
listen_port = 6000
```

说明如下。

（1）#dashboard 仪表板端口。在浏览器中通过 7500 端口访问 frp dashboard，可以远程看到 FRP 的连接情况，方便了解整体的运行情况。使用方法是在浏览器地址栏中输入"云主机 IP：7500"进行访问（例如 124.221.10.191：7500）。

（2）#绑定端口。绑定 FRP 服务的端口 12345，用于监听所有 FRP 服务，默认值为 7000。可自行设定要绑定的端口号，为了防止端口冲突，设置端口号为 5 位数。

（3）#ssh 配置。设置监听端口 6000，用于代理客户端的 ssh 远程连接端口 22，建立访问通道 6000→22，实现内网穿透访问。

（4）#日志存储。frps 运行日志自动存储到指定的"logs 文件/home/ubuntu/frps/logs"目录下。

5. 添加云主机安全组规则

基于云主机的防火墙安全策略，要在云主机中使用 FRP 服务端，需要先在其防火墙的安全组规则中，添加对应端口 7500，12345，6000 的允许访问规则，即允许外界访问云主机的对应端口，如图 4-45 所示。

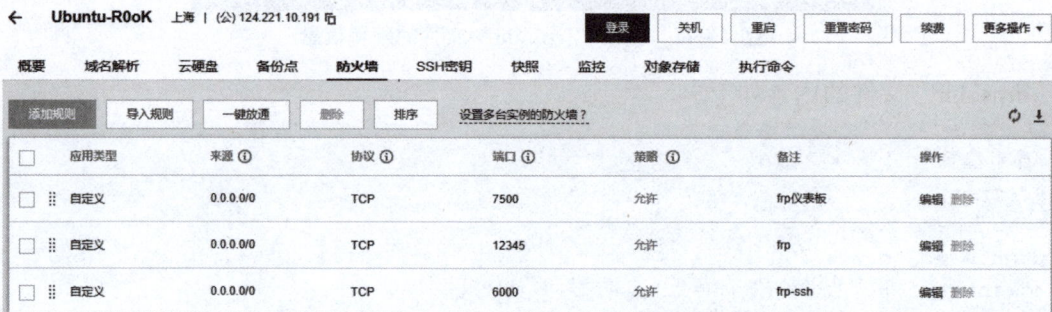

图 4-45　在云主机防火墙的安全组规则中添加对应端口 7500，12345，6000 的允许访问规则

6. 启动 FRP 服务端程序 frps

前面准备工作完成后，就可以通过命令启动 FRP 服务端程序 frps，frps 启动命令如下，命令运行结果如图 4-46 所示。

```
/home/ubuntu/frps/frps -c /home/ubuntu/frps/frps.ini
```

小贴士

该命令运行位于"/home/ubuntu/frps/"目录下的 frps，并使用 -c 选项指定了配置文件的位置为"/home/ubuntu/frps/frps.ini"。

```
ubuntu@VM-4-10-ubuntu:~/frps$ pwd
/home/ubuntu/frps
ubuntu@VM-4-10-ubuntu:~/frps$ ./frps -c ./frps.ini
```

图 4 – 46　启动 frps

7. 查看仪表板

在云主机中启动 FRP 服务端程序 frps 后，可以通过浏览器访问对应的仪表板网址（云主机公网 IP 地址：7500）来验证 frps 的启动情况。访问流程如图 4 – 47～图 4 – 49 所示。

图 4 – 47　通过浏览器访问云主机 FRP 仪表板网址

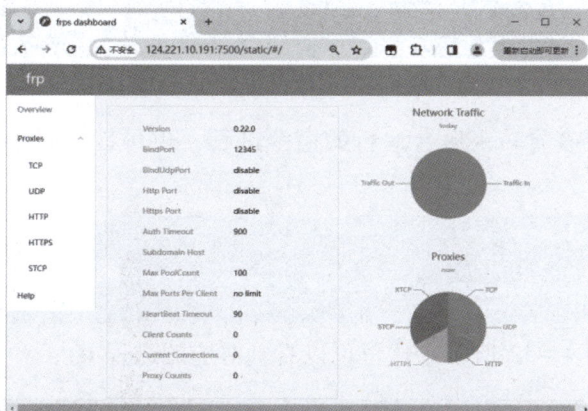

图 4 – 48　FRP 仪表板成功登录界面

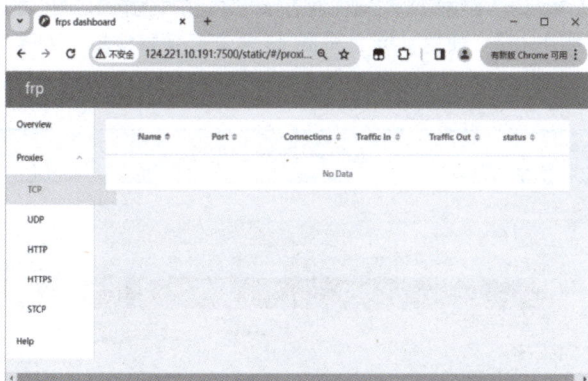

图 4 – 49　FRP 仪表板 TCP 界面

8. 查看 frps 运行日志

在"frps.ini"文件中,将 frps 运行日志存储到指定的"logs 文件/home/ubuntu/frps/logs"目录下。可以使用 tail 命令实时查看对应日志内容,命令运行结果如图 4 – 50 所示。

```
ubuntu@VM-4-10-ubuntu:~/frps$ ls
frps  frps_full.ini  frps.ini  logs
ubuntu@VM-4-10-ubuntu:~/frps$ tail -f logs
2024/08/14 10:33:49 [I] [root.go:210] Start frps success
2024/08/14 10:52:20 [I] [service.go:130] frps tcp listen on 0.0.0.0:12345
2024/08/14 10:52:20 [I] [service.go:216] Dashboard listen on 0.0.0.0:7500
2024/08/14 10:52:20 [I] [root.go:210] Start frps success
2024/08/14 10:54:48 [I] [dashboard_api.go:67] Http request: [/api/serverinfo]
2024/08/14 10:54:48 [I] [dashboard_api.go:64] Http response [/api/serverinfo]: code
[0]
```

图 4 – 50　使用 tail 命令查看 frps 运行日志

9. 后台运行 frps

frps 启动命令在运行过程中需要独占 Xshell 窗口,如果此时还要运行其他命令,可考虑先将 frps 转入后台运行。可以使用 nohup 命令将指定命令转入后台运行,命令如下,命令运行结果如图 4 – 51 所示。

```
nohup ./frps -c frps.ini &
```

```
ubuntu@VM-4-10-ubuntu:~/frps$ nohup ./frps -c frps.ini &
[1] 18110
ubuntu@VM-4-10-ubuntu:~/frps$ nohup: ignoring input and appending output to 'nohup.out'

ubuntu@VM-4-10-ubuntu:~/frps$ ls
frps  frps_full.ini  frps.ini  logs  nohup.out
```

图 4 – 51　后台运行 frps

可以使用 jobs 命令查看转入后台运行的命令进程,也可以通过 ps 命令来查看对应 frps 进程信息,命令如下。

```
jobs
ps -ef |grep FRP
```

命令运行结果如图 4 – 52 所示。这里可以看到对应的进程 ID。

```
ubuntu@VM-4-10-ubuntu:~/frps$ jobs
[1]+  Running                 nohup ./frps -c frps.ini &
ubuntu@VM-4-10-ubuntu:~/frps$ ps -ef |grep frps
ubuntu  18110  5533  0 00:06 pts/1    00:00:00 ./frps -c frps.ini
ubuntu  18669  5533  0 00:08 pts/1    00:00:00 grep --color=auto frps
```

图 4 – 52　使用 jobs 命令和 ps 命令查看后台命令进程

【任务评价】

评价内容	评价标准参考	参考分	得分
1. 启动 FRP 服务端程序 frps,查看 FRP 仪表板	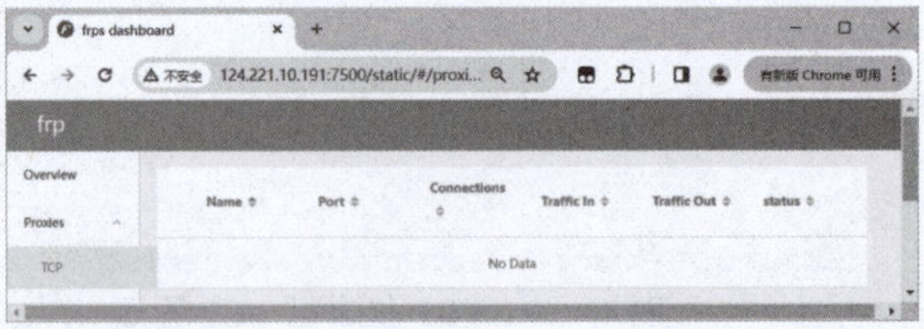	40	

续表

评价内容	评价标准参考	参考分	得分
2. 在后台运行 frps	```ubuntu@VM-4-10-ubuntu:~/frps$ nohup ./frps -c frps.ini & [1] 18110 ubuntu@VM-4-10-ubuntu:~/frps$ nohup: ignoring input and appending output to 'nohup.out' ubuntu@VM-4-10-ubuntu:~/frps$ ls frps frps_full.ini frps.ini logs nohup.out```	20	
3. 使用 jobs 命令和 ps 命令查看 frps 进程	```ubuntu@VM-4-10-ubuntu:~/frps$ jobs [1]+ Running nohup ./frps -c frps.ini & ubuntu@VM-4-10-ubuntu:~/frps$ ps -ef |grep frps ubuntu 18110 5533 0 00:06 pts/1 00:00:00 ./frps -c frps.ini ubuntu 18669 5533 0 00:08 pts/1 00:00:00 grep --color=auto frps```	20	
4. 使用 tail 命令查看 frps 运行日志	```ubuntu@VM-4-10-ubuntu:~/frps$ ls frps frps_full.ini frps.ini logs ubuntu@VM-4-10-ubuntu:~/frps$ tail -f logs 2024/08/14 10:33:49 [I] [root.go:210] Start frps success 2024/08/14 10:52:20 [I] [service.go:130] frps tcp listen on 0.0.0.0:12345 2024/08/14 10:52:20 [I] [service.go:216] Dashboard listen on 0.0.0.0:7500 2024/08/14 10:52:20 [I] [root.go:210] Start frps success 2024/08/14 10:54:48 [I] [dashboard_api.go:67] Http request: [/api/serverinfo] 2024/08/14 10:54:48 [I] [dashboard_api.go:64] Http response [/api/serverinfo]: code [0]```	20	

【相关知识】

要实现外网访问内网服务器，可以使用以下几种方法。

（1）端口转发。这是最常见的方法之一。通过在路由器或防火墙上配置端口转发规则，将外部请求转发到内网服务器的特定端口。当外网用户尝试连接到路由器的公共 IP 地址和指定端口时，路由器会将请求转发到内网服务器，从而实现外网访问。

（2）IBCS 虚拟专线（IBCS Cloud Virtual Line）。IBCS 虚拟专线是一种 IP 专线技术，它基于二层网络架构实现给本地服务器主机分配一个独享的固定 IP 地址，支持获取源访问 IP 地址，和物理专线的效果相同，广泛用于建设本地数据中心、业务后台。

（3）虚拟专用网络（Virtual Private Network，VPN）。通过建立 VPN 连接，可以在公共互联网中创建一个加密的隧道，将外网用户的请求安全地传输到内网。外网用户可以通过 VPN 连接到内网，就好像他们直接连接内网一样。这通常需要在路由器或服务器中进行配置。

（4）内网穿透。内网穿透位于内网和外网之间，充当内网服务器和外网用户之间的中间人。外网用户发送请求到内网穿透服务器的公共 IP 地址，然后内网穿透服务器将请求转发给内网服务器，并将响应返回给外网用户。通过这种方式，外网用户无须直接访问内网服务器，而是通过内网穿透服务器进行访问。

（5）动态 DNS（Dynamic Domain Name System）。如果内网服务器的 IP 地址是动态分配的［例如通过动态主机配置协议（Dynamic Host Configuration Protocol，DHCP）分配］，则可以使用动态 DNS 服务。动态 DNS 服务可以不必关心 IP 地址的变化，直接将一个域名与动态 IP 地址关联，以便外网用户可以通过域名访问内网服务器。

无论使用哪种方法，以上除了内网穿透和 IBCS 虚拟专线，使用其他方法时都需要在网络设备（例如路由器、防火墙）上进行适当的配置。确保网络设备的安全设置是正确的，并采取适当的安全措施来保护内网服务器免受潜在的安全威胁。在配置外网访问时，务必考虑安全性，并仅允许必要的访问权限。

任务 2　在虚拟机中安装和使用 FRP 客户端

【任务分析】

云主机已经安装并运行了 FRP 服务端程序 frps，现在需要在局域网内部虚拟机中安装并运行 FRP 客户端程序 frpc，配置正确后，即可通过云主机公网 IP 地址和代理端口号来访问局域网内部的虚拟机。

【任务准备】

（1）成功配置 FRP 服务端的云主机。

（2）成功配置 Ubuntu 服务器版虚拟机。

【任务实施】

1. 下载 FRP 文件

虚拟机使用的 FRP 文件版本要与云主机使用的 FRP 文件版本相同，在线下载 FRP 文件的命令如下。

```
wget https:// github.com/fatedier/frp/releases/download/v0.22.0/frp _ 0.22.0 _
linux_amd64.tar.gz
```

由于 FRP 文件版本相同，也可以直接使用 sz 命令从云主机下载 FRP 文件到本地（命令如图 4 – 53 所示），再使用 rz 命令将 FRP 文件上传到虚拟机的用户家目录（命令如图 4 – 54 所示）。

```
ubuntu@VM-4-10-ubuntu:~$ sz frp_0.22.0_linux_amd64.tar.gz
```

图 4 – 53　使用 sz 命令从云主机下载 FRP 文件到本地

```
long@userver:~$ rz

long@userver:~$ ls
frp_0.22.0_linux_amd64.tar.gz
```

图 4 – 54　使用 rz 命令上传 FRP 文件到虚拟机

2. 创建 "frpc" 文件夹

在虚拟机的装机用户家目录下创建 "frpc" 文件夹，命令如下，命令运行结果如图 4 – 55 所示。

```
mkdir /home/long/frpc
```

```
long@userver:~$ pwd
/home/long
long@userver:~$ mkdir frpc
```

图 4 – 55　在虚拟机的装机用户家目录下创建 "frpc" 文件夹

3. 解压并复制 frpc 相关文件

（1）解压 FRP 文件，并使用 ls 命令查看解压后的文件，命令如下，命令运行结果如图 4 – 56 所示。

```
tar xzf frp_0.22.0_linux_amd64.tar.gz
ls frp_0.22.0_linux_amd64
```

```
long@userver:~$ ls
frp_0.22.0_linux_amd64.tar.gz  frpc
long@userver:~$ tar xzf frp_0.22.0_linux_amd64.tar.gz
long@userver:~$ ls
frp_0.22.0_linux_amd64  frp_0.22.0_linux_amd64.tar.gz  frpc
long@userver:~$ ls frp_0.22.0_linux_amd64
frpc  frpc_full.ini  frpc.ini  frps  frps_full.ini  frps.ini  LICENSE
```

图 4－56　解压 FRP 文件并查看解压后的文件

（2）将解压文件夹"frp_0. 22. 0_linux_amd64"中"frpc""frpc_full. ini""frpc. ini"这 3 个 FRP 客户端文件复制到"frpc"文件夹中，命令如下，命令运行结果如图 4－57 所示。

```
cp /home/long/frp_0.22.0_linux_amd64/frpc * /home/long/frpc
```

```
long@userver:~$ cp frp_0.22.0_linux_amd64/frpc* frpc
long@userver:~$ ls frpc
frpc  frpc_full.ini  frpc.ini
```

图 4－57　复制 frpc 相关文件到"frpc"文件夹中

4. 修改"frpc. ini"文件的配置信息

FRP 客户端配置文件"frpc. ini"的内容修改需对应 FRP 服务端配置文件"frps. ini"中的端口信息，命令如下，命令运行结果如图 4－58 所示。

```
nano /home/long/frpc/frpc.ini
```

```
long@userver:~$ cd frpc
long@userver:~/frpc$ ls
frpc  frpc_full.ini  frpc.ini
long@userver:~/frpc$ nano frpc.ini

  GNU nano 4.8                      frpc.ini                        Modified
#通用配置
[common]
server_addr=124.221.10.191
server_port=12345

#日志存储
log_file=/home/long/frpc/logs
log_level= info
log_max_days=3

#ssh连接端口配置
[ssh]
type=tcp
local_ip=127.0.0.1
local_port=22
remote_port=6000
```

图 4－58　修改"frpc. ini"文件的配置信息

"frpc. ini"文件的内容如下。

```
#通用配置
[common]
server_addr = 配置 FRP 服务端的云主机 IP 地址
server_port = 12345

#日志存储
log_file = /home/long/frpc/logs
log_level = info
log_max_days = 3

#ssh 连接端口配置
[ssh]
type = tcp
local_ip = 127.0.0.1
local_port = 22
remote_port = 6000
```

说明如下。

（1）"frpc. ini"文件中的 server_port 对应"frps. ini"文件中的 bind_port，均为 12345。

（2）"frpc. ini"文件中的 ssh 连接端口配置名称对应"frps. ini"文件中的 ssh 连接端口配置名称，均为［ssh］。其中 frpc［ssh］的 remote_port 对应 frps［ssh］的 listen_port，均为 6000。

"frpc. ini"文件和"frps. ini"文件内容对比如图 4 - 59 所示。

```
long@userver:~/frpc$ cat frpc.ini          ubuntu@VM-4-10-ubuntu:~/frps$ cat frps.ini
#通用配置                                   #通用配置
[common]                                    [common]
server_addr=124.221.10.191                  dashboard_port=7500
server_port=12345                           #dashboard 用户名密码，默认都为 admin，可自行修改
                                            dashboard_user=frp
#日志存储                                   dashboard_pwd=frp
log_file=/home/long/frpc/logs               #绑定端口
log_level= info                             bind_port=12345
log_max_days=3
                                            #日志存储
#ssh连接端口配置                            log_file=/home/ubuntu/frps/logs
[ssh]                                       log_level= info
type=tcp                                    log_max_days=3
local_ip=127.0.0.1
local_port=22                               # 后端连接池最大连接数量
remote_port=6000                            max_pool_count=100
long@userver:~/frpc$ 
                                            # 口令超时时间
                                            #authentication_timeout = 10

                                            #ssh配置
                                            [ssh]
                                            type=tcp
                                            bind_addr=0.0.0.0
                                            listen_port=6000
```

图 4 - 59 "frpc. ini"文件和"frps. ini"文件内容对比

5. 启动 FRP 客户端程序 frpc

根据需求配置 "frpc. ini" 文件，并确保云主机的 frps 处于运行状态，即可以启动 FRP 客户端程序 frpc。frpc 启动命令如下，命令运行结果如图 4 – 60 所示。

```
/home/long/frpc/frpc -c /home/long/frpc/frpc.ini
```

小贴士

该命令运行了位于 "/home/long/frpc/" 目录下的 frpc，并使用 – c 选项指定了配置文件的位置为 "/home/long/frpc/frpc. ini"。

```
long@userver:~/frpc$ ./frpc -c frpc.ini
```

图 4 – 60　启动 FRP 客户端程序 frpc

6. 查看仪表板

当云主机的 frps 和虚拟机的 frpc 同时成功启动时，可以看到 FRP 仪表板中 TCP 的 ssh 连接显示 "online"，即 FRP 内网穿透的 TCP – SSH 连接成功，如图 4 – 61 所示。

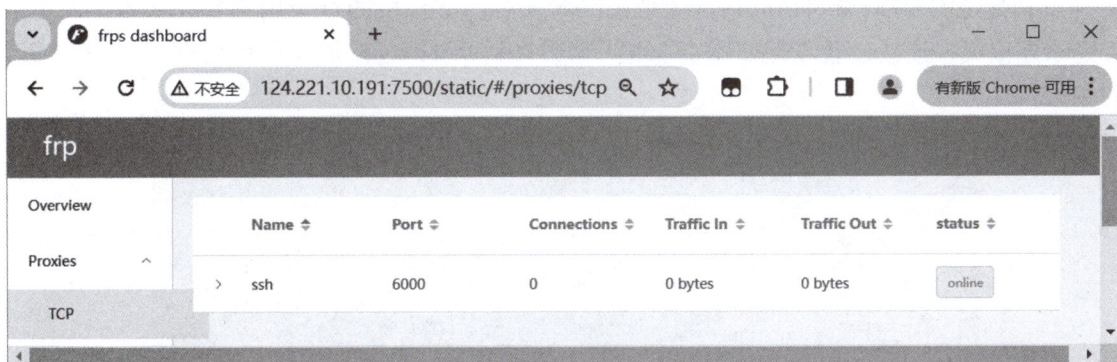

图 4 – 61　FRP 内网穿透的 TCP – SSH 连接成功界面

在实验过程中，可能导致 FRP 内网穿透失败的原因主要有：①虚拟机所在网络的安全防护设置；②计算机防火墙设置。对应的解决方法如下：①在计算机端通过手机热点连接网络；②防火墙释放对 FRP 的拦截。

7. 后台运行 frpc

同样，可以根据需要使用 nohup 命令将 frpc 转入后台运行，命令如下，命令运行结果如图 4 – 62 所示。

```
nohup /home/long/frpc/frpc -c /home/long/frpc/frpc.ini &
```

```
long@userver:~/frpc$ nohup ./frpc -c frpc.ini &
[1] 51264
long@userver:~/frpc$ nohup: ignoring input and appending output to 'nohup.out'

long@userver:~/frpc$ ls
frpc  frpc_full.ini  frpc.ini  logs  nohup.out
```

图 4 – 62　后台运行 frpc

8. 查看 frpc 运行日志

根据"frpc. ini"文件中的配置信息，frpc 运行日志存储在指定的"logs 文件/home/long/frpc/logs"目录下，通过 tail 命令可以实时查看对应日志信息，命令如下，命令运行结果如图 4 - 63 所示。

```
tail - f /home/long/frpc/logs
```

图 4 - 63　使用 tail 命令查看 frpc 运行日志

9. 创建远程连接

FRP 内网穿透的 TCP - SSH 连接成功后，即可在 Xshell 中新建连接，通过云主机的公网 IP 地址和指定的 6000 端口访问内网虚拟机。输入对应虚拟机的登录用户名和密码，即可远程登录虚拟机。连接设置步骤如图 4 - 64、图 4 - 65 所示，连接成功后可见到图 4 - 66 所示的登录信息。

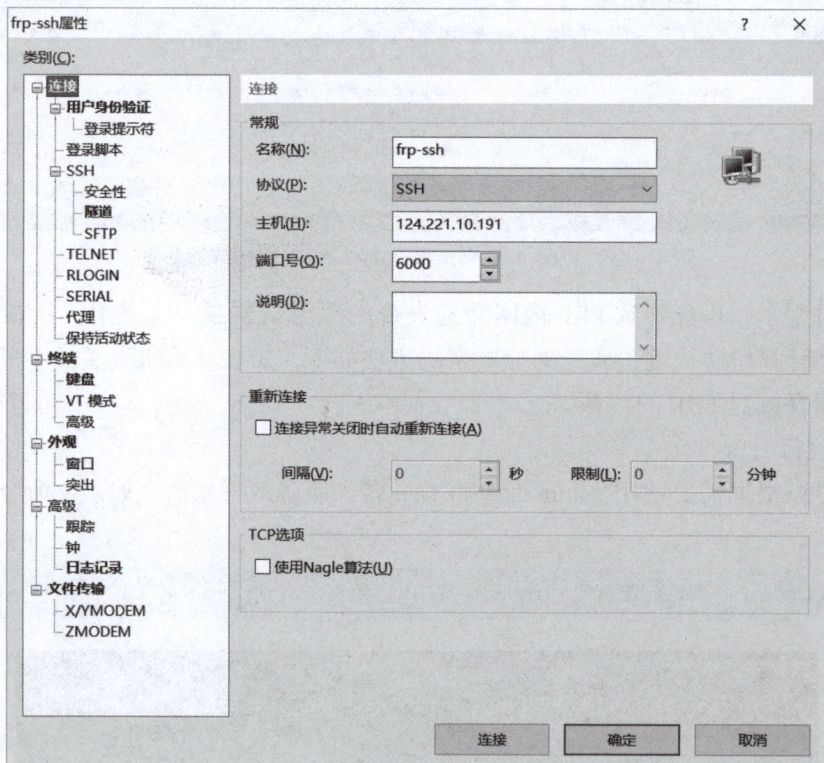

图 4 - 64　在 Xshell 中新建 FRP - SSH 远程连接

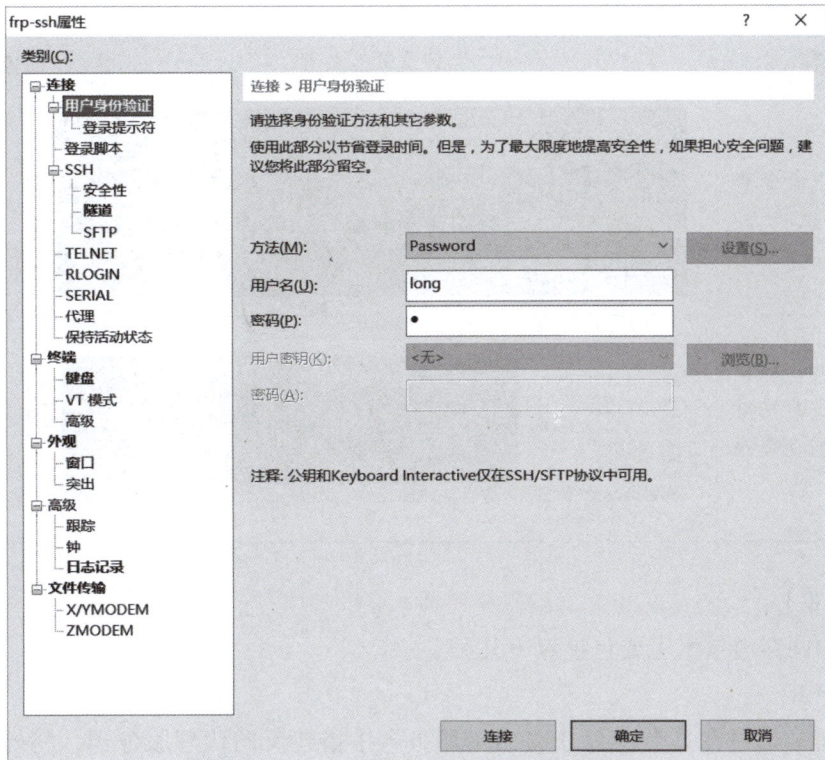

图 4 – 65 输入虚拟机的登录用户名和密码

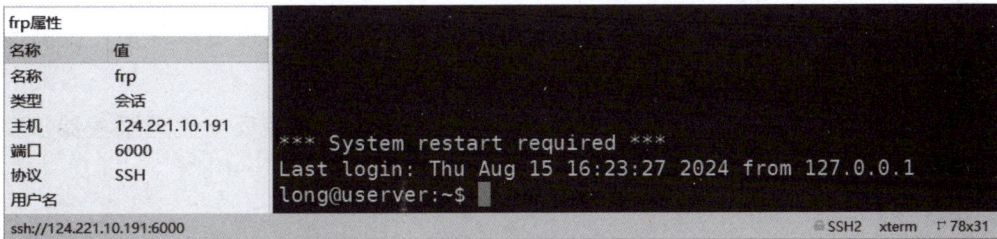

图 4 – 66 FRP 远程登录虚拟机成功

【任务评价】

评价内容	评价标准参考	参考分	得分
1. 查看 FRP 仪表板，验证 TCP – SSH 连接成功		40	
2. 后台运行 FRP 客户端程序 frpc		15	

续表

评价内容	评价标准参考	参考分	得分
3. 使用 tail 命令查看 frpc 运行日志	``` long@userver:~/frpc$ tail -f logs 2024/08/15 15:55:29 [I] [service.go:205] login to server success, get run id [c7ede 2f0db1be591], server udp port [0] 2024/08/15 15:55:29 [I] [proxy_manager.go:136] [c7ede2f0db1be591] proxy added: [ssh]] 2024/08/15 15:55:29 [I] [control.go:143] [ssh] start proxy success 2024/08/15 16:00:22 [I] [service.go:205] login to server success, get run id [c83a6 f2c46177cb0], server udp port [0] 2024/08/15 16:00:22 [I] [proxy_manager.go:136] [c83a6f2c46177cb0] proxy added: [ssh] 2024/08/15 16:00:23 [I] [control.go:143] [ssh] start proxy success ```	15	
4. 使用 Xshell 通过云主机的公网 IP 地址和 6000 端口成功登录虚拟机	frp属性 名称　值 名称　frp 类型　会话 主机　124.221.10.191 端口　6000 协议　SSH 用户名 *** System restart required *** Last login: Thu Aug 15 16:23:27 2024 from 127.0.0.1 long@userver:~$ ssh://124.221.10.191:6000　　SSH2　xterm　78x31	30	

【相关知识】

主流的内网穿透技术主要包括以下几种。

1. 反向代理

（1）原理。通过在具有公网 IP 地址的服务器中搭建反向代理服务器，将外网的请求转发到内网服务器。反向代理服务器充当了中间人的角色，隐藏了内网服务器的真实结构，同时可以实现负载均衡和安全防护等功能。

（2）优点。灵活性高，可以根据实际需求进行配置；可以实现负载均衡，提高服务的可访问性和性能；具有一定的安全防护能力。

（3）应用示例。使用 Nginx、Apache 等 Web 服务器软件搭建反向代理服务器，实现外网对内网 Web 服务的访问。

2. 端口映射

（1）原理。在具有公网 IP 地址的服务器或路由器中配置端口映射规则。这样，当外网的请求发送到指定的公网端口时，服务器或路由器会将其转发到内网服务器的相应端口，从而实现对内网 Web 服务的访问。

（2）优点。简单易用，无须额外的服务器或复杂配置；可以直接通过公网 IP 地址和端口访问内网 Web 服务。

（3）应用示例。在路由器中设置端口映射，将公网端口映射到内网服务器的特定端口，实现远程桌面、FTP 等服务的访问。

3. VPN

（1）原理。利用 VPN 建立一条安全的隧道，将内网与外网连接起来。外网用户通过连接 VPN 服务器，仿佛处于内网中，能够访问内网的资源。

（2）优点。安全性高，数据在传输过程中被加密；可以实现远程访问、文件共享等功能；适用于企业内部的远程办公等场景。

（3）应用示例。使用 OpenVPN、SoftEther 等 VPN 软件搭建 VPN 服务器，使员工远程访问公司内网资源。

4. 使用具有公网 IP 地址的主机

（1）原理。如果拥有自己的公网主机（如云服务器），则可以通过简单配置实现内网穿透。例如，在云服务器中通过 SSH 配置端口映射，将外网请求转发到内网服务器。

（2）优点。无须额外的硬件或软件投入，可以利用现有的云服务器资源实现内网穿透。

（3）应用示例。在云服务器中配置 SSH 端口转发，将外网请求转发到内网的特定 Web 服务。

5. 特定软件工具（如 FRP）

（1）原理。FRP 是一个用 Go 语言开发的，可用于内网穿透的高性能的反向代理应用，支持 TCP、UDP、HTTP 和 HTTPS 等多种协议。通过部署 FRP 的客户端和服务端，可以实现内网服务的公网访问。

（2）优点。功能强大，支持多种协议和代理类型；配置灵活，可以根据实际需求进行定制；社区活跃，有丰富的文档和教程支持。

（3）应用示例。在云服务器中部署 FRP 服务端，在内网服务器中部署 FRP 客户端，通过配置实现内网 Web 服务的公网访问。

以上技术各有优、缺点，适用于不同的应用场景和需求，在选择内网穿透技术时，需要根据实际情况进行综合考虑。

任务 3 设置 FRP 服务开机自启动

【任务分析】

IT 学员已经完成云主机中 FRP 服务端的安装与配置和 Ubuntu 虚拟机中 FRP 客户端的安装与配置，如果要实现重启 Linux 操作系统后，FRP 程序还能正常运行，可以配置 FRP 的服务文件，并设置 FRP 服务开机自启动。

【任务准备】

（1）成功配置 FRP 服务端的云主机。

（2）成功配置 FRP 客户端的虚拟机。

【任务实施】

1. 测试 FRP 服务端和客户端程序能正常运行

手动运行 frps 命令和 frpc 命令，通过查看云主机的 FRP 仪表板，验证 FRP 内网穿透是否成功连通。

2. 使用 kill 命令结束后台 FRP 进程

如果 FRP 服务端程序 frps 和 FRP 客户端程序 frpc 在后台运行，则需要先查看相应的 FRP 进程信息，再使用 kill 命令结束 FRP 进程。

（1）通过 jobs 命令查看 jobnum，然后运行 kill % jobnum 命令。命令如下，命令运行结果如图 4 – 67 所示。

```
jobs
kill % jobnum
```

```
ubuntu@VM-4-10-ubuntu:~/frps$ jobs
[1]+  Running                 nohup ./frps -c frps.ini &
ubuntu@VM-4-10-ubuntu:~/frps$ kill %1
ubuntu@VM-4-10-ubuntu:~/frps$
[1]+  Terminated              nohup ./frps -c frps.ini
```

图 4 – 67　使用 **jobs** 命令查看后台任务，使用 **kill** 命令结束进程

（2）使用 ps 命令查看进程号（PID），然后运行 kill PID 命令。命令如下，命令运行结果如图 4 – 68 所示。

```
ps –ef | grep frp
kill –9 PID
```

```
long@userver:~/frpc$ ps -ef | grep frpc
long     51264    1371  0 16:00 pts/0    00:00:01 ./frpc -c frpc.ini
long     52601    1371  0 16:38 pts/0    00:00:00 grep --color=auto frpc
long@userver:~/frpc$ kill -9 51264
long@userver:~/frpc$ ps -ef | grep frpc
long     52615    1371  0 16:39 pts/0    00:00:00 grep --color=auto frpc
[1]+  Killed                  nohup ./frpc -c frpc.ini
```

图 4 – 68　使用 **ps** 命令查看后台 **frpc** 进程，使用 **kill** 命令结束 **frpc** 进程

（3）使用 lsof 命令查看相关端口进程号（PID），然后运行 kill PID 命令。命令如下，命令运行结果如图 4 – 69 所示。

```
losf –i:12345
Kill –9 PID
```

```
ubuntu@VM-4-10-ubuntu:~/frps$ nohup ./frps -c frps.ini &
[1] 31924
ubuntu@VM-4-10-ubuntu:~/frps$ nohup: ignoring input and appending output to 'n
ohup.out'

ubuntu@VM-4-10-ubuntu:~/frps$ lsof -i:12345
COMMAND    PID    USER   FD   TYPE   DEVICE SIZE/OFF NODE NAME
frps     31924  ubuntu    5u  IPv6 828190410      0t0  TCP *:12345 (LISTEN)
ubuntu@VM-4-10-ubuntu:~/frps$ kill -9 31924
ubuntu@VM-4-10-ubuntu:~/frps$ lsof -i:12345
[1]+  Killed                  nohup ./frps -c frps.ini
```

图 4 – 69　使用 **lsof** 命令查看指定端口的后台进程，使用 **kill** 命令结束进程

（4）使用 netstat 命令查看相关端口进程号（PID），然后运行 kill PID 命令。命令如下，命令运行结果如图 4 – 70、图 4 – 71 所示。

```
netstat –tunlp
netstat –tunlp | grep 7500
kill –9 PID
```

```
ubuntu@VM-4-10-ubuntu:~/frps$ netstat -tunlp
(Not all processes could be identified, non-owned process info
 will not be shown, you would have to be root to see it all.)
Active Internet connections (only servers)
Proto Recv-Q Send-Q Local Address           Foreign Address         State       PID/Program name

tcp        0      0 0.0.0.0:111             0.0.0.0:*               LISTEN      -

tcp        0      0 127.0.0.53:53           0.0.0.0:*               LISTEN      -

tcp        0      0 0.0.0.0:22              0.0.0.0:*               LISTEN      -

tcp        0      0 0.0.0.0:1883            0.0.0.0:*               LISTEN      -

tcp        0      0 0.0.0.0:514             0.0.0.0:*               LISTEN      -

tcp6       0      0 :::33060                :::*                    LISTEN      -

tcp6       0      0 :::3306                 :::*                    LISTEN      -

tcp6       0      0 :::7500                 :::*                    LISTEN      32484/./frps

tcp6       0      0 :::111                  :::*                    LISTEN      -

tcp6       0      0 :::8080                 :::*                    LISTEN      -

tcp6       0      0 :::12345                :::*                    LISTEN      32484/./frps
```

图 4 – 70　使用 netstat 命令查看后台进程

```
ubuntu@VM-4-10-ubuntu:~/frps$ netstat -tunlp |grep 7500
(Not all processes could be identified, non-owned process info
 will not be shown, you would have to be root to see it all.)
tcp6       0      0 :::7500                 :::*                    LISTEN      32484/./frps

ubuntu@VM-4-10-ubuntu:~/frps$ kill -9 32484
[1]+  Killed                  nohup ./frps -c frps.ini
```

图 4 – 71　使用 netstat 命令查看指定端口的后台进程，使用 kill 命令结束进程

3. 新建 " frp. service " 文件

要实现 FRP 服务开机自启动，需要先对 FRP 服务端程序 frps 和 FRP 客户端程序 frpc 分别进行服务文件配置，再通过 systemd 相关命令进行服务管理。FRP 的服务文件配置如下。

1）云主机 frps

编辑云主机 frps 的 systemd 服务文件 "frps. service"，命令如下。

```
sudo nano /lib/systemd/system/frps.service
```

"frps. service" 文件配置内容如下。

```
[Unit]
escription = frps service
After = network. target syslog. target
Wants = network. target

[Service]
Type = simple
#StandardOutput = syslog
```

```
#StandardError = syslog
#SyslogIdentifier = frps
Restart = on - failure
RestartSec = 15
# 服务端
#ExecStart = /云主机 frps 目录位置/frps/frps - c /云主机 frps 目录位置/frps/frps.ini
ExecStart = /home/ubuntu/frps/frps - c /home/ubuntu/frps/frps.ini

[Install]
WantedBy = multi - user.target
```

命令运行结果如图 4 - 72 所示。

```
ubuntu@VM-4-10-ubuntu:~/frps$ pwd
/home/ubuntu/frps
ubuntu@VM-4-10-ubuntu:~/frps$ sudo nano /lib/systemd/system/frps.service

  GNU nano 2.9.3              /lib/systemd/system/frps.service

[Unit]
Description=frps service
After=network.target syslog.target
Wants=network.target

[Service]
Type=simple
#StandardOutput=syslog
#StandardError=syslog
#SyslogIdentifier=frps
Restart=on-failure
RestartSec=15
# 服务端
ExecStart=/home/ubuntu/frps/frps -c /home/ubuntu/frps/frps.ini

[Install]
WantedBy=multi-user.target
```

图 4 - 72　云主机 "frps. service" 文件配置

2）虚拟机 frpc

编辑虚拟机 frpc 的 systemd 服务文件 "frpc. service"，命令如下。

```
sudo nano /lib/systemd/system/frpc.service
```

"frpc. service" 文件配置内容如下。

```
[Unit]
Description = frpc service
After = network.target syslog.target
Wants = network.target
StartLimitIntervalSec = 0

[Service]
Type = simple
#StandardOutput = syslog
```

```
#StandardError = syslog
#SyslogIdentifier = frpc
Restart = always
RestartSec = 10
User = long
# 客户端
#ExecStart = /虚拟机 frpc 目录位置/frpc/frpc - c /虚拟机 frpc 目录位置/frpc/frpc.ini
ExecStart = /home/long/frpc/frpc - c /home/long/frpc/frpc.ini

[Install]
WantedBy = multi - user.target
```

命令运行结果如图 4 - 73 所示。

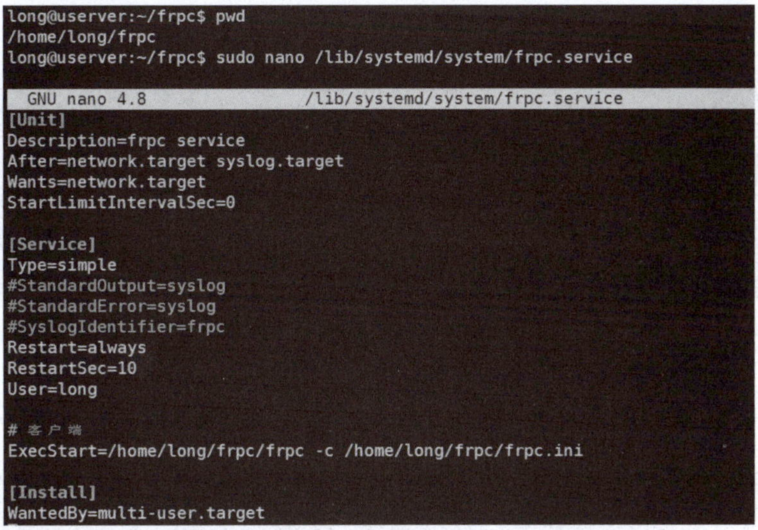

图 4 - 73　虚拟机 "frpc. service" 文件配置

4. 使用 systemd 命令启动服务

FRP 的服务文件创建完成后，可以使用 systemd 相关命令进行服务管理。常用命令如下。

（1）启动 FRP 服务：

```
sudo systemctl start frp.service
```

（2）查看 FRP 服务状态：

```
systemctl status frp.service
```

（3）重载 FRP 服务：

```
sudo systemctl daemon - reload
```

（4）重启 FRP 服务：

```
sudo systemctl restart frp.service
```

注意：若服务文件的内容有变动，则需要先重载 FRP 服务，再重启 FRP 服务，否则会出现 FRP 服务启动失败的情况。

（5）停止 FRP 服务：

```
sudo systemctl stop frp.service
```

（6）查看日志：

```
journalctl -u FRP
```

（7）重启系统：

```
sudo reboot
```

1）云主机 frps

云主机 FRP 服务启动及 FRP 服务状态查看如图 4 - 74 所示。

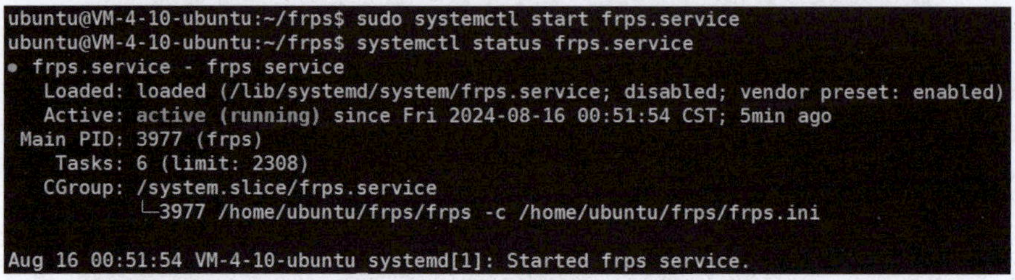

```
ubuntu@VM-4-10-ubuntu:~/frps$ sudo systemctl start frps.service
ubuntu@VM-4-10-ubuntu:~/frps$ systemctl status frps.service
● frps.service - frps service
     Loaded: loaded (/lib/systemd/system/frps.service; disabled; vendor preset: enabled)
     Active: active (running) since Fri 2024-08-16 00:51:54 CST; 5min ago
   Main PID: 3977 (frps)
      Tasks: 6 (limit: 2308)
     CGroup: /system.slice/frps.service
             └─3977 /home/ubuntu/frps/frps -c /home/ubuntu/frps/frps.ini

Aug 16 00:51:54 VM-4-10-ubuntu systemd[1]: Started frps service.
```

图 4 - 74　云主机 FRP 服务启动及 FRP 服务状态查看

2）虚拟机 frpc

虚拟机 FRP 服务启动及 FRP 服务状态查看如图 4 - 75 所示。

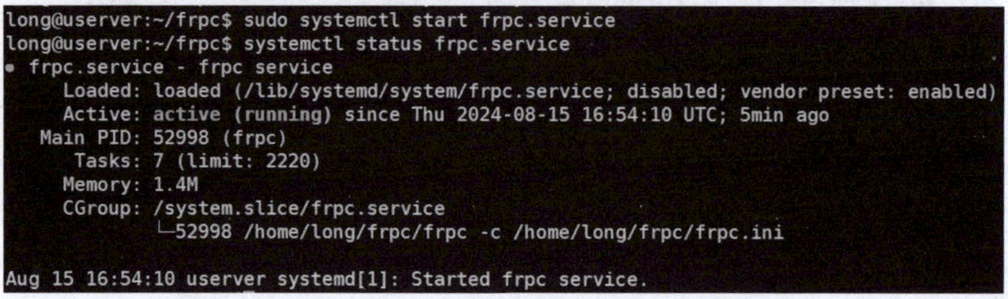

```
long@userver:~/frpc$ sudo systemctl start frpc.service
long@userver:~/frpc$ systemctl status frpc.service
● frpc.service - frpc service
     Loaded: loaded (/lib/systemd/system/frpc.service; disabled; vendor preset: enabled)
     Active: active (running) since Thu 2024-08-15 16:54:10 UTC; 5min ago
   Main PID: 52998 (frpc)
      Tasks: 7 (limit: 2220)
     Memory: 1.4M
     CGroup: /system.slice/frpc.service
             └─52998 /home/long/frpc/frpc -c /home/long/frpc/frpc.ini

Aug 15 16:54:10 userver systemd[1]: Started frpc service.
```

图 4 - 75　虚拟机 FRP 服务启动及 FRP 服务状态查看

5. FRP 服务开机自启动

设置、取消、查看 FRP 服务开机自启动的命令如下。

（1）设置 FRP 服务开机自启动：

```
sudo systemctl enable frp.service
```

（2）取消 FRP 服务开机自启动：

```
sudo systemctl disable frp.service
```

（3）检查 FRP 服务是否自动启动：

```
systemctl list-unit-files | grep frp
```

1）云主机 frps

设置、取消及查看云主机 FRP 服务开机自启动如图 4-76、图 4-77 所示。

```
ubuntu@VM-4-10-ubuntu:~/frps$ sudo systemctl enable frps.service
Created symlink /etc/systemd/system/multi-user.target.wants/frps.service → /lib/systemd/
system/frps.service.
ubuntu@VM-4-10-ubuntu:~/frps$ systemctl list-unit-files | grep frps
frps.service                           enabled
```

图 4-76　设置及查看云主机 FRP 服务开机自启动

```
ubuntu@VM-4-10-ubuntu:~/frps$ sudo systemctl disable frps.service
Removed /etc/systemd/system/multi-user.target.wants/frps.service.
ubuntu@VM-4-10-ubuntu:~/frps$ systemctl list-unit-files | grep frps
frps.service                           disabled
```

图 4-77　取消及查看云主机 FRP 服务开机自启动

2）虚拟机 frpc

设置、取消及查看虚拟机 FRP 服务开机自启动如图 4-78、图 4-79 所示。

```
long@userver:~/frpc$ sudo systemctl enable frpc.service
Created symlink /etc/systemd/system/multi-user.target.wants/frpc.service → /lib/systemd/
system/frpc.service.
long@userver:~/frpc$ systemctl list-unit-files | grep frpc
frpc.service                           enabled         enabled
```

图 4-78　设置及查看虚拟机 FRP 服务开机自启动

```
long@userver:~/frpc$ sudo systemctl disable frpc.service
Removed /etc/systemd/system/multi-user.target.wants/frpc.service.
long@userver:~/frpc$ systemctl list-unit-files | grep frpc
frpc.service                           disabled        enabled
```

图 4-79　取消及查看虚拟机 FRP 服务开机自启动

完成云主机和虚拟机的 FRP 服务开机自启动后，可以通过 sudo reboot 命令重启系统，验证 FRP 服务的开机自启动是否成功。如果成功，则 FRP 服务自动处于 active（running）状态，可以通过 systemctl status 命令进行验证。

【任务评价】

评价内容	评价标准参考	参考分	得分
1. 在云主机中查看并结束 frps 后台进程	```ubuntu@VM-4-10-ubuntu:~/frps$ jobs\n[1]+ Running nohup ./frps -c frps.ini &\nubuntu@VM-4-10-ubuntu:~/frps$ kill %1\nubuntu@VM-4-10-ubuntu:~/frps$ jobs\n[1]+ Terminated nohup ./frps -c frps.ini```	10	
2. 在虚拟机中查看并结束 frpc 后台进程	```long@userver:~/frpc$ ps -ef	grep frpc\nlong 51264 1371 0 16:00 pts/0 00:00:01 ./frpc -c frpc.ini\nlong 52601 1371 0 16:38 pts/0 00:00:00 grep --color=auto frpc\nlong@userver:~/frpc$ kill -9 51264\nlong@userver:~/frpc$ ps -ef	grep frpc\nlong 52615 1371 0 16:39 pts/0 00:00:00 grep --color=auto frpc\n[1]+ Killed nohup ./frpc -c frpc.ini```	10	
3. 在云主机中启动 frps 并查看状态	```ubuntu@VM-4-10-ubuntu:~/frps$ sudo systemctl start frps.service\nubuntu@VM-4-10-ubuntu:~/frps$ systemctl status frps.service\n● frps.service - frps service\n Loaded: loaded (/lib/systemd/system/frps.service; disabled; vendor preset: enabled)\n Active: active (running) since Fri 2024-08-16 00:51:54 CST; 5min ago\n Main PID: 3977 (frps)\n Tasks: 6 (limit: 2308)\n CGroup: /system.slice/frps.service\n └─3977 /home/ubuntu/frps/frps -c /home/ubuntu/frps/frps.ini\n\nAug 16 00:51:54 VM-4-10-ubuntu systemd[1]: Started frps service.```	20	

续表

评价内容	评价标准参考	参考分	得分
| 4. 在虚拟机中启动 frpc 并查看状态 | ```
long@userver:~/frpc$ sudo systemctl start frpc.service
long@userver:~/frpc$ systemctl status frpc.service
• frpc.service - frpc service
     Loaded: loaded (/lib/systemd/system/frpc.service; disabled; vendor preset: enabled)
     Active: active (running) since Thu 2024-08-15 16:54:10 UTC; 5min ago
   Main PID: 52998 (frpc)
      Tasks: 7 (limit: 2220)
     Memory: 1.4M
     CGroup: /system.slice/frpc.service
             └─52998 /home/long/frpc/frpc -c /home/long/frpc/frpc.ini

Aug 15 16:54:10 userver systemd[1]: Started frpc service.
``` | 20 | |
| 5. 在云主机中进行 FRP 服务开机自启动 设置、取消与查看 | ```
ubuntu@VM-4-10-ubuntu:~/frps$ sudo systemctl enable frps.service
Created symlink /etc/systemd/system/multi-user.target.wants/frps.service → /lib/systemd/
system/frps.service.
ubuntu@VM-4-10-ubuntu:~/frps$ systemctl list-unit-files | grep frps
frps.service   enabled
``` ```
ubuntu@VM-4-10-ubuntu:~/frps$ sudo systemctl disable frps.service
Removed /etc/systemd/system/multi-user.target.wants/frps.service.
ubuntu@VM-4-10-ubuntu:~/frps$ systemctl list-unit-files | grep frps
frps.service   disabled
``` | 20 | |
| 6. 在虚拟机中进行 FRP 服务开机自启动 设置、取消与查看 | ```
long@userver:~/frpc$ sudo systemctl enable frpc.service
Created symlink /etc/systemd/system/multi-user.target.wants/frpc.service → /lib/systemd/
system/frpc.service.
long@userver:~/frpc$ systemctl list-unit-files | grep frpc
frpc.service                               enabled        enabled
long@userver:~/frpc$ sudo systemctl disable frpc.service
Removed /etc/systemd/system/multi-user.target.wants/frpc.service.
long@userver:~/frpc$ systemctl list-unit-files | grep frpc
frpc.service                               disabled       enabled
``` | 20 | |

这里需要注意，在日常生活中不能随意把学校或者单位的内网服务映射到外网，如果因此出现网络安全事件（例如网络被黑客攻击、信息泄露等），则需要承担相应的法律责任。2017 年 6 月 1 日，我国正式实施《中华人民共和国网络安全法》，读者应树立正确的网络安全观，重视网络安全问题，遵守国家相关法律法规。

【相关知识】

在 Linux 操作系统中，服务通常通过 systemd（较新的系统，如 CentOS 7 及以上、Ubuntu 16. 04 及以上等）或 SysVinit（较老的系统）来管理的。对于使用 systemd 的系统，服务的配置通常是通过服务单元（Service Unit）文件完成的，这些文件通常位于"/etc/systemd/system/"或"/usr/lib/systemd/system/"目录下，并且以". service"作为文件扩展名。

一个". service"文件包含了控制服务行为的各种指令和选项，其内容如下。

```
[Unit]
Description = Example Service
After = network.target

[Service]
Type = simple
ExecStart = /usr/bin/example - daemon
Restart = on - failure

[Install]
WantedBy = multi - user.target
```

下面是对基本的"．service"文件内容的概述，包括常见的部分和选项。

1. ［**Unit**］部分

（1）Description：服务的简短描述，该描述会显示在"systemctl status"命令的输出中。

（2）After：指定启动当前服务之前必须启动的其他单元。

2. ［**Service**］部分

（1）Type：定义服务的启动类型。simple 是最常用的类型，表示服务立即启动。其他类型还包括 forking（服务作为守护进程启动，并立即退出父进程）、oneshot（类似 simple，但用于只运行一次的任务）等。

（2）ExecStart：指定启动服务时运行的命令。

（3）Restart：定义服务失败时的重启策略。on－failure 表示当服务异常退出时重启服务。

3. ［**Install**］部分

WantedBy：指定安装服务时，哪些目标（Target）应该"想要"这个服务。

4. 其他常见选项

（1）User 和 Group：指定服务运行的用户和组。

（2）Environment：设置环境变量。

（3）WorkingDirectory：指定服务进程的工作目录。

（4）TimeoutStartSec：设置服务启动的超时时间。

（5）KillMode：定义如何停止服务。

"．service"文件提供了丰富的配置选项，允许管理员根据服务的需求进行精细化配置。可以通过"man systemd．service"命令查看更多关于"．service"文件的选项和说明。

模块 5

综合项目：systemd管理与应用

模块导读

在 Ubuntu 操作系统中，掌握如何使用 systemd 进行项目自动化部署和管理具有重要的实际意义。首先，systemd 作为 Linux 操作系统中一个强大的初始化系统和服务管理器，能够有效地简化服务的启动、停止、重启等操作，同时提供监视进程和资源的功能，确保系统稳定运行。其次，对于开发者而言，学会配置 systemd 服务单元，能够确保应用程序或服务自动运行，减少人工干预，提高系统的自动化水平与运维效率。

本模块深入探讨如何在 Ubuntu 操作系统中利用 systemd 工具管理与应用综合项目，重点介绍 3 个具体案例：Spring Boot、Flask 及 updog 网盘的自动启动配置。首先，介绍如何为 Spring Boot 应用创建 systemd 服务单元文件，并实现开机自启动，确保 Java 应用稳定运行；其次，针对 Python 开发的 Flask Web 项目，介绍如何编写 systemd 服务脚本，并通过 systemctl 命令进行管理，以实现服务的自动启动和监控；最后，对于 updog 网盘，讨论其 systemd 配置文件的设置方法，从而实现在系统启动时自动启动该网盘。通过这些实践操作，读者不仅可以加深对 systemd 工具的理解，还能够掌握不同类型应用的服务管理方式，从而将其灵活应用于各种实际场景中。

项目 1　Spring Boot + Vue 项目的部署及管理

项目描述

在 IT 学员的技术培训课程中，为了帮助 IT 学员们从基础理论学习顺利过渡到实际的软件开发和运维实践，龙师傅特意设计了一个实用性极强的综合项目。该项目的核心目标是教导 IT 学员们如何在 Ubuntu 操作系统环境中部署和管理使用 Spring Boot + Vue 技术栈的 Web

应用程序。该项目旨在通过实际操作让 IT 学员们理解和掌握从前端到后端，再到服务器部署与自动化管理的全流程，包括但不限于开发环境的配置、数据库服务的搭建、Web 服务的设置以及系统服务的自动化管理。

选择 Spring Boot 和 Vue 技术栈是基于它们在业界的广泛使用和强大功能，这能确保 IT 学员们学到的技能是市场所需求的，并能立即应用于实际工作之中。此外，通过在 Ubuntu 操作系统中进行部署，IT 学员们还能学习如何进行 Linux 操作系统管理和应用，为未来在智能硬件开发或任何需要 Linux 技能的工作中的深入发展奠定基础。

项目分析

本项目将分为几个关键步骤进行。首先，需要在 Ubuntu 服务器中确认是否配置了适当的开发环境，包括 Java 和其他必要的开发库和工具，以便支持 Spring Boot 的应用开发和运行；然后，需要检查是否安装了 Redis 和 MySQL 等数据库服务以及 Nginx 或 Apache 等 Web 服务器。

为了实现自动化部署，本项目还介绍如何使用 systemd 对 Spring Boot 应用和 Web 服务进行管理，确保它们能够在系统启动时自动运行，并且在出现故障时能够自动重启。此外，本项目介绍了如何通过日志管理和系统监控来维护和优化应用的性能。

通过本项目，读者不仅能够掌握在 Ubuntu 环境中部署和管理现代 Web 应用的技能，而且能够了解如何在生产环境中确保应用的高可用性和稳定性，为未来的职业生涯做好准备。

项目任务分解

根据项目分析的结果，可以把本项目分解为图 5-1 所示的 4 个任务。

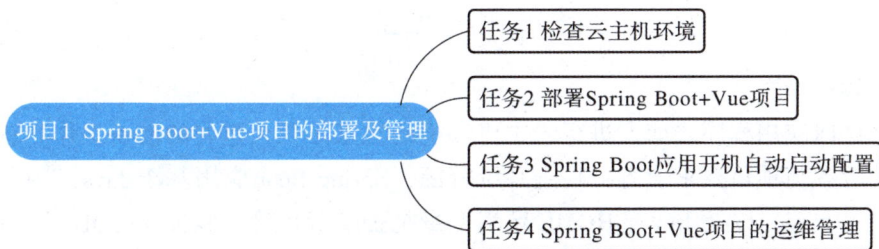

图 5-1　"Spring Boot + Vue 项目的部署及管理" 项目任务分解

项目目标

知识目标

（1）熟练掌握 Linux 文件管理命令。

（2）进一步学习 Linux 文件权限。

（3）了解在 Linux 操作系统中运行 Spring Boot 的方法和步骤。

（4）复习在 Ubuntu 操作系统中发布静态网站的方法。

（5）复习在 Ubuntu 操作系统中部署数据库的方法

（6）学习 Java 应用项目 systemd 服务配置的方法。

（7）学习使用 systemd 管理 Java 应用项目服务的方法。

（8）学习使用 systemd 实现 Java 应用项目开机自启动的方法。

（9）了解 Linux 进程管理的方法和步骤。

技能目标

（1）能检查 Spring Boot 项目所需的环境。

（2）能检查 Vue 项目所需的环境。

（3）能正确通过 sudo 命令借用管理员权限。

（4）能正确使用 Linux 文件管理命令完成增、删、改文件目录操作。

（5）能在 Ubuntu 20.04 服务器版中部署 Spring Boot 项目。

（6）能在 Ubuntu 20.04 服务器版中发布静态网站。

（7）能在 Ubuntu 20.04 服务器版中部署数据库。

（8）能给静态网站动态配置 API。

（9）能完成 Java 应用项目 systemd 服务配置。

（10）能使用 systemd 管理 Java 应用项目服务。

（11）能使用 systemd 实现 Java 应用项目开机自启动。

素质目标

（1）通过项目实战，提高分析问题、定位问题及解决问题的能力，提高逻辑思考和创新思维能力。

（2）通过团队分工合作完成项目开发和部署，提高成员间的沟通协调能力，学会表达和倾听，优化团队工作流程。

任务1　检查云主机环境

【任务分析】

在部署任何应用程序之前，进行云主机环境的检查是至关重要的准备工作。首先确保云主机系统的版本与项目要求兼容；检查系统资源；Spring Boot 应用基于 Java，因此需要检查 JDK 是否正确安装，以及 JAVA_HOME 环境变量是否配置正确；验证 MySQL 或 Redis 服务是否已经安装并正在运行，这些服务是 Spring Boot 应用常见的依赖；检查 Apache 或 Nginx 是否安装和配置妥当；确认云主机防火墙设置允许应用程序和数据库服务的端口通过；确保外部请求可以到达应用和数据库；保证运行环境的安全性和健壮性。以上检查工作任务不仅可以帮助预防未来可能出现的问题，也可以确保部署过程顺利进行。

【任务准备】

需要有 Spring Boot + Vue 应用的打包后的整套工程文件和项目配置信息，并且使用 sudo 用户登录云主机，如图 5 - 2 所示，检查防火墙的端口设置是否满足项目需要。

```
Welcome to Ubuntu 20.04 LTS (GNU/Linux 5.4.0-148-generic x86_64)

 * Documentation:  https://help.ubuntu.com
 * Management:     https://landscape.canonical.com
 * Support:        https://ubuntu.com/advantage

  System information as of Thu 08 Aug 2024 11:48:51 AM CST

  System load:  0.05               Processes:             131
  Usage of /:   14.4% of 49.11GB   Users logged in:       0
  Memory usage: 81%                IPv4 address for eth0: 10.0.4.15
  Swap usage:   0%

New release '22.04.3 LTS' available.
Run 'do-release-upgrade' to upgrade to it.


Last login: Thu Aug  8 10:49:56 2024 from 223.104.53.41
ubuntu@VM-4-15-ubuntu:~$
```

图 5－2　登录云主机

【任务实施】

（1）检查操作系统版本是否为 Ubuntu 20.04，以确保兼容性，命令如下，命令运行结果如图 5－3 所示。

```
lsb_release -a
```

```
Last login: Mon Aug  5 12:00:31 2024 from 223.104.53.238
ubuntu@VM-4-15-ubuntu:~$ lsb_release -a
No LSB modules are available.
Distributor ID: Ubuntu
Description:    Ubuntu 20.04 LTS
Release:        20.04
Codename:       focal
ubuntu@VM-4-15-ubuntu:~$
```

图 5－3　检查操作系统版本

（2）检查系统资源。

使用 top 或 htop 命令查看当前系统资源使用情况，尤其是 CPU 和内存使用率，查询结果如图 5－4 所示。

```
top - 15:59:30 up 409 days, 23:46,  1 user,  load average: 0.00, 0.00, 0.00
Tasks: 116 total,   1 running, 115 sleeping,   0 stopped,   0 zombie
%Cpu(s):  0.7 us,  0.7 sy,  0.0 ni, 98.7 id,  0.0 wa,  0.0 hi,  0.0 si,  0.0 st
MiB Mem :   1982.6 total,     94.2 free,   1536.5 used,    351.9 buff/cache
MiB Swap:      0.0 total,      0.0 free,      0.0 used.    279.0 avail Mem

    PID USER      PR  NI    VIRT    RES    SHR S  %CPU  %MEM     TIME+ COMMAND
1063453 root      20   0 1017224  54240  18756 S   0.7   2.7  19:18.92 YDService
2515958 root      20   0  636640  22936   4360 S   0.7   1.1   1132:15 barad_agent
 178869 mysql     20   0 1842308 494356      0 S   0.3  24.4   1484:06 mysqld
      1 root      20   0  170456   9920   5476 S   0.0   0.5  17:29.87 systemd
```

图 5－4　使用 top 命令查看当前系统资源使用情况

使用以下命令检查硬盘空间，确保有足够的硬盘空间安装所需软件及部署应用，命令运行结果如图 5－5 所示。

```
df -h
```

```
ubuntu@VM-4-15-ubuntu:~$ df -h
Filesystem      Size  Used Avail Use% Mounted on
udev            943M     0  943M   0% /dev
tmpfs           199M  792K  198M   1% /run
/dev/vda2        50G  7.1G   40G  16% /
tmpfs           992M   24K  992M   1% /dev/shm
tmpfs           5.0M     0  5.0M   0% /run/lock
tmpfs           992M     0  992M   0% /sys/fs/cgroup
tmpfs           199M     0  199M   0% /run/user/1000
```

图 5 - 5　检查硬盘空间

使用 ifconfig 或 ip addr 命令确认网络端口配置，检查网络连接状态，如图 5 - 6 所示。

```
ubuntu@VM-4-15-ubuntu:~$ ip addr
1: lo: <LOOPBACK,UP,LOWER_UP> mtu 65536 qdisc noqueue state UNKNOWN group default qlen 1000
    link/loopback 00:00:00:00:00:00 brd 00:00:00:00:00:00
    inet 127.0.0.1/8 scope host lo
       valid_lft forever preferred_lft forever
    inet6 ::1/128 scope host
       valid_lft forever preferred_lft forever
2: eth0: <BROADCAST,MULTICAST,UP,LOWER_UP> mtu 1500 qdisc mq state UP group default qlen 1000
    link/ether 52:54:00:9e:51:af brd ff:ff:ff:ff:ff:ff
    inet 10.0.4.15/22 brd 10.0.7.255 scope global eth0
       valid_lft forever preferred_lft forever
    inet6 fe80::5054:ff:fe9e:51af/64 scope link
       valid_lft forever preferred_lft forever
```

图 5 - 6　检查网络端口配置

（3）检查 Java 环境，如图 5 - 7 所示，可以看到 Java 的版本信息。

小贴士

　　如果出现 Java 没有安装的提示，则使用 "apt - get install default - jdk" 命令安装 Java 环境，并配置 JAVA_HOME 环境变量。

```
ubuntu@VM-4-15-ubuntu:~$ java -version
java version "21" 2023-09-19 LTS
Java(TM) SE Runtime Environment (build 21+35-LTS-2513)
Java HotSpot(TM) 64-Bit Server VM (build 21+35-LTS-2513, mixed mode, sharing)
```

图 5 - 7　检查 Java 环境

（4）检查 "Node. js" 和 NPM 版本，如图 5 - 8 所示。

小贴士

　　如果出现 Node. js 没有安装的提示，则使用 "apt - get install nodejs npm" 命令安装 node 环境。

```
ubuntu@VM-4-15-ubuntu:~$ node -v
v10.19.0
ubuntu@VM-4-15-ubuntu:~$ npm -v
6.14.4
```

图 5 - 8　检查 "Node. js" 和 NPM 版本

（5）检查数据库服务，命令如下，命令运行结果如图 5 - 9 所示，可以看到 "active（runing）"，从而可以判断 MySQL 服务正常运行。

```
systemctl status mysql.service
```

图 5-9　检查 MySQL 服务是否正在运行

（6）检查 Web 云主机。

确认 Web 云主机安装后，通过浏览器访问云主机 IP 地址的 8080 或 443 等端口，检查其运行状态是否正常，若其运行状态正常，则应看到图 5-10 的运行结果。

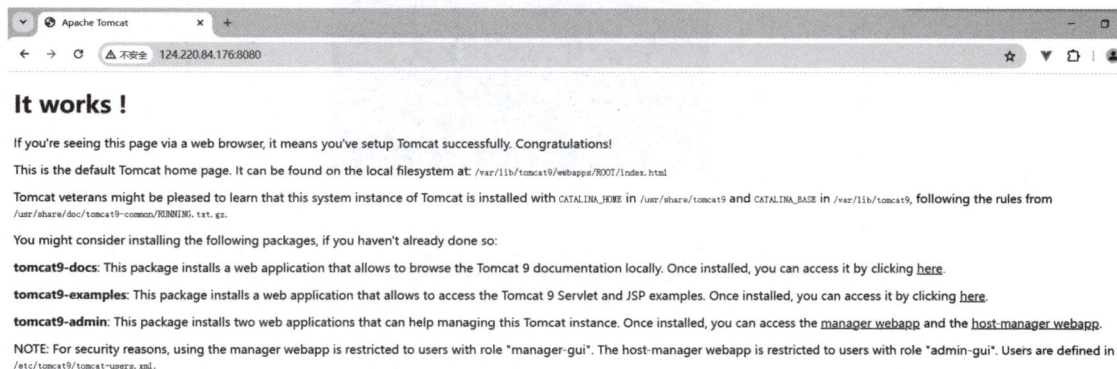

图 5-10　通过浏览器访问云主机 IP 地址的 8080 端口

（7）检查防火墙设置。

使用"sudo ufw status"命令查看防火墙规则，如果显示"inactive"，则代表未启用防火墙。如果已启用防火墙，则需要使用"sudo ufw allow"命令开放所需端口，确保开放应用程序和数据库服务的所需端口，如 80，8080，1883，3306，6379 等端口，如图 5-11 所示。

图 5-11　检查端口开放情况

【任务评价】

评价内容	评价标准参考	参考分	得分

1. 云主机中有 Java 环境	`ubuntu@VM-4-15-ubuntu:~$ java -version`
	`java version "21" 2023-09-19 LTS`
	`Java(TM) SE Runtime Environment (build 21+35-LTS-2513)`
	`Java HotSpot(TM) 64-Bit Server VM (build 21+35-LTS-2513, mixed mode, sharing)`
		20	

2. 云主机中有 "Node.js" 和 NPM	`ubuntu@VM-4-15-ubuntu:~$ node -v`
	`v10.19.0`
	`ubuntu@VM-4-15-ubuntu:~$ npm -v`
	`6.14.4`
		20	

3. 云主机中有数据库服务	`ubuntu@VM-4-15-ubuntu:~$ systemctl s`
	`● mysql.service - MySQL Community Se`
	`    Loaded: loaded (/lib/systemd/sy`
	`    Active: active (running) since`
	`  Main PID: 178869 (mysqld)`
	`    Status: "Server is operational"`
	`     Tasks: 46 (limit: 2262)`
	`    Memory: 488.2M`
	`    CGroup: /system.slice/mysql.ser`
	`            └─178869 /usr/sbin/mysq`
	
	`Warning: journal has been rotated si`
		20	

4. 云主机中有 Web 云主机	**Apache Tomcat** × 不安全 124.220.84.176:8080 **It works !** If you're seeing this page via a web browser, it means you've setup Tomcat successfully. Congratulations! This is the default Tomcat home page. It can be found on the local filesystem at: /var/lib/tomcat9/webapps/ROOT/in Tomcat veterans might be pleased to learn that this system instance of Tomcat is installed with CATALINA_HOME i /usr/share/doc/tomcat9-common/RUNNING.txt.gz. You might consider installing the following packages, if you haven't already done so: **tomcat9-docs**: This package installs a web application that allows to browse the Tomcat 9 documentation l **tomcat9-examples**: This package installs a web application that allows to access the Tomcat 9 Servlet and J **tomcat9-admin**: This package installs two web applications that can help managing this Tomcat instance. C NOTE: For security reasons, using the manager webapp is restricted to users with role "manager-gui". The h /etc/tomcat9/tomcat-users.xml.	20	

5. 云主机中防火墙设置正确	`ubuntu@VM-4-15-ubuntu:~$ sudo netstat -tuln`
	`Active Internet connections (only servers)`
	`Proto Recv-Q Send-Q Local Address           Foreign Address         State`
	`tcp        0      0 0.0.0.0:111             0.0.0.0:*               LISTEN`
	`tcp        0      0 0.0.0.0:30005           0.0.0.0:*               LISTEN`
	`tcp        0      0 10.0.4.15:53            0.0.0.0:*               LISTEN`
	`tcp        0      0 127.0.0.1:53            0.0.0.0:*               LISTEN`
	`tcp        0      0 127.0.0.53:53           0.0.0.0:*               LISTEN`
	`tcp        0      0 0.0.0.0:22              0.0.0.0:*               LISTEN`
	`tcp        0      0 127.0.0.1:953           0.0.0.0:*               LISTEN`
	`tcp        0      0 127.0.0.1:6010          0.0.0.0:*               LISTEN`
	`tcp        0      0 0.0.0.0:1883            0.0.0.0:*               LISTEN`
	`tcp        0      0 127.0.0.1:33060         0.0.0.0:*               LISTEN`
	`tcp        0      0 0.0.0.0:60006           0.0.0.0:*               LISTEN`
	`tcp        0      0 0.0.0.0:60008           0.0.0.0:*               LISTEN`
	`tcp6       0      0 :::8939                 :::*                    LISTEN`
	`tcp6       0      0 :::111                  :::*                    LISTEN`
	`tcp6       0      0 :::8080                 :::*                    LISTEN`
		20	

【相关知识】

1.　Ubuntu 操作系统中的软件安装

（1）使用 APT 安装软件包。高级打包工具（APT）是 Ubuntu 操作系统中的默认包管理器。通过命令"sudo apt – get update"来更新软件包列表，然后使用"sudo apt – get install 软件名"命令安装软件。例如，安装 JDK 可以使用"sudo apt – get install default – jdk"命令。

（2）使用 Snap 安装应用。Snap 是另一种软件包管理系统，它允许安装应用及其依赖。例如，可以通过"sudo snap install code"命令安装 VSCode。

2.　软件和配置的验证

（1）检查服务状态。使用"systemctl status 服务名"命令确认服务是否正在运行。例如，使用"systemctl status apache2"命令检查 Apache 云主机的状态。

（2）环境变量的验证。使用"echo ＄变量名"命令检查环境变量是否已正确设置，例如"echo ＄JAVA_HOME"。

（3）端口的开放与监听。使用"netstat – tuln"命令查看网络服务监听的端口，确认必要的端口已被正确开放并监听。

（4）语言环境兼容性测试。运行一些简单的程序或脚本来验证编程语言环境（如"Node. js"）的正确性，例如运行一个简单的"Node. js"脚本来检查"Node. js"环境。

（5）防火墙规则的确认。使用"ufw status"命令检查特定的端口是否已在防火墙中打开，这对于确保外部可访问性至关重要。

（6）软件的版本验证。使用相应的命令确认安装的软件版本，例如使用"node – v"和"npm – v"命令验证"Node. js"和 NPM 的版本。

任务 2　部署 Spring Boot + Vue 项目

【任务分析】

项目应成功部署并运行在 Ubuntu 云主机上，用户可以通过 Web 浏览器访问"Vue. js"前端，而前端又能正确与 Spring Boot 后端进行数据交互。完成本任务不仅需要技术知识，还需要细致的操作和充分的测试，以确保部署的灵活性、可靠性和安全性。

【任务准备】

准备好项目所需的所有文件，包括 Spring Boot 应用打包好的可执行 JAR 文件（本项目中为"BookM. jar"）、Vue.js 前端打包好的 dist 文件（本项目中为"Book. zip"）、数据库的脚本文件（本项目中为"bookmanager. sql"），并登录有发布环境的云主机（所需文件在本书所提供电子资料的模块 5 项目 1 目录下）。

【任务实施】

（1）部署项目所需的数据库，打开 Navicat for MySQL 如图 5 – 12 所示，连接到云主机的 MySQL 服务，需要输入云主机的 IP 地址以及连接 MySQL 服务的用户名和密码，连接成功后，新建数据库"bookmanager"，如图 5 – 13 所示，导入数据库的脚本文件"bookmanager. sql"，如图 5 – 14 所示，导入成功的界面如图 5 – 15 所示。

（2）在合适的目录下上传作为后台端口的 JAR 文件，注意所选择的目录是否具有上传的权限，若没有上传的权限则需要根据之前的知识进行设置，或者借用 sudo 权限进行上传，如图 5 – 16 所示。

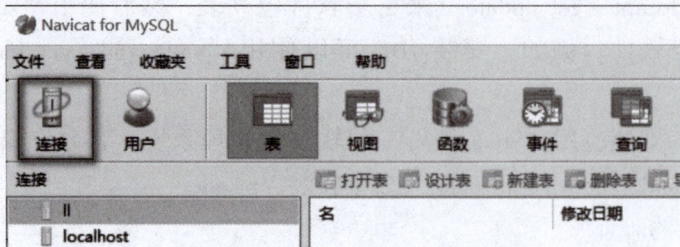

图 5 – 12　打开 Navicat for MySQL

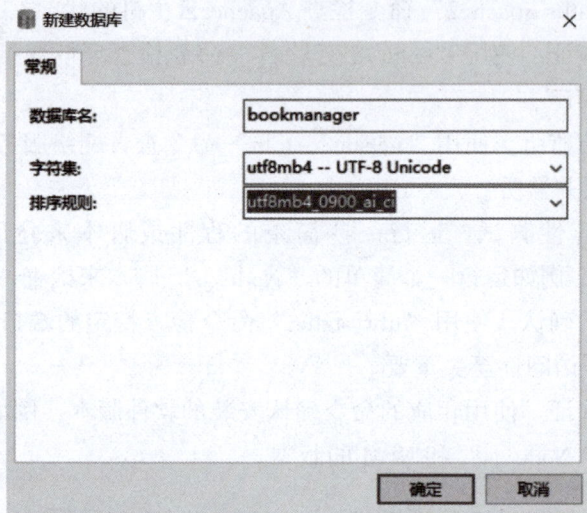

图 5 – 13　新建数据库 "bookmanager"

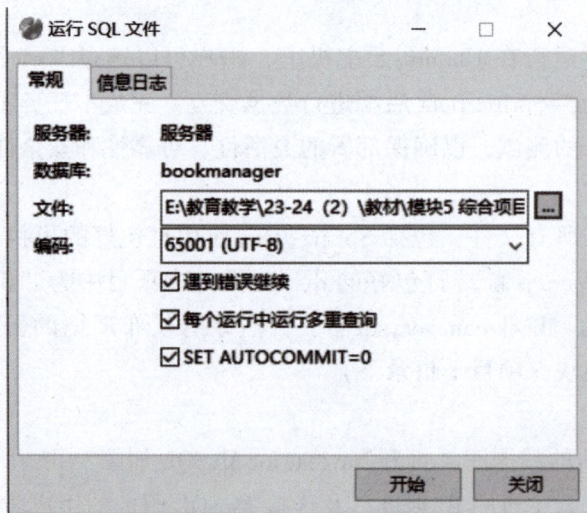

图 5 – 14　导入数据库的脚本文件

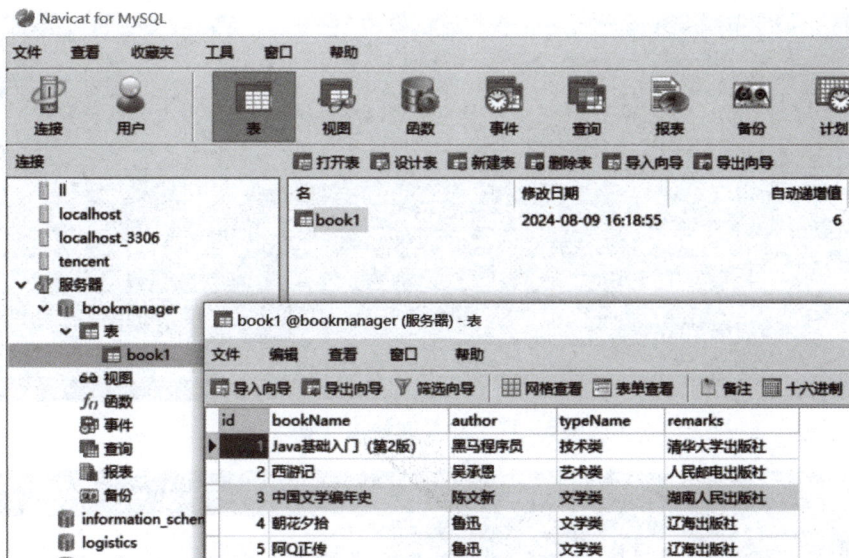

图 5 − 15　导入成功的界面

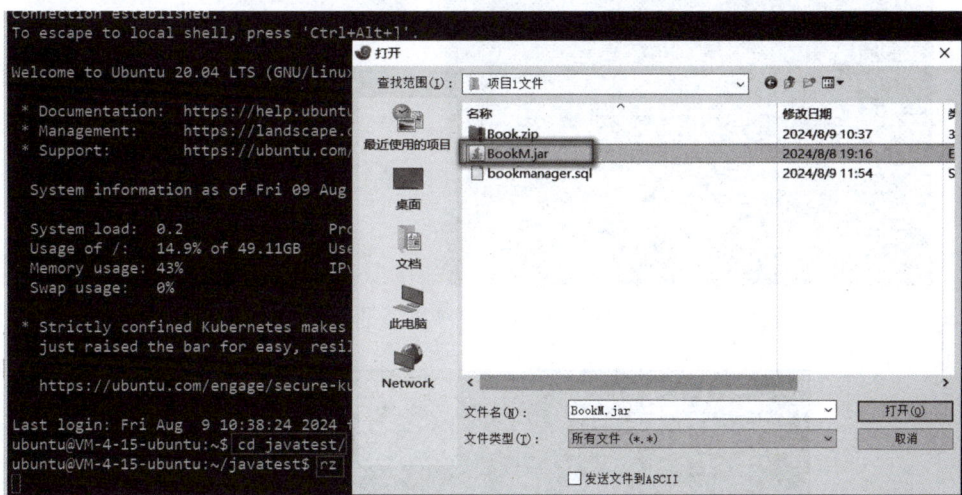

图 5 − 16　选择 JAR 文件上传

上传成功后运行 JAR 文件，后台即可发布成功，命令如下，命令运行结果如图 5 − 17 所示。

```
java – jar BookM.jar(JAR 文件名)
```

（3）在 Tomcat 的发布目录下上传 Vue 压缩文件并解压，命令如下，注意文件夹的权限问题，上传过程如图 5 − 18 所示，解压过程如图 5 − 19 所示。

```
cd /var/lib/tomcat9/webapps/
sudo rz
sudo unzip Book.zip
```

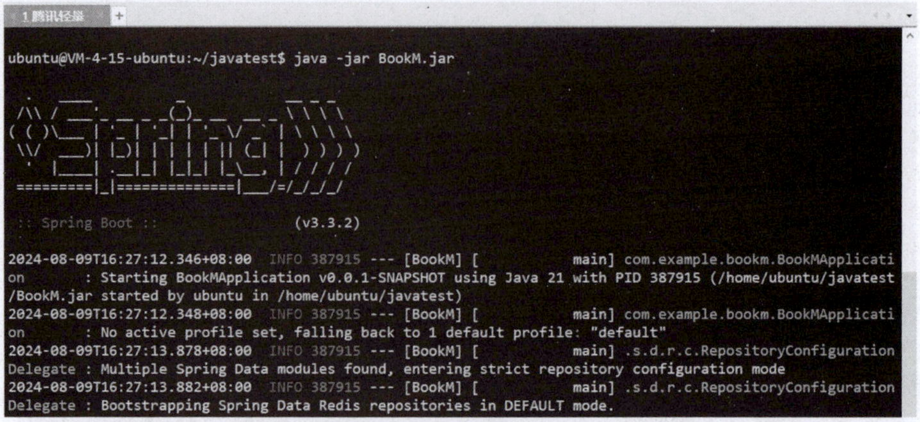

图 5-17 JAR 文件运行成功

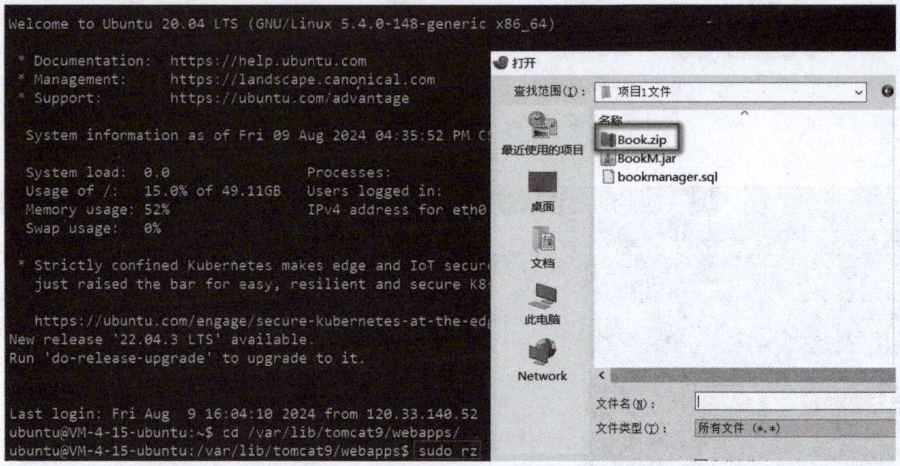

图 5-18 选择 Vue 压缩文件上传

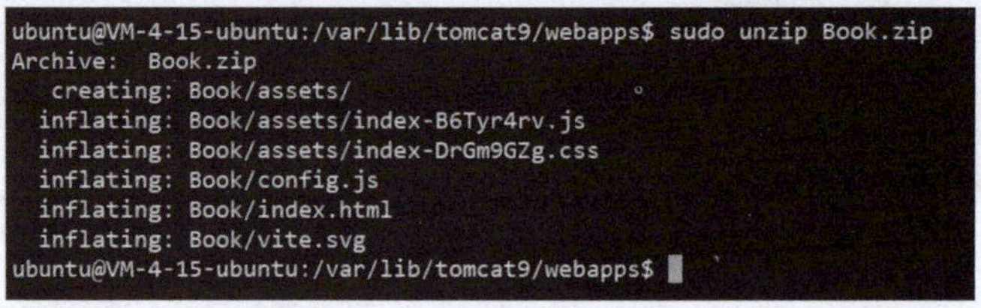

图 5-19 解压 Vue 压缩文件

（4）需要根据自己云主机的 IP 地址为前端配置 API 的端口地址，根据开发人员所给的配置信息，打开对应的"config. js"文件进行修改，过程如图 5-20 和图 5-21 所示，并开放对应的端口，如图 5-22 所示。

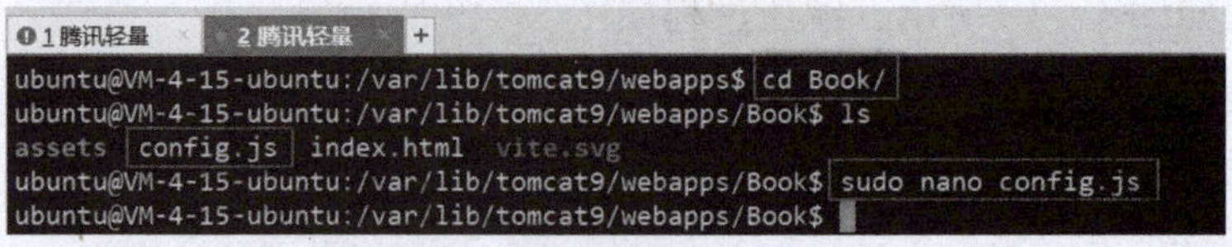

图 5-20 准备修改前端配置文件

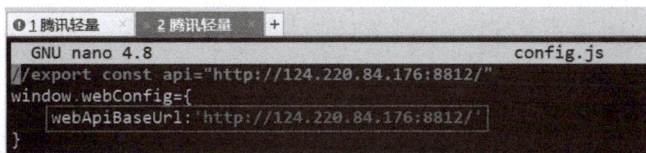

图 5 – 21　修改 IP 地址

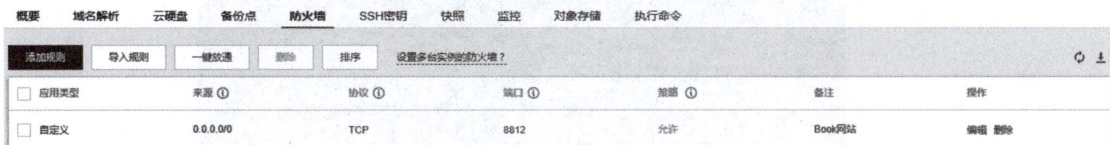

图 5 – 22　开发端口 8812

（5）测试发布的网站能否正常运行，出现图 5 – 23 所示的页面表明发布成功。

图 5 – 23　Spring Boot + Vue 项目发布成功

【任务评价】

评价内容	评价标准参考	参考分	得分
1. 数据库导入成功		30	

续表

评价内容	评价标准参考	参考分	得分
2. 后台运行成功		30	
3. 整个项目发布成功		40	

【相关知识】

1. 文件系统操作

（1）创建、删除、复制和移动文件和目录。

（2）查看和修改文件权限，例如使用 chmod 和 chown 命令。

（3）查找文件中的文本，例如使用 grep 和 find 命令。

2. 网络配置

（1）配置网络端口，例如设置 IP 地址、子网掩码、网关和 DNS 云主机。

（2）理解主机名与域名的区别和配置。

（3）配置防火墙规则，例如使用 iptables 或 firewalld 命令。

3. 用户和组管理

（1）创建、删除和管理用户账户。

（2）创建、删除和管理组。

（3）分配用户权限和组权限。

任务 3　Spring Boot 应用开机自启动配置

【任务分析】

任务 2 中部署的 Spring Boot 项目，只要停止运行，网站的端口就无法访问，为了确保 Spring Boot 应用在云主机启动时自动运行，并且能够稳定地在后台长期运行，无须人工干预，可以使用 systemd 进行管理，并配置成开机自启动方式，这有助于提高 Spring Boot 应用的可靠性和可维护性，是项目部署过程中的一个重要环节。

【任务准备】

通过任务 2 确保 Spring Boot 应用已在云主机上部署并且能够手动正常运行；确保拥有足够的权限创建和管理 systemd 服务；可以将 Spring Boot 应用停止运行，观察到网站访问不到端口，从而网站无法正常运行。

【任务实施】

（1）在本地新建"bookapi. service"文件，注意将配置文件中的家目录修改为用户的家目录，将运行 JAR 文件的命令写入 ExecStart 配置。

"bookapi. service"文件的内容如下。

```
[Unit]
Description = A springboot jar Book Service
After = syslog.target network.target

[Service]
Type = simple
ExecStart = /usr/bin/java - jar BookM.jar
TimeoutStopSec = 5
Restart = always
RestartSec = 10
StandardOutput = syslog
StandardError = syslog
SyslogIdentifier = bookapi
User = ubuntu
Group = ubuntu
Environment = PATH = /usr/bin/ #即 Java 的绝对路径
WorkingDirectory = /home/ubuntu/javatest/
#工作路径,是 JAR 包的位置,可使用 pwd 命令查看
[Install]
WantedBy = multi - user.target
```

（2）保存"bookapi. service"文件，并上传到"/lib/systemd/system"目录下，或者直接在"/lib/systemd/system"目录下创建服务文件，命令如下，命令运行结果如图 5-24 所示。

```
sudo nano bookapi.service
```

```
Last login: Fri Aug  9 18:13:20 2024 from 120.33.140.52
ubuntu@VM-4-15-ubuntu:~$ cd /lib/systemd/system
ubuntu@VM-4-15-ubuntu:/lib/systemd/system$ sudo nano bookapi.service
```

图 5-24　创建服务文件

（3）使用以下命令启动服务。

```
sudo systemctl stop bookapi
```

（4）启动服务后，可以手动查看服务状态。

```
systemctl status bookapi.service
```

当出现图 5 – 25 所示界面时，表示服务启动成功，这时再次刷新网站可以发现网站可以正常运行。

图 5 – 25　服务启动成功

（5）通过以下命令可以查看和跟踪服务日志，可以通过服务日志观察程序的应用情况，如图 5 – 26 所示，进行下一步的分析。

```
journalctl –u bookapi
```

图 5 – 26　查看服务日志

（6）可以通过以下命令手动停止服务，然后再次检查网站是否能正常运行，可以切换启动和停止服务，同时观察网站的运行情况。

```
sudo systemctl stop bookapi.service
```

（7）为了确保 Spring Boot 应用在云主机启动时自动运行，并且能够稳定地在后台长期运行，可以设置该服务为自动启动，命令如下。

```
sudo systemctl enable bookapi
```

如有关闭自动启动服务的需求，可以通过以下命令实现。

```
sudo systemctl disable bookapi
```

【任务评价】

评价内容	评价标准参考	参考分	得分
1. 启动服务成功		50	

评价内容	评价标准参考	参考分	得分
| 2. 查看和跟踪服务日志 | ```
ubuntu@VM-4-15-ubuntu:/lib/systemd/system$ systemctl  status bookapi.ser
● bookapi.service - A springboot jar Book Service
     Loaded: loaded (/lib/systemd/system/bookapi.service; disabled; vend
     Active: active (running) since Fri 2024-08-09 18:27:39 CST; 1h 43mi
   Main PID: 425513 (java)
      Tasks: 39 (limit: 2262)
     Memory: 211.1M
     CGroup: /system.slice/bookapi.service
             └─425513 /usr/bin/java -jar BookM.jar
``` | 50 | |

【相关知识】

1. 服务单元文件的其他选项

（1）［Unit］部分可以包含其他选项，例如 Requires（指定服务的依赖关系）、Before 和 After（定义启动顺序）等。

（2）［Service］部分可以设置环境变量、工作目录、用户和组等。

2. 管理服务状态

（1）可以使用"systemctl start your – service. service"命令手动启动服务。

（2）可以使用"systemctl stop your – service. service"命令停止服务。

（3）可以使用" systemctl restart your – service. service"命令重启服务。

（4）可以使用" systemctl reload your – service. service"命令重新加载配置文件而不中断服务。

3. 定时任务

systemd 还提供了定时任务功能，可以使用 systemd – timer 和 systemd – timesyncd 实现定时任务的调度和管理。

任务 4　Spring Boot + Vue 项目的运维管理

【任务分析】

Spring Boot + Vue 项目的运维管理是确保 Spring Boot + Vue 项目长期稳定运行的关键，涉及监控、维护、更新和故障排除等多个方面。

【任务准备】

在任务 3 的基础上，Spring Boot + Vue 项目已经运行服务，并进行了开机自启动配置，当应用遭遇意外情况时，需要综合运用服务日志分析、监控工具、远程调试等技术手段定位问题，并采取相应的措施进行修复和维护。

【任务实施】

（1）通过以下命令可以检查服务的情况，出现图 5 – 27 所示界面说明服务正常运行并配置了开机自启动。

```
sudo systemctl list – unit – files | grep bookapi
```
```

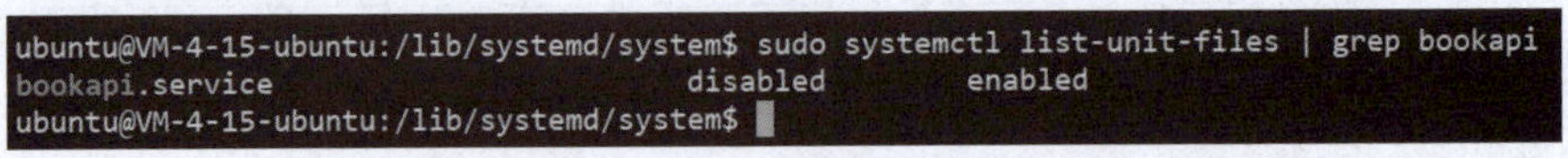

```
ubuntu@VM-4-15-ubuntu:/lib/systemd/system$ sudo systemctl list-unit-files | grep bookapi
bookapi.service                        disabled       enabled
ubuntu@VM-4-15-ubuntu:/lib/systemd/system$
```

图 5 – 27　检查服务情况

（2）通过 netstat 命令可以查看端口的使用情况，如图 5 – 28 所示，当运行后台出现端口被占用问题时，可以使用此命令查看，并进行后续处理。

也可以使用 lsof 命令查看某个具体端口的使用情况，如图 5 – 29 所示。

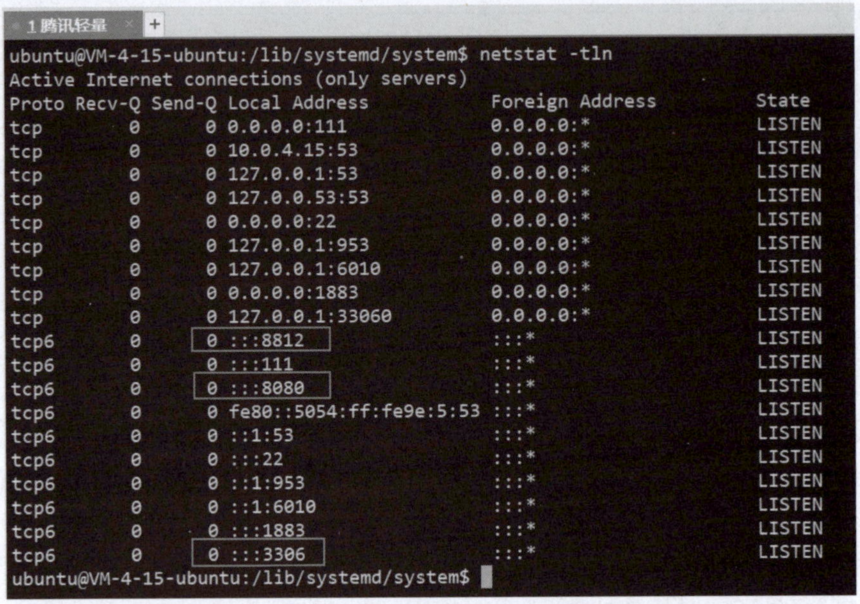

```
ubuntu@VM-4-15-ubuntu:/lib/systemd/system$ netstat -tln
Active Internet connections (only servers)
Proto Recv-Q Send-Q Local Address           Foreign Address         State
tcp        0      0 0.0.0.0:111             0.0.0.0:*               LISTEN
tcp        0      0 10.0.4.15:53            0.0.0.0:*               LISTEN
tcp        0      0 127.0.0.1:53            0.0.0.0:*               LISTEN
tcp        0      0 127.0.0.53:53           0.0.0.0:*               LISTEN
tcp        0      0 0.0.0.0:22              0.0.0.0:*               LISTEN
tcp        0      0 127.0.0.1:953           0.0.0.0:*               LISTEN
tcp        0      0 127.0.0.1:6010          0.0.0.0:*               LISTEN
tcp        0      0 0.0.0.0:1883            0.0.0.0:*               LISTEN
tcp        0      0 127.0.0.1:33060         0.0.0.0:*               LISTEN
tcp6       0      0 :::8812                 :::*                    LISTEN
tcp6       0      0 :::111                  :::*                    LISTEN
tcp6       0      0 :::8080                 :::*                    LISTEN
tcp6       0      0 fe80::5054:ff:fe9e:5:53 :::*                    LISTEN
tcp6       0      0 ::1:53                  :::*                    LISTEN
tcp6       0      0 :::22                   :::*                    LISTEN
tcp6       0      0 ::1:953                 :::*                    LISTEN
tcp6       0      0 ::1:6010                :::*                    LISTEN
tcp6       0      0 :::1883                 :::*                    LISTEN
tcp6       0      0 :::3306                 :::*                    LISTEN
ubuntu@VM-4-15-ubuntu:/lib/systemd/system$
```

图 5 – 28　查看端口的使用情况

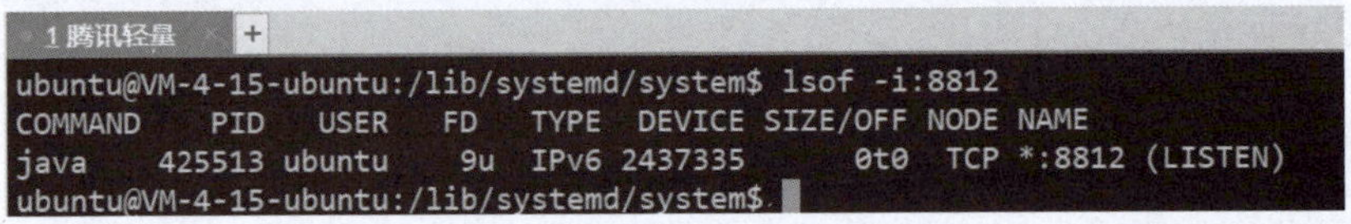

```
ubuntu@VM-4-15-ubuntu:/lib/systemd/system$ lsof -i:8812
COMMAND    PID   USER   FD   TYPE DEVICE SIZE/OFF NODE NAME
java    425513 ubuntu    9u  IPv6 2437335      0t0  TCP *:8812 (LISTEN)
ubuntu@VM-4-15-ubuntu:/lib/systemd/system$
```

图 5 – 29　查看具体端口的使用情况

（3）使用以下命令结束服务 10 s 后会自动重启，可以用来检查验证服务是否能正常自动重启。

```
sudo systemctl --signal=SIGKILL kill bookapi
```

（4）跟踪服务日志，命令如下，命令运行结果如图 5 – 30 所示。

```
journalctl -u bookapi
```

通过查看服务日志，可以了解应用程序是否遇到了错误、异常或其他问题。

（5）需要把服务日志分离到特定的文件中，可以使用 rsyslog 管理 syslog，创建 "/etc/rsyslog. d/bookapi. conf" 配置文件来分流服务日志，如图 5 – 31 所示，配置文件内容如下。

```
if $programname == 'bookapi' then /var/log/bookapi.log
& stop
```

小贴士

服务文件中的"SyslogIdentifier = bookapi"要与配置文件中的"programname == 'bookapi'"一致。

图 5-30　跟踪服务日志

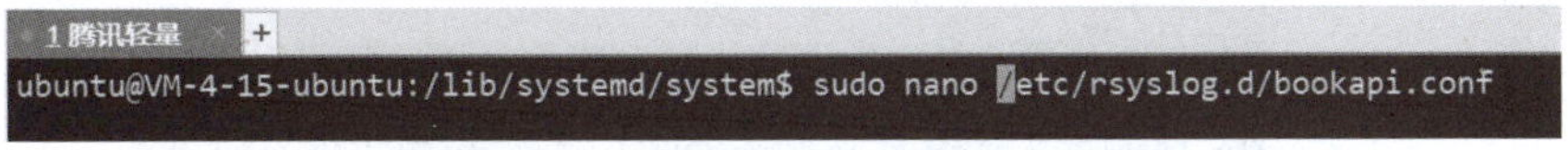

图 5-31　创建配置文件分流服务日志

（6）通过以下命令重新启动 rsyslog 服务。

```
sudo systemctl restart rsyslog
```

（7）重启之后，就可以在自己设定的文件中查看服务日志。在"/var/log"目录下，同时可以进行实时跟踪，命令如下，命令运行结果如图 5-32 所示。

```
ls -l bookapi.log
tail -f bookapi.log
```

图 5-32　服务日志分离成功

【任务评价】

评价内容	评价标准参考	参考分	得分
1. 会检查服务的情况	ubuntu@VM-4-15-ubuntu:/lib/systemd/system$ sudo systemctl list-unit-files | grep bookapi bookapi.service disabled enabled ubuntu@VM-4-15-ubuntu:/lib/systemd/system$	25	
2. 会查看端口的使用情况	ubuntu@VM-4-15-ubuntu:/lib/systemd/system$ netstat - Active Internet connections (only servers) Proto Recv-Q Send-Q Local Address Foreign tcp 0 0 0.0.0.0:111 0.0.0.0: tcp 0 0 10.0.4.15:53 0.0.0.0: tcp 0 0 127.0.0.1:53 0.0.0.0: tcp 0 0 127.0.0.53:53 0.0.0.0: tcp 0 0 0.0.0.0:22 0.0.0.0: tcp 0 0 127.0.0.1:953 0.0.0.0: tcp 0 0 127.0.0.1:6010 0.0.0.0: tcp 0 0 0.0.0.0:1883 0.0.0.0: tcp 0 0 127.0.0.1:33060 0.0.0.0: tcp6 0 0 :::8812 :::* tcp6 0 0 :::111 :::* tcp6 0 0 :::8080 :::* tcp6 0 0 fe80::5054:ff:fe9e:5:53 :::* tcp6 0 0 ::1:53 :::* tcp6 0 0 :::22 :::* tcp6 0 0 ::1:953 :::* tcp6 0 0 ::1:6010 :::* tcp6 0 0 :::1883 :::* tcp6 0 0 :::3306 :::* ubuntu@VM-4-15-ubuntu:/lib/systemd/system$ ubuntu@VM-4-15-ubuntu:/lib/systemd/system$ lsof -i:8812 COMMAND PID USER FD TYPE DEVICE SIZE/OFF NODE NAME java 425513 ubuntu 9u IPv6 2437335 0t0 TCP *:8812 (LISTEN) ubuntu@VM-4-15-ubuntu:/lib/systemd/system$	25	
3. 会跟踪服务日志	ubuntu@VM-4-15-ubuntu:/lib/systemd/system$ journalctl -u bookapi -- Logs begin at Fri 2024-05-24 16:42:58 CST, end at Fri 2024-08-09 21:08:50 CST. -- Aug 09 18:27:39 VM-4-15-ubuntu systemd[1]: /lib/systemd/system/bookapi.service:16: Invalid enviro Aug 09 18:27:39 VM-4-15-ubuntu systemd[1]: Started A springboot jar Book Service. Aug 09 18:27:40 VM-4-15-ubuntu BookM[425513]: Aug 09 18:27:40 VM-4-15-ubuntu BookM[425513]: /\\ / ___'_ __ _ _(_)_ __ __ _ \\ \\ \\ \\ Aug 09 18:27:40 VM-4-15-ubuntu BookM[425513]: (( )___	'_	'_|	'_ \\/ _`	\\ \\ \\ \\ Aug 09 18:27:40 VM-4-15-ubuntu BookM[425513]: \\\\/ ___)| |_)|				|| (_| |)))) Aug 09 18:27:40 VM-4-15-ubuntu BookM[425513]: ' |____| .__|_| |_|_| |___,	/ / / / Aug 09 18:27:40 VM-4-15-ubuntu BookM[425513]: =========|_|==============|___/=/_/_/_/ Aug 09 18:27:40 VM-4-15-ubuntu BookM[425513]: :: Spring Boot :: (v3.3.2) Aug 09 18:27:40 VM-4-15-ubuntu BookM[425513]: Aug 09 18:27:42 VM-4-15-ubuntu BookM[425513]: 2024-08-09T18:27:40.625+08:00 INFO 425513 --- [Book Aug 09 18:27:42 VM-4-15-ubuntu BookM[425513]: 2024-08-09T18:27:40.630+08:00 INFO 425513 --- [Book Aug 09 18:27:42 VM-4-15-ubuntu BookM[425513]: 2024-08-09T18:27:42.125+08:00 INFO 425513 --- [Book Aug 09 18:27:42 VM-4-15-ubuntu BookM[425513]: 2024-08-09T18:27:42.129+08:00 INFO 425513 --- [Book Aug 09 18:27:42 VM-4-15-ubuntu BookM[425513]: 2024-08-09T18:27:42.164+08:00 INFO 425513 --- [Book Aug 09 18:27:42 VM-4-15-ubuntu BookM[425513]: 2024-08-09T18:27:42.968+08:00 INFO 425513 --- [Book Aug 09 18:27:42 VM-4-15-ubuntu BookM[425513]: 2024-08-09T18:27:42.983+08:00 INFO 425513 --- [Book	25	
4. 服务日志分离成功	ubuntu@VM-4-15-ubuntu:/lib/systemd/system$ sudo nano /etc/rsyslog.d/bookapi.conf	25	

【相关知识】

关于日志管理的知识如下。

（1）使用 journalctl 工具可以查询和操作日志，例如查看不同启动阶段的日志、检查特定进程或应用程序的最后警告和错误等。

（2）通过 journalctl 工具的 –f 选项可以实时动态地显示最新日志，以便监控系统运行状态。

（3）journalctl 工具支持多种过滤和排序选项，例如按时间范围、服务单元、日志级别等筛选日志，并可以使用 − − since 和 − − until 参数来精确定义时间范围。

（4）systemd 允许通过 journalctl 工具的 − − vacuum 选项来强制清除旧日志，以释放磁盘空间。同时，可在"journald. conf"配置文件中设置日志文件的最大使用空间和保留空间等策略，以自动管理日志文件的大小。

项目 2　Flask 项目的开机自启动

项目描述

在 IT 学员培训项目中，龙师傅特别强调了对 Linux 操作系统及其在现代软件开发和运维中的应用的深入理解。为了加深 IT 学员对课堂知识的理解和应用，龙师傅安排了一个综合性的实践任务，即在 Ubuntu 20. 04 云主机版中部署一个 Flask 项目，并实现该项目的自动启动。

Flask 是一个轻量级的 Web 应用框架，广泛用于快速开发和原型制作。在本项目中，首先需要有之前配置好开发环境的 Ubuntu 操作系统，包括 Python、Flask、pip 等和环境设置，也可以使用云。本项目的核心目标是模拟真实云主机环境中的应用部署过程——从安装必要的软件包和服务到配置应用，使应用能够在云主机启动时自动运行。

项目分析

要完成本项目，首先需要在 Ubuntu 云主机中安装 Flask 框架及项目中使用的其他 Python 依赖项，若处理大量并发请求和保持长时间稳定运行，还需要配置 WSGI 云主机（如 Gunicorn）等，这些环境的搭建方法在之前的模块中已经介绍过，在本项目中只需要确认是否安装，补缺查漏即可；然后需要将 Flask 项目配置为系统服务，并确保这一服务在 Ubuntu 云主机启动时能够自动运行，无须人工干预；完成配置后，必须测试 Flask 项目的自动启动功能，并确保 Flask 项目在系统重启后能够正常运行。

项目任务分解

根据项目分析的结果，可以把本项目分解为图 5 − 33 所示的 4 个任务。

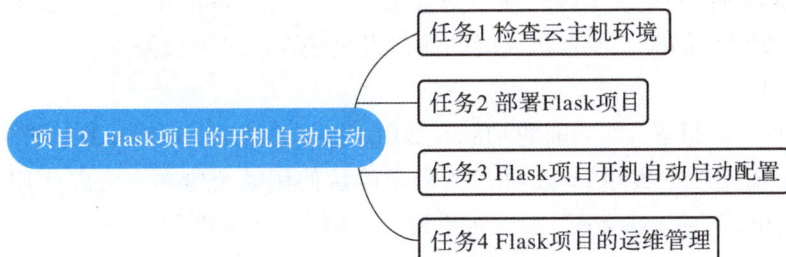

图 5 − 33　"Flask 项目的开机自启动"项目任务分解

项目目标

知识目标

（1）了解在 Linux 操作系统中运行 Flask 项目的方法和步骤。

（2）了解在 Ubuntu 20.04 服务器版中部署 Flask 项目的方法。

（3）学习 Flask 项目 systemd 服务配置的方法。

（4）学习使用 systemd 管理 Flask 项目服务的方法。

（5）学习使用 systemd 实现 Flask 项目开机自启动的方法。

技能目标

（1）能检查 Flask 项目所需的环境。

（2）复习如何安装 Flask 项目所需的环境。

（3）能在 Ubuntu 20.04 服务器版中部署 Flask 项目。

（4）能正确使用 Linux 文件管理命令完成文件和目录操作。

（5）能正确通过 sudo 命令借用管理员权限。

（6）能完成 Flask 项目 systemd 服务配置。

（7）能使用 systemd 管理 Flask 项目服务。

（8）能使用 systemd 实现 Flask 项目开机自启动。

素质目标

（1）在实现 Flask 项目自动启动的过程中，合理安排操作步骤，锻炼逻辑思维和计划能力。

（2）增强自主学习和持续学习的意识，通过接触新知识和新技能，激发对持续学习的兴趣，以适应技术的快速变化。

任务 1　检查云主机环境

【任务分析】

在部署 Flask 项目到 Ubuntu 云主机中时，检查云主机环境是确保 Flask 项目正确运行的关键步骤，这个过程不仅涉及软件安装，还包括细致的配置和多次测试，读者可以借此进一步理解 Linux 的常规知识与 Flask 项目的结合应用。

【任务准备】

需要有 Flask 项目的整套工程和项目配置信息，并且以 sudo 用户登录云主机，登录后的界面如图 5-2 所示；同时，检查防火墙的端口设置是否满足项目需要。

【任务实施】

（1）确认 Python 版本，在当前的 Ubuntu 20.04 操作系统中，Python 3.8 作为默认版本出现在系统路径中，需要根据实际 Flask 项目的需求确认使用哪个版本，可以使用"python --version"和"python3 --version"命令进行检查，如图 5-34 所示。

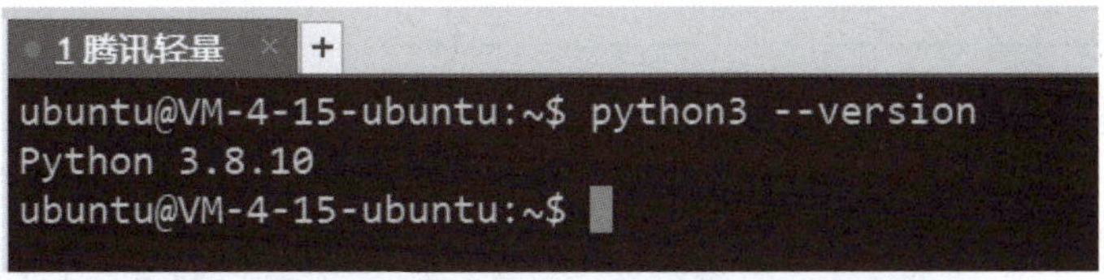

图 5 – 34　检查 Python 版本

（2）为了安装 Flask 及其他插件，需要确认云主机中已经安装了 pip。若没有安装 pip，可以使用"sudo apt install python3 – pip"命令进行补充安装。检查 pip 版本，命令如下，命令运行结果如图 5 – 35 所示。

```
python3 - -version
```

或者

```
pip3 -V
```

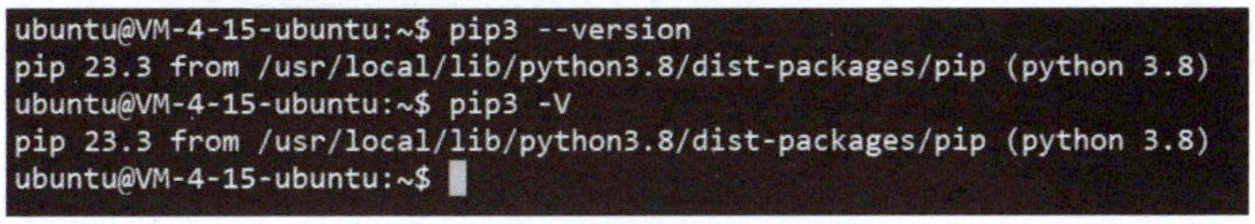

图 5 – 35　检查 pip 版本

（3）使用"pip show flask"命令检查 Flask 的安装情况及其依赖，如图 5 – 36 所示，若没有安装 Flask，可以使用"pip install Flask"命令安装。若要指定 Flask 版本，可以添加版本号参数，例如"pip install Flask == 1. 1. 2"。

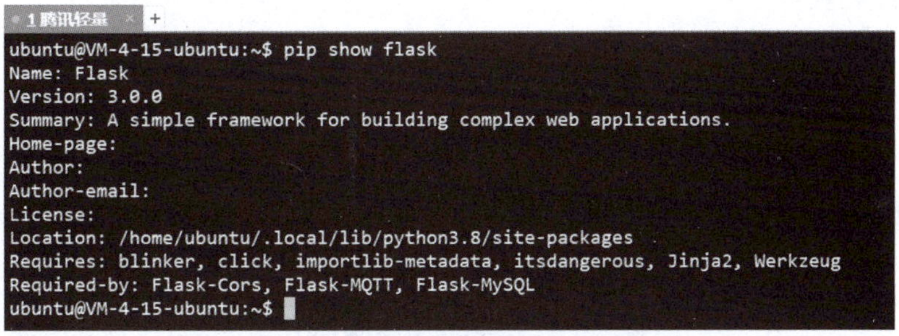

图 5 – 36　检查 Flask 的安装情况及其依赖

【任务评价】

评价内容	评价标准参考	参考分	得分
1. 会检查 Python 版本	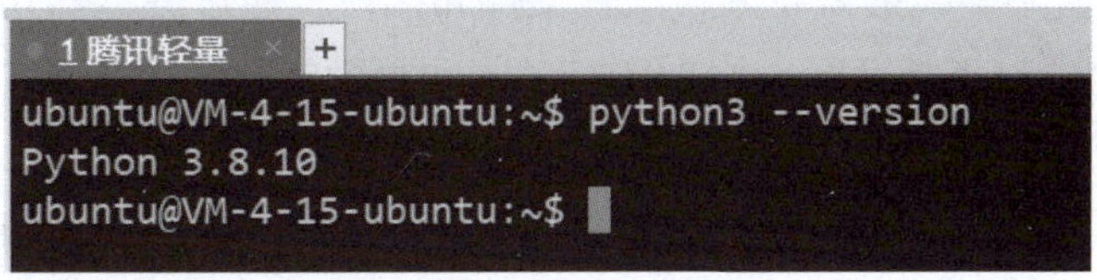	20	

续表

评价内容	评价标准参考	参考分	得分
| 2. 会检查 pip 是否安装 | ```
ubuntu@VM-4-15-ubuntu:~$ pip3 --version
pip 23.3 from /usr/local/lib/python3.8/dist-packages/pip (python 3.8)
ubuntu@VM-4-15-ubuntu:~$ pip3 -V
pip 23.3 from /usr/local/lib/python3.8/dist-packages/pip (python 3.8)
ubuntu@VM-4-15-ubuntu:~$
``` | 20 | |
| 3. 会检查 Flask 以及其他插件 | ```
1 腾讯轻量 +
ubuntu@VM-4-15-ubuntu:~$ pip show flask
Name: Flask
Version: 3.0.0
Summary: A simple framework for building complex web applications.
Home-page:
Author:
Author-email:
License:
Location: /home/ubuntu/.local/lib/python3.8/site-packages
Requires: blinker, click, importlib-metadata, itsdangerous, Jinja2, Werkzeug
Required-by: Flask-Cors, Flask-MQTT, Flask-MySQL
ubuntu@VM-4-15-ubuntu:~$
``` | 30 | |
| 4. 会补充 Flask 项目需要的未安装插件 | 后续发布项目没有出现缺少模块错误 | 30 | |

【相关知识】

1. 操作系统基础

（1）了解 Linux 的基本命令和文件系统结构是日常操作的基础。例如，使用 ls、cd、mkdir 等命令浏览和管理文件系统。

（2）熟悉 Linux 的文件系统层次结构标准（Filesystem Hierarchy Standard，FHS）也有助于管理配置文件和服务。

2. 网络配置

（1）对于云主机而言，正确的网络配置至关重要。需要了解如何设置静态 IP 地址、配置 DNS 解析以及可能的端口转发。

（2）在 Linux 操作系统中，网络配置通常涉及编辑"/etc/network/interfaces"或"/etc/sysconfig/network – scripts/ifcfg – eth0"文件，并使用 ifup 和 ifdown 命令应用更改。

任务 2　部署 Flask 项目

【任务分析】

检查并配置好生产环境后，将 Flask 项目文件上传到云主机，可以使用 FTP、SCP 或 SSH 协议进行文件传输，本任务采用 scp 命令，完成后在 Flask 项目根目录下运行相应的 Flask 命令启动应用，根据需要调整配置文件和端口，通过浏览器访问云主机的 IP 地址或域名，确保 Flask 项目正常运行，检查所有功能和页面链接是否正常。

【任务准备】

确认 Flask 项目文件已经全部准备好，根据 Flask 项目需求文档在云主机中安装依赖库，通常通过 pip 命令安装，确保所有依赖项正常；根据 Flask 项目需求，可能还需要安装与配置数据库、缓存等服务。为了演示本任务，在 gitee 开源社区下载一个 Flask 项目，示例项目信息如下：jdjgjgko22.（2024）.Wnn/汽车大数据可视化平台.https://gitee.com/Coker-5/car_screen。

【任务实施】

（1）在合适的目录下创建与 Flask 项目相同的目录结构，如图 5 – 37 所示。

（2）使用 FTP、SCP 或 SSH 协议进行文件传输，本任务采用 scp 命令按照各自的目录上传所有文件，如图 5 – 38 所示。若文件夹有多级，可以采用压缩方式上传，再进行解压。

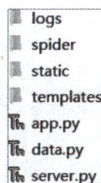

图 5 – 37　Flask 项目的目录结构

> **小贴士**
>
> 也可以把整个 Flask 项目压缩后上传并解压。

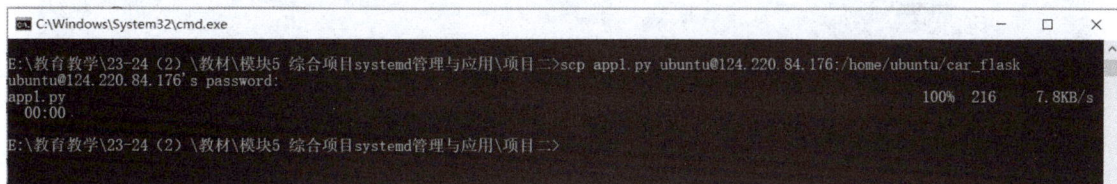

图 5 – 38　采用 SCP 方式上传文件

（3）使用 tree 命令检查云主机中的 Flask 项目是否完整，如图 5 – 39 所示。

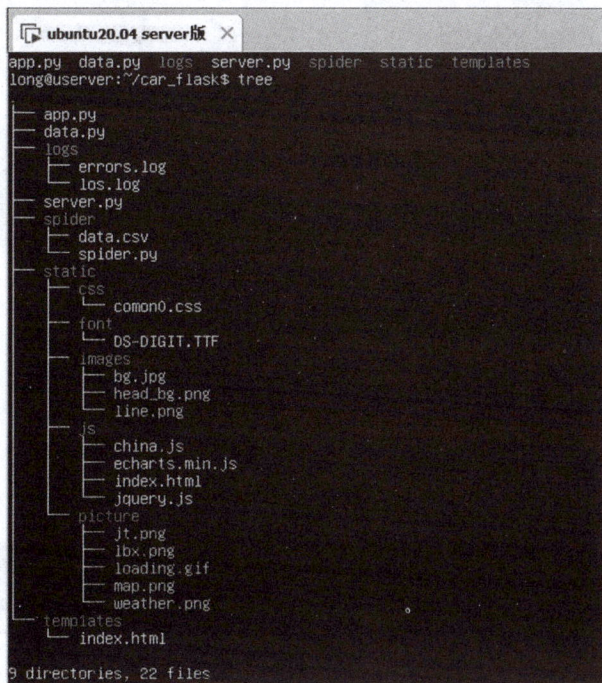

图 5 – 39　检查云主机中的 Flask 项目是否完整

（4）运行相应的 Flask 命令启动应用，命令如下，命令运行结果如图 5 - 40 所示，注意云主机中相应的端口要开放。

```
python3 server.py
```

图 5 - 40　运行相应的 Flask 命令启动应用

（5）通过浏览器访问云主机的 IP 地址或域名，若相应的网页如图 5 - 41 所示，即表示 Flask 项目发布成功，然后检查所有功能和页面链接是否正常。

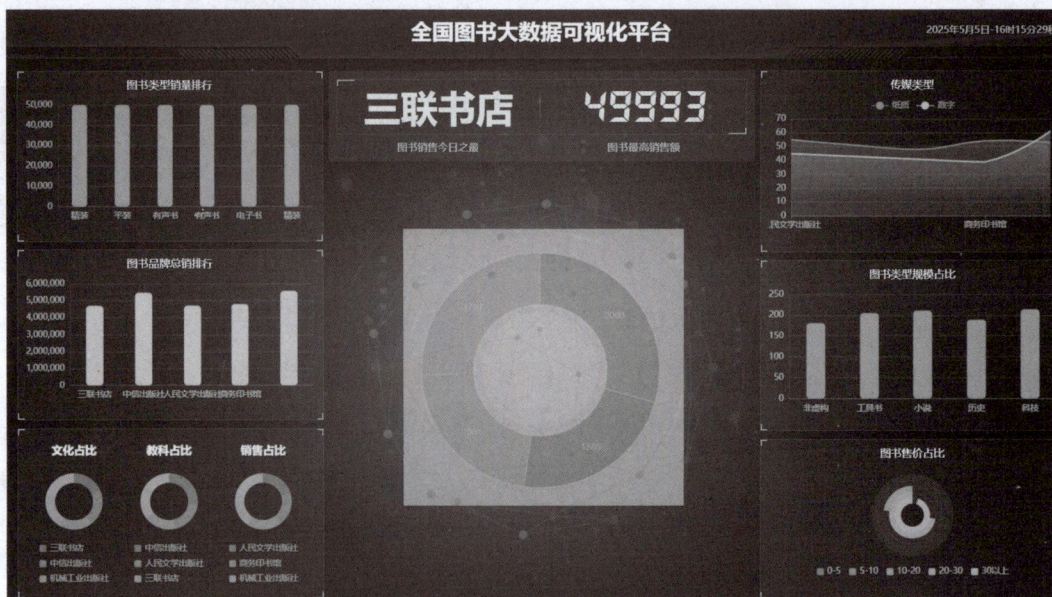

图 5 - 41　Flask 项目发布成功

【任务评价】

评价内容	评价标准参考	参考分	得分
1. 会使用 scp 命令或其他方式上传文件		30	

续表

评价内容	评价标准参考	参考分	得分
2. 会搭建 Flask 项目的目录结构		30	
3. Flask 项目发布成功		40	

【相关知识】

1. 权限管理

Linux 操作系统是一个多用户系统，因此理解权限、用户和组的管理是非常重要的。例如，运行服务通常不需要 root 权限，因此创建一个具有适当权限的新用户来运行 Flask 应用是一个安全的做法。可以使用 adduser 命令添加新用户，并通过 usermod 命令将其添加到 sudo 组以获取管理员权限。

2. scp 命令的用法

（1）端口号和身份验证文件：使用 –P 指定端口号，并使用 –i 指定身份验证文件。

（2）显示详细信息：使用 –v 显示详细的调试信息，有助于诊断连接、认证和配置问题，例如 "scp –v local_file. txt username@ remote_host：/path/to/destination/"。

（3）使用通配符：支持通配符进行文件传输，适用于一次性传输多个文件的情况，例如"scp ＊.txt username@ remote_host：/path/to/destination/"。

（4）远程到远程：支持将文件从一个远程主机复制到另一个远程主机，这对于云主机之间的文件迁移尤为有用，例如"scp username1@ remote_host1：/path/to/remote_file.txt username2@ remote_host2：/path/to/destination/"。

（5）性能优化：对于大文件或较慢的网络连接，考虑使用 rsync 命令代替 scp 命令，其具有更好的性能和配置选项，例如"rsync－avz－e "ssh －p 2222" /path/to/local_directory/username@ remote_host：/path/to/destination/"。

<h3 style="text-align:center">任务3　Flask 项目开机自启动配置</h3>

【任务分析】

通过项目 1 可以知道对于需要长期稳定运行的 Web 应用或后端服务来说，实现自动启动可以确保在系统重启后服务能自动恢复，无须人工干预，从而降低维护成本并提升服务的可靠性。在 Linux 操作系统中，将 Flask 项目配置为开机自启动通常涉及编写一个系统服务单元文件，该文件定义启动脚本和运行参数，并使用"systemctl enable"命令使能在开机时自动启动服务。然后，通过"systemctl start"命令手动启动服务或重启系统来测试配置是否成功。

【任务准备】

通过任务 2 执行"app.py"或其他启动脚本在本地运行 Flask 云主机，访问定义的路由，进行初步测试成功后，即可以进行 Flask 项目的开机自启动配置，在配置前需要使 Flask 项目停止运行。

【任务实施】

（1）在"/lib/systemd/system"目录下创建服务文件"carflask.service"，内容如下。

```
[Unit]
Description = A flask for CarWeb
After = syslog.target network.target

[Service]
Type = simple
ExecStart = /usr/bin/python3 －u server.py
TimeoutStopSec = 5
Restart = always
RestartSec = 10
StandardOutput = syslog
StandardError = syslog
SyslogIdentifier = carflask
User = ubuntu
Group = ubuntu
Environment = PATH = /usr/bin/
#python3 命令的绝对路径
WorkingDirectory = /home/ubuntu/car_flask/
```

```
#工作路径
[Install]
WantedBy=multi-user.target
```

（2）启动服务和查看服务状态，命令如下。

```
sudo systemctl start carflask.service
systemctl status carflask.service
```

当出现图 5-42 所示界面时，表示服务启动成功，这次刷新 Flask 网站可以发现 Flask 网站可以正常运行。

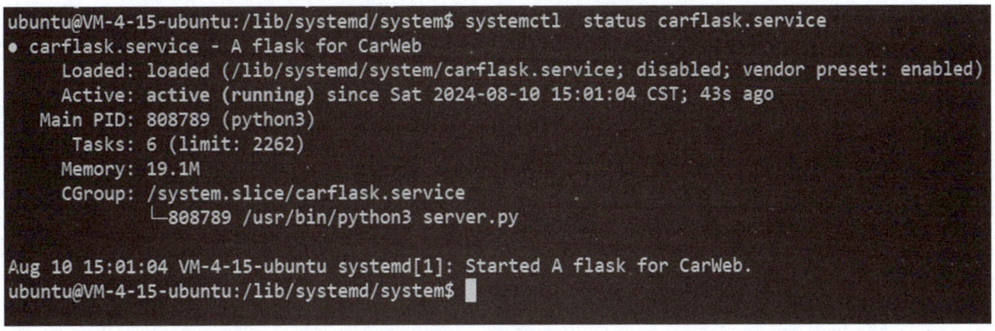

```
ubuntu@VM-4-15-ubuntu:/lib/systemd/system$ systemctl  status carflask.service
● carflask.service - A flask for CarWeb
     Loaded: loaded (/lib/systemd/system/carflask.service; disabled; vendor preset: enabled)
     Active: active (running) since Sat 2024-08-10 15:01:04 CST; 43s ago
   Main PID: 808789 (python3)
      Tasks: 6 (limit: 2262)
     Memory: 19.1M
     CGroup: /system.slice/carflask.service
             └─808789 /usr/bin/python3 server.py

Aug 10 15:01:04 VM-4-15-ubuntu systemd[1]: Started A flask for CarWeb.
ubuntu@VM-4-15-ubuntu:/lib/systemd/system$
```

图 5-42　服务启动成功

（3）根据项目 1 的任务 3，通过以下命令可以查看和跟踪服务日志，并可以通过服务日志观察程序的应用情况，如图 5-43 所示，从而进行下一步的分析。

```
journalctl -u carflask.service
```

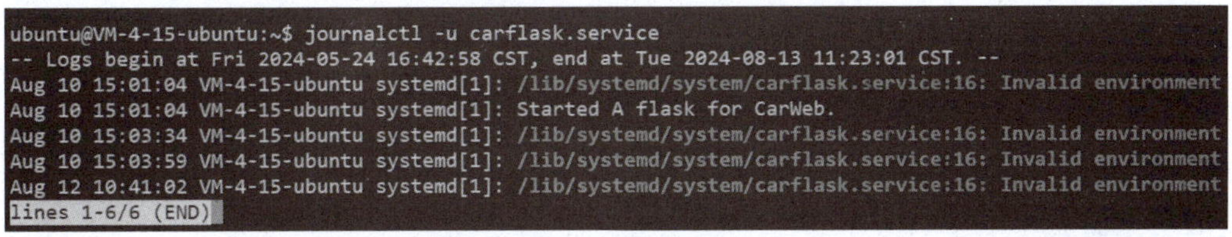

```
ubuntu@VM-4-15-ubuntu:~$ journalctl -u carflask.service
-- Logs begin at Fri 2024-05-24 16:42:58 CST, end at Tue 2024-08-13 11:23:01 CST. --
Aug 10 15:01:04 VM-4-15-ubuntu systemd[1]: /lib/systemd/system/carflask.service:16: Invalid environment
Aug 10 15:01:04 VM-4-15-ubuntu systemd[1]: Started A flask for CarWeb.
Aug 10 15:03:34 VM-4-15-ubuntu systemd[1]: /lib/systemd/system/carflask.service:16: Invalid environment
Aug 10 15:03:59 VM-4-15-ubuntu systemd[1]: /lib/systemd/system/carflask.service:16: Invalid environment
Aug 12 10:41:02 VM-4-15-ubuntu systemd[1]: /lib/systemd/system/carflask.service:16: Invalid environment
lines 1-6/6 (END)
```

图 5-43　查看服务日志

（4）可以通过之前学习过的命令手动停止服务，或者切换启动和停止服务，同时观察 Flask 网站的运行情况，命令如下。

```
sudo systemctl stop carflask.service
sudo systemctl restart carflask.service
```

（5）为该服务设置开机自启动，命令如下。

```
sudo systemctl enable carflask
```

如有关闭自动启动服务的需求，可以通过以下命令实现。

```
sudo systemctl disable carflask
```

【任务评价】

评价内容	评价标准参考	参考分	得分
1. 启动服务成功	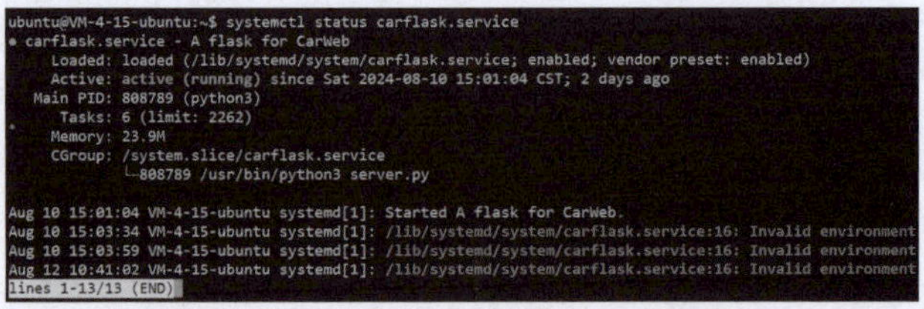	30	
2. 查看和跟踪服务日志	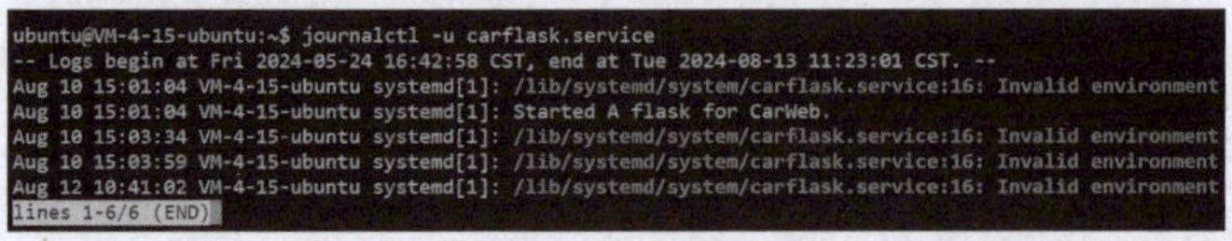	30	
3. 服务日志分离成功	见项目 1 的任务 4 评价标准参考	40	

【相关知识】

systemd 配置依赖服务介绍如下。

（1）服务依赖设置。在"app. service"文件中，可以通过 After 参数指定 Flask 应用依赖的其他服务，例如 MySQL 和内网穿透服务（cpolar），这些服务需要在 Flask 应用之前启动。

（2）网络目标服务。如果 Flask 应用不需要其他依赖服务，可以设置为在网络连接可用后启动，使用"After = network. target"命令实现。

任务4　Flask 项目的运维管理

【任务分析】

Flask 项目的运维管理是确保 Flask 项目长期稳定运行的关键，涉及监控、维护、更新和故障排除等多个方面。本任务的运维管理与 Spring Boot 项目部署后的运维管理的过程相似。

【任务准备】

在任务 3 的基础上，FLask 项目已经运行服务，并进行了开机自启动配置，当应用遭遇意外情况时，同样需要综合运用服务日志分析、监控工具、远程调试等技术手段定位问题，并采取相应的措施进行修复和维护。

【任务实施】

（1）通过以下命令可以检查服务的情况，命令运行结果如图 5 - 44 所示。

```
sudo systemctl list - unit - files | grep carflask
```

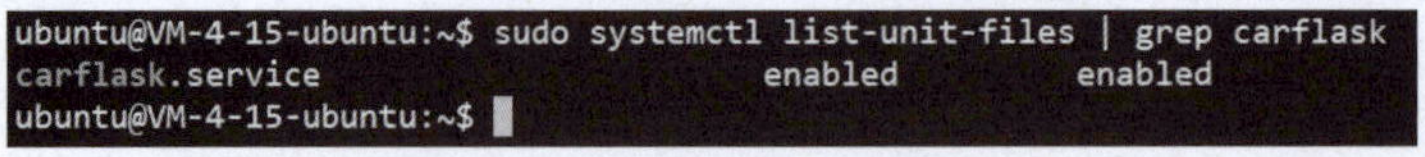

图 5 - 44　检查服务的情况

（2）通过 netstat 命令可以查看端口的使用情况，如图 5 – 45 所示，当运行后台出现端口被占用问题时，可以使用此命令查看，并进行后续处理。

图 5 – 45　查看端口的使用情况

也可以使用 lsof 命令查看 5000 端口的使用情况，如图 5 – 46 所示。

图 5 – 46　查看 5000 端口的使用情况

（3）需要彻底结束服务时，可以通过以下命令手动结束服务进程。

```
sudo systemctl stop carflask
```

（4）跟踪服务日志，命令如下，命令运行结果如图 5 – 47 所示。

```
journalctl -u carflask
```

通过查看服务日志，可以了解应用程序是否遇到了错误、异常或其他问题。

图 5 – 47　跟踪服务日志

（5）可以使用 rsyslog 管理 syslog，把服务日志分离到特定的文件中，创建 "/etc/rsyslog. d/carflask. conf" 配置文件来分流服务日志，如图 5 – 48 所示，配置文件内容如下。

```
if $programname == 'carflask' then /var/log/carflask.log
& stop
```

> **小贴士**
>
> 服务文件中的 "SyslogIdentifier = carflask" 要与配置文件中的 "programname == 'carflask'" 一致。

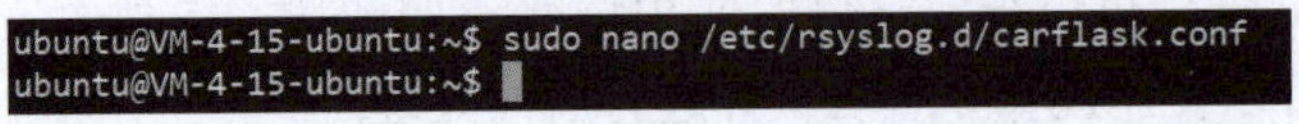

```
ubuntu@VM-4-15-ubuntu:~$ sudo nano /etc/rsyslog.d/carflask.conf
ubuntu@VM-4-15-ubuntu:~$
```

图 5 – 48　创建配置文件分流服务日志

（6）通过以下命令重新启动 rsyslog 服务，出现图 5 – 49 所示界面表示服务日志分离成功。

```
sudo systemctl restart rsyslog
```

（7）重启之后，就可以在自己设定的文件中查看服务日志，在"/var/log"目录下，同时可以进行实时跟踪，命令如下。

```
ls -l carflask.log
tail -f carflask.log
```

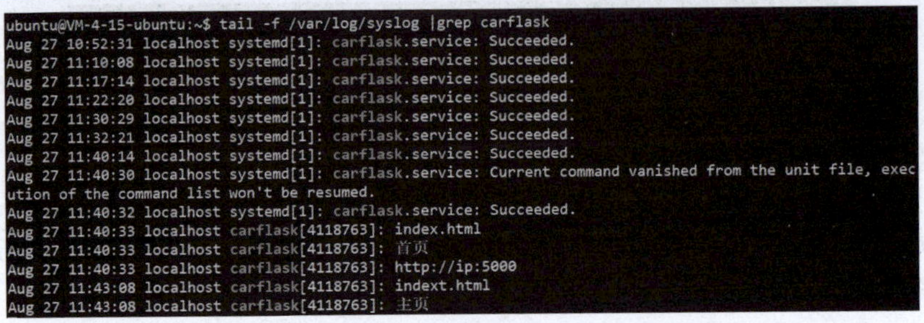

```
ubuntu@VM-4-15-ubuntu:~$ tail -f /var/log/syslog |grep carflask
Aug 27 10:52:31 localhost systemd[1]: carflask.service: Succeeded.
Aug 27 11:10:08 localhost systemd[1]: carflask.service: Succeeded.
Aug 27 11:17:14 localhost systemd[1]: carflask.service: Succeeded.
Aug 27 11:22:20 localhost systemd[1]: carflask.service: Succeeded.
Aug 27 11:30:29 localhost systemd[1]: carflask.service: Succeeded.
Aug 27 11:32:21 localhost systemd[1]: carflask.service: Succeeded.
Aug 27 11:40:14 localhost systemd[1]: carflask.service: Succeeded.
Aug 27 11:40:30 localhost systemd[1]: carflask.service: Current command vanished from the unit file, exec
ution of the command list won't be resumed.
Aug 27 11:40:32 localhost systemd[1]: carflask.service: Succeeded.
Aug 27 11:40:33 localhost carflask[4118763]: index.html
Aug 27 11:40:33 localhost carflask[4118763]: 首页
Aug 27 11:40:33 localhost carflask[4118763]: http://ip:5000
Aug 27 11:43:08 localhost carflask[4118763]: indext.html
Aug 27 11:43:08 localhost carflask[4118763]: 主页
```

图 5 – 49　服务日志分离成功

【任务评价】

评价内容	评价标准参考	参考分	得分
1. 会检查服务的情况	 ```ubuntu@VM-4-15-ubuntu:~$ sudo systemctl list-unit-files | gr carflask.service enabled enabl ubuntu@VM-4-15-ubuntu:~$```	25	
2. 会查看端口的使用情况	 ```ubuntu@VM-4-15-ubuntu:~$ lsof -i:5000 COMMAND PID USER FD TYPE DEVICE SIZE/OFF NODE NAME python3 808789 ubuntu 7u IPv4 4616775 0t0 TCP *:5000 (LIST```	25	
3. 会跟踪服务日志	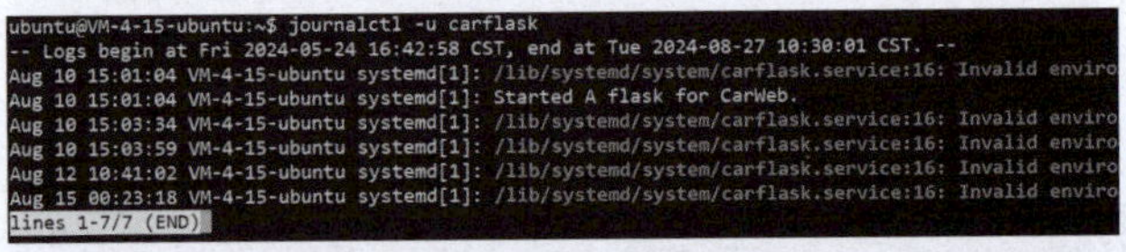 ```ubuntu@VM-4-15-ubuntu:~$ journalctl -u carflask -- Logs begin at Fri 2024-05-24 16:42:58 CST, end at Tue 2024-08-27 10:30:01 CST. -- Aug 10 15:01:04 VM-4-15-ubuntu systemd[1]: /lib/systemd/system/carflask.service:16: Invalid enviro Aug 10 15:01:04 VM-4-15-ubuntu systemd[1]: Started A flask for CarWeb. Aug 10 15:03:34 VM-4-15-ubuntu systemd[1]: /lib/systemd/system/carflask.service:16: Invalid enviro Aug 10 15:03:59 VM-4-15-ubuntu systemd[1]: /lib/systemd/system/carflask.service:16: Invalid enviro Aug 12 10:41:02 VM-4-15-ubuntu systemd[1]: /lib/systemd/system/carflask.service:16: Invalid enviro Aug 15 00:23:18 VM-4-15-ubuntu systemd[1]: /lib/systemd/system/carflask.service:16: Invalid enviro lines 1-7/7 (END)```	25	
4. 服务日志分离成功	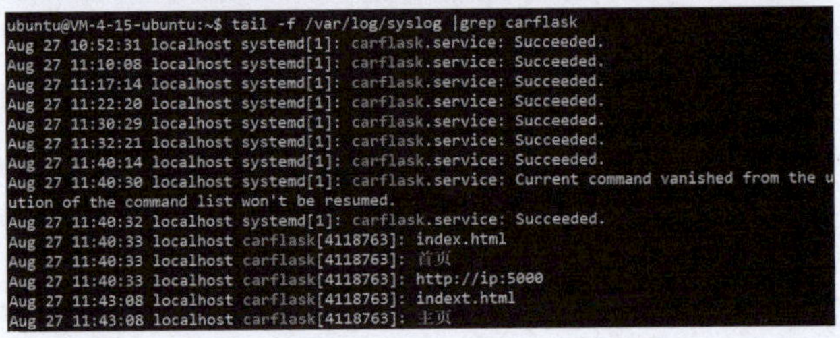 ```ubuntu@VM-4-15-ubuntu:~$ tail -f /var/log/syslog |grep carflask Aug 27 10:52:31 localhost systemd[1]: carflask.service: Succeeded. Aug 27 11:10:08 localhost systemd[1]: carflask.service: Succeeded. Aug 27 11:17:14 localhost systemd[1]: carflask.service: Succeeded. Aug 27 11:22:20 localhost systemd[1]: carflask.service: Succeeded. Aug 27 11:30:29 localhost systemd[1]: carflask.service: Succeeded. Aug 27 11:32:21 localhost systemd[1]: carflask.service: Succeeded. Aug 27 11:40:14 localhost systemd[1]: carflask.service: Succeeded. Aug 27 11:40:30 localhost systemd[1]: carflask.service: Current command vanished from the u ution of the command list won't be resumed. Aug 27 11:40:32 localhost systemd[1]: carflask.service: Succeeded. Aug 27 11:40:33 localhost carflask[4118763]: index.html Aug 27 11:40:33 localhost carflask[4118763]: 首页 Aug 27 11:40:33 localhost carflask[4118763]: http://ip:5000 Aug 27 11:43:08 localhost carflask[4118763]: indext.html Aug 27 11:43:08 localhost carflask[4118763]: 主页```	25	

项目 3　updog 网盘的开机自启动

项目描述

本项目的目标是帮助 IT 学员在 Ubuntu 虚拟机中安装并配置 updog 网盘，提供通过浏览器访问和管理虚拟机文件的能力。此外，还需要实现 updog 网盘的开机自启动，以确保在虚拟机重启后依然能够访问文件。同时，本项目还涉及配置 FRP 服务，以便在云主机上能够随时随地访问局域网内部的 Ubuntu 虚拟机中的 updog 网盘。

项目分析

"updog 网盘的开机自启动"项目分析如图 5 - 50 所示。

（1）文件共享需求。在虚拟化和云计算环境中，用户通常需要便捷地管理虚拟机中的文件。updog 是一种轻量级的 HTTP 文件服务器，允许用户通过浏览器轻松查看、上传和下载文件。本项目的第一步是安装和配置 updog 网盘，并通过浏览器实现文件管理。

（2）服务可用性需求。在生产环境中，服务的持续可用性至关重要。为了确保 updog 网盘在虚拟机重启后能够自动启动，避免用户手动启动 updog 网盘，本项目的第二步是配置 updog 网盘开机自启动。

（3）远程访问需求。用户需要能够在任何时间和地点访问其虚拟机中的 updog 网盘。通过配置 FRP 服务，可以将局域网内的服务暴露到外网，使用户能够在云主机中访问内网的 updog 网盘。本项目的第三步是配置 FRP 服务，以便可以通过云主机访问 updog 网盘。

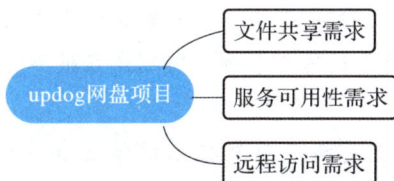

图 5 - 50　"updog 网盘的开机自启动"项目分析

项目任务分解

根据项目分析的结果，可以把本项目分解为图 5 - 51 所示的 3 个任务。

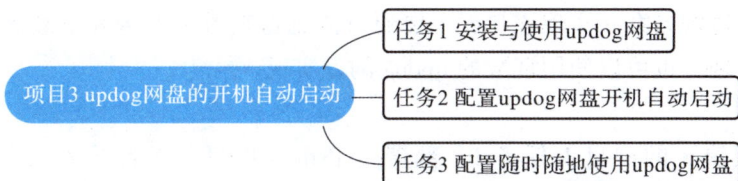

图 5 - 51　"updog 网盘的开机自启动"项目任务分解

项目目标

知识目标

（1）了解虚拟机的基本操作，包括创建和管理虚拟机及远程连接。

（2）熟悉 Python 及相关工具的使用，特别是在虚拟环境中管理 Python 软件包。

（3）理解 updog 文件分享服务的功能和配置方法。

（4）掌握 Linux 操作系统进程管理的基础知识，包括进程查看与控制。

（5）掌握标准输入、输出及错误重定向的概念与应用。

（6）了解 systemd 服务管理的基本概念及其在服务启动、停止、重启和状态检查中的应用。

（7）理解日志管理与标准输出/错误重定向的关联，掌握 rsyslog 日志管理系统的基础知识。

（8）掌握 updog 网盘开机自启动配置方法。

技能目标

（1）熟练操作虚拟机并能进行远程连接。

（2）能管理 Python 环境及安装相关软件包。

（3）能安装并配置 updog 文件分享服务。

（4）能使用 systemd 创建和配置服务单元文件，并管理服务的启动、停止、重启与状态检查。

（5）能配置 updog 网盘为系统开机自启动。

（6）能管理和配置系统日志，并掌握 Linux 操作系统进程管理技术。

（7）能配置并管理 FRP 服务，实现内网服务的外部访问。

素质目标

（1）培养动手实践和解决问题的能力，能在复杂的系统环境中自主解决配置问题。

（2）培养良好的 Linux 操作系统管理习惯，特别是在服务管理与日志管理中的严谨性和安全意识。

（3）提高自主学习能力，能灵活应对新技术的学习和应用，提高团队协作与技术沟通能力。

任务 1　安装与使用 updog 网盘

【任务分析】

IT 学员已经安装好 Ubuntu 虚拟机，有时需要通过浏览器查看、上传和下载虚拟机中的文件，请查找合适的方案并实现该功能。要通过浏览器查看、上传和下载虚拟机中的文件，可以编写代码实现，也可以使用现成的 updog 网盘实现。

【任务准备】

（1）完成模块 3 的项目 1 任务 1，部署过 Python 项目，或者导入已部署过 Python 的 psutil 项目的 OVA 文件。

（2）使用 Xshell 连接虚拟机。

（3）连接网络（用于下载相关软件包）。

（4）使用具有 sudo 权限的管理员账户 long 登录。

【任务实施】

（1）查看虚拟机 Python 环境，命令如下。

```
python3 - V
```

命令运行结果如图 5 − 52 所示，可以看到 Ubuntu 20.04 服务器版虚拟机默认安装的 Python 版本是 Python 3，具体版本是 Python 3.8.10。

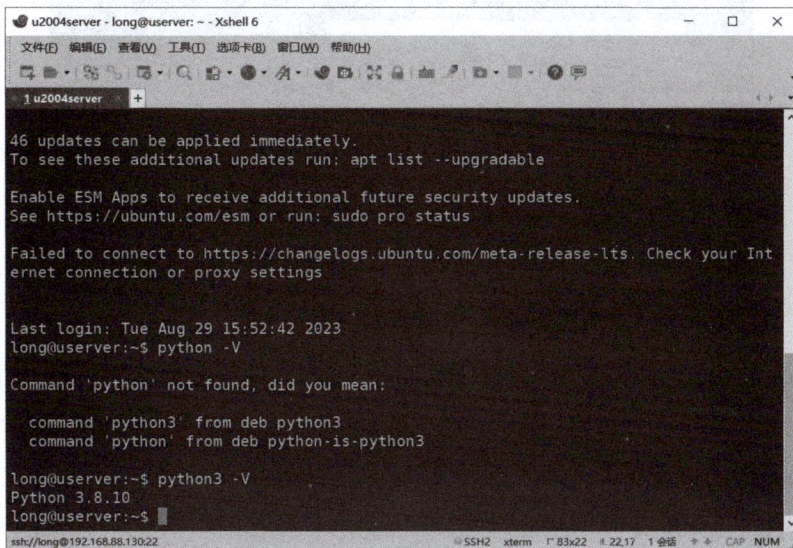

图 5 − 52　查看 Python 环境

（2）查看 pip3 版本，命令如下。

```
pip3 - V
```

命令运行结果如图 5 − 53 所示。

图 5 − 53　查看 pip3 版本

（3）在线安装 updog 网盘，命令如下。

```
pip3 install updog
```

命令运行结果如图 5 − 54 所示。

安装过程可能出现以下警告。

```
WARNING:The script flask is installed in '/home/long/.local/bin' which is not on PATH.
Consider adding this directory to PATH or,if you prefer to suppress this warning, use - - no - warn - script - location.
```

```
WARNING:The script updog is installed in '/home/long/.local/bin' which is not on
PATH.
    Consider adding this directory to PATH or,if you prefer to suppress this warning,
use --no-warn-script-location.
```

```
long@userver:~$ pip3 install updog
Collecting updog
  Downloading updog-1.4.tar.gz (2.5 MB)
    |                               | 2.5 MB 596 kB/s
Requirement already satisfied: colorama in /usr/lib/python3/dist
Collecting flask
  Downloading flask-3.0.3-py3-none-any.whl (101 kB)
    |                               | 101 kB 4.6 MB/s
Collecting flask_httpauth
  Downloading Flask_HTTPAuth-4.8.0-py3-none-any.whl (7.0 kB)
Requirement already satisfied: pyopenssl in /usr/lib/python3/dist
Collecting werkzeug
  Downloading werkzeug-3.0.3-py3-none-any.whl (227 kB)
    |                               | 227 kB 4.3 MB/s
Collecting importlib-metadata>=3.6.0; python_version < "3.10"
  Downloading importlib_metadata-8.2.0-py3-none-any.whl (25 kB)
Collecting Jinja2>=3.1.2
  Downloading jinja2-3.1.4-py3-none-any.whl (133 kB)
    |                               | 133 kB 5.6 MB/s
```

图 5-54　在线安装 updog 网盘

要解决这个问题，按照下列步骤将"/home/long/.local/bin"目录添加到 PATH 环境变量中。

```
nano ~/.bashrc
export PATH="$HOME/.local/bin:$PATH"
source ~/.bashrc
echo $PATH //检查验证
```

（4）创建和进入网盘目录，命令如下。

```
long@ userver:~$ mkdir updog
long@ userver:~$ cd updog
long@ userver:~/updog $
```

（5）运行 updog 命令，命令如下。

```
updog -p 9090 --password 123456
```

命令运行结果如图 5-55 所示。

```
long@userver:~/updog$ updog -p 9090 --password 123456
[+] Serving /home/long/updog
WARNING: This is a development server. Do not use it in a production deployment. Use a production WSGI server instead.
 * Running on all addresses (0.0.0.0)
 * Running on http://127.0.0.1:9090
 * Running on http://192.168.200.129:9090
Press CTRL+C to quit
```

图 5-55　运行 updog 命令

（6）通过浏览器进行访问，如图 5-56 所示。

在浏览器地址栏中输入"IP 地址+：服务端口号 9090"。

图 5 - 56　浏览器界面

在出现的对话框中无须输入用户名，输入密码 123456，登录成功后，就可以使用 updog 网盘的上传/下载文件功能。

（7）进行上传/下载测试，如图 5 - 57 所示。

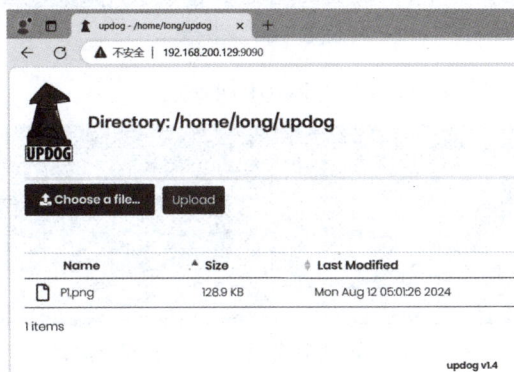

图 5 - 57　进行上传/下载测试

单击文件名称，即可下载该文件。

（8）在虚拟机中查看、下载文件，命令如下。

```
ls 查看图片 //sz + 文件名用于下载文件
```

命令运行结果如图 5 - 58 所示。所有请求关闭后才能关闭服务器中的 updog 网盘。

图 5 - 58　查看文件

（9）将 updog 网盘转入后台运行，命令如下。

```
nohup updog - p 9090 - - password 123456 &
```

命令运行结果如图 5 - 59 所示。

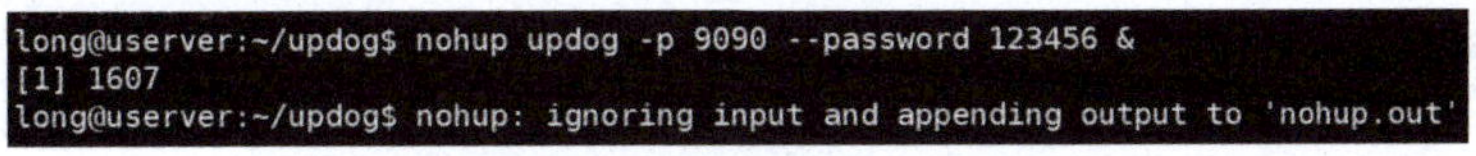

图 5 - 59　updog 网盘转入后台运行

运行文件该命令后，查看 updog 网盘路径，会发现多了"nohup. out"文件（忽略输入，添加输出到“nohup. out”文件，相当于存放相关 updog 日志）。此时，updog 网盘便在后台挂起，即便关闭终端也可以正常访问 updog 网盘。

小贴士

如果前台运行的 updog 网盘没有关闭，则会报错（如图 5 – 60 所示），可以先按“Ctrl + C”组合键关闭 updog 网盘后再次后台运行。

```
long@userver:~/updog$ tail -f nohup.out
 * Running on all addresses (0.0.0.0)
 * Running on http://127.0.0.1:9090
 * Running on http://192.168.200.129:9090
Press CTRL+C to quit
Address already in use
Port 9090 is in use by another program. Either identify and stop that
 program, or start the server with a different port.
[+] Serving /home/long/updog...
```

图 5 – 60　报错

再次后台运行 updog 网盘成功，如图 5 – 61 所示。

```
long@userver:~/updog$ tail -f nohup.out
192.168.200.1 - - [12/Aug/2024 05:10:45] "GET /static/images/updog.png HTTP/1.1" 304 -
192.168.200.1 - - [12/Aug/2024 05:10:45] "GET /static/js/jquery-3.4.1.min.js HTTP/1.1" 304 -
192.168.200.1 - - [12/Aug/2024 05:10:45] "GET /static/vendor/datatable/datatables.min.js HTTP/1.1" 304 -
192.168.200.1 - - [12/Aug/2024 05:10:45] "GET /static/js/main.js HTTP/1.1" 304 -
192.168.200.1 - - [12/Aug/2024 05:10:45] "GET /static/fonts/poppins/poppins-v5-latin-600.woff2 HTTP/1.1" 304 -
192.168.200.1 - - [12/Aug/2024 05:10:45] "GET /static/fonts/poppins/poppins-v5-latin-300.woff2 HTTP/1.1" 304 -
192.168.200.1 - - [12/Aug/2024 05:10:45] "GET /static/vendor/fontawesome-5.1/webfonts/fa-solid-900.woff2 HTTP/1.1" 304 -
192.168.200.1 - - [12/Aug/2024 05:10:45] "GET /static/vendor/fontawesome-5.1/webfonts/fa-regular-400.woff2 HTTP/1.1" 304 -
192.168.200.1 - - [12/Aug/2024 05:10:45] "GET /static/vendor/datatable/DataTables-1.10.18/images/sort_both.png HTTP/1.1" 304
192.168.200.1 - - [12/Aug/2024 05:10:45] "GET /static/vendor/datatable/DataTables-1.10.18/images/sort_asc.png HTTP/1.1" 304 -
```

图 5 – 61　再次后台运行 updog 网盘成功

（10）关闭后台运行的 updog 网盘。

可以使用 fuser 或 ps 命令查找对应的服务进程 ID，命令如下。

```
fuser -v -n TCP 端口号 或者 ps -ef | grep updog
```

命令运行结果如图 5 – 62 所示，再使用 kill 命令结束该服务进程，命令如下。

```
kill -s 9 程序 ID
```

命令运行结果如图 5 – 63 所示。

```
long@userver:~/updog$ fuser -v -n tcp 9090
                     USER        PID ACCESS COMMAND
9090/tcp:            long       1772 F.... updog
long@userver:~/updog$ ps -ef | grep updog
long        1772    1552  0 05:09 pts/1    00:00:00 /usr/bin/python3 /home/long/.local/bin/updog -p 9090 --password 123456
long        1862    1552  0 05:12 pts/1    00:00:00 grep --color=auto updog
```

图 5 – 62　查看进程 ID

其中，1772 为当前 updog 网盘进程 ID。结束 updog 网盘进程，如图 5 – 63 所示。

```
long@userver:~/updog$ kill 1772
long@userver:~/updog$ ps -ef | grep updog
long        1877    1552  0 05:13 pts/1    00:00:00 grep --color=auto updog
```

图 5 – 63　结束 updog 网盘进程

（11）标准输出及错误重定向。

　　这里，先在家目录下创建存放日志的文件夹“logs”，并在其中创建日志文件“updog. log”，如图 5 – 64 所示。

图 5 – 64　创建“logs”文件夹及日志文件

　　（12）然后，将 nohup 命令的标准输出和错误重定向到事先创建的日志文件“updog. log”中，命令如下。

```
nohup updog – p 9090 – – password 123456 > > ~/logs/updog. log 2 >&1 &
```

　　命令运行结果如图 5 – 65 所示。

图 5 – 65　将标准输出和错误重定向到日志文件中

【任务评价】

评价内容	评价标准参考	参考分	得分
1. updog 网盘安装成功		30	
2. 在浏览器中成功登录 updog 网盘	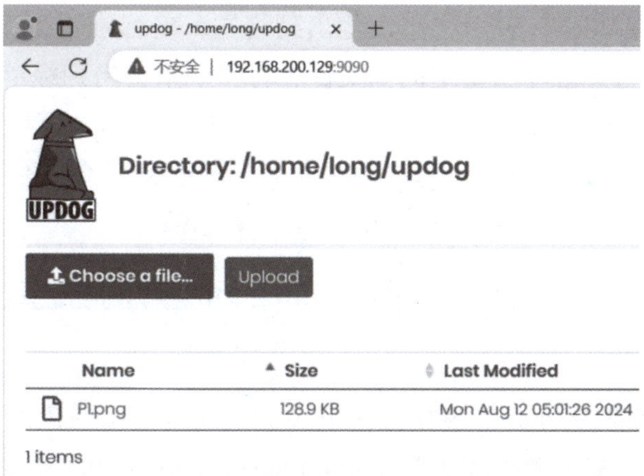	20	
3. 查找 updog 网盘进程号		20	

续表

评价内容	评价标准参考	参考分	得分
4. 检查重定向的日志文件	```long@userver:~/updog$ tail -f ../logs/updog.log nohup: ignoring input WARNING: This is a development server. Do not use it in a production deployment. Use a production WSGI server instead. * Running on all addresses (0.0.0.0) * Running on http://127.0.0.1:9090 * Running on http://192.168.200.129:9090 Press CTRL+C to quit```	30	

【相关知识】

1. nohup 命令

"nohup"放在命令的开头，表示不挂起（no hang up），也即关闭终端或者退出某个账户，进程也继续保持运行状态，一般配合"&"符号一起使用，例如"nohup command &"。

这里使用 nohup 命令，挂起 updog 网盘转入后台运行，使 Xshell 窗口可以继续执行其他操作。

2. 输出重定向

（1）0 表示 stdin 标准输入。

（2）1 表示 stdout 标准输出。

（3）2 表示 stderr 标准错误。

（4）"/dev/null"表示空设备文件，">/dev/null"表示重定向到此，即表示丢弃。

（5）">file"表示将标准输出重定向到 file 中，相当于"1>file"。

（6）"2>error"表示将错误输出到 error 文件中。

（7）"2>&1"表示将错误重定向到标准输出。

（8）"2>&1 >file"表示将错误输出到终端，将标准输出重定向到文件 file，相当于"> file 2>&1"（将标准输出重定向到文件，将错误重定向到标准输出）。

（9）"&"放在命令的结尾，表示后台运行，防止终端一直被某个进程占用，这样终端可以执行别的任务，配合 >file 2>&1 可以将日志保存到某个文件中，但如果终端关闭，则进程也停止运行，例如"command > file. log2>&1 &"。

任务2　配置 updog 网盘开机自启动

【任务分析】

IT 学员已经完成在 Ubuntu 虚拟机中安装和使用 updog 网盘的任务。龙师傅提问：如果虚拟机重启，是否还能直接通过浏览器访问 Ubuntu 虚拟机中的 updog 网盘？在 Linux 操作系统重启后，若希望 updog 网盘仍然正常运行，可以配置 updog 网盘的服务文件，并设置 updog 网盘开机自启动。

【任务准备】

（1）完成本项目的任务1，在 Ubuntu 虚拟机中成功安装 updog 网盘，并能够正常运行和访问 updog 网盘。

（2）了解如何使用 systemd 创建和管理服务单元文件，以及配置服务开机自启动。

（3）需要具有 sudo 权限的账户，以便创建、编辑和管理 systemd 服务单元文件。

【任务实施】

1. 准备工作

（1）停止后台运行的 updog 网盘。

（2）查看 updog 命令的绝对路径，命令如下。

```
whereis updog
```

命令运行结果如图 5 – 66 所示。也可以使用以下命令。

```
type – a updog
```

命令运行结果如图 5 – 67 所示。还可以使用以下命令。

```
which updog
```

命令运行结果如图 5 – 68 所示。

```
long@userver:~/updog$ whereis updog
updog: /home/long/.local/bin/updog
```

图 5 – 66　whereis 查看

或

```
long@userver:~/updog$ type -a updog
updog is /home/long/.local/bin/updog
```

图 5 – 67　type 查看

```
long@userver:~$ which updog
/home/long/.local/bin/updog
```

图 5 – 68　which 查看

2. 创建服务

（1）在本地新建"updog. service"文件（注意将代码中的家目录修改为本地的 Ubuntu 家目录）。

"updog. service"文件内容如下。

```
[Unit]
Description = updog
After = multi – user.target

[Service]
ExecStart = /home/long/.local/bin/updog – p 9090 – –password 123456
StandardOutput = syslog
StandardError = syslog
SyslogIdentifier = updog
Restart = on – failure
[RestartSec = 15
User = long
```

```
Group = long
#环境,即 updog 命令的绝对路径
Environment = PATH = /home/long/.local/bin
#工作目录,即 updog 网盘(存放上传文件的位置)的绝对路径
WorkingDirectory = /home/long/updog/

[Install]
WantedBy = multi - user.target
```

（2）保存"updog. service"文件并将其上传到"/lib/systemd/system"目录下，如图 5 - 69 所示（也可以直接在"/lib/systemd/system"目录下运行"sudo nano updog. service"命令，复制、粘贴"updog. service"文件的内容）。

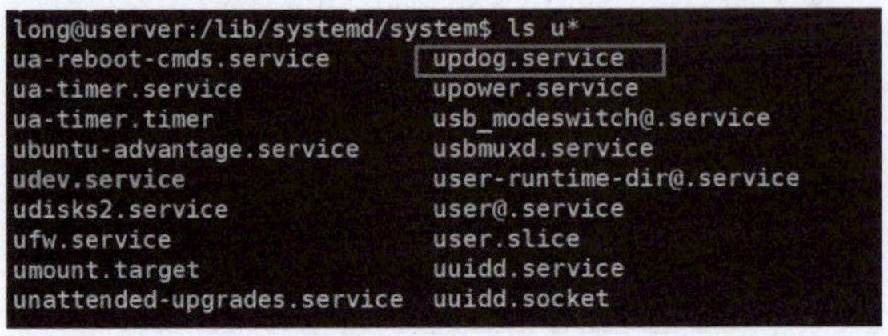

```
long@userver:/lib/systemd/system$ ls u*
ua-reboot-cmds.service          updog.service
ua-timer.service                upower.service
ua-timer.timer                  usb_modeswitch@.service
ubuntu-advantage.service        usbmuxd.service
udev.service                    user-runtime-dir@.service
udisks2.service                 user@.service
ufw.service                     user.slice
umount.target                   uuidd.service
unattended-upgrades.service     uuidd.socket
```

图 5 - 69　将"updog. service"文件上传到对应目录下

（3）手动管理服务。

①查看 systemd 版本，命令如下。

```
systemctl - -version
```

命令运行结果如图 5 - 70 所示。

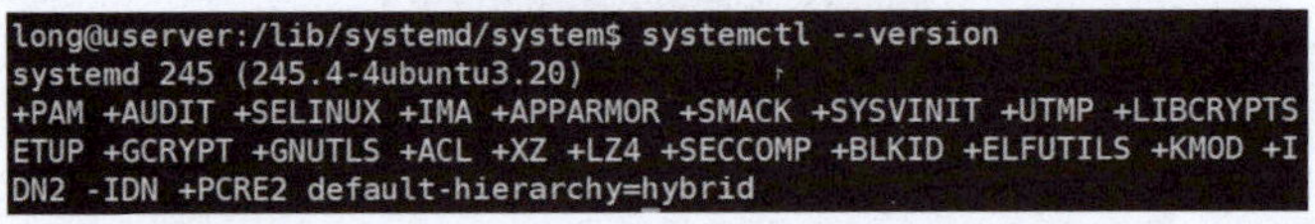

```
long@userver:/lib/systemd/system$ systemctl --version
systemd 245 (245.4-4ubuntu3.20)
+PAM +AUDIT +SELINUX +IMA +APPARMOR +SMACK +SYSVINIT +UTMP +LIBCRYPTS
ETUP +GCRYPT +GNUTLS +ACL +XZ +LZ4 +SECCOMP +BLKID +ELFUTILS +KMOD +I
DN2 -IDN +PCRE2 default-hierarchy=hybrid
```

图 5 - 70　查看 systemd 版本

②启动服务，命令如下。

```
sudo systemctl start updog.service
```

③查看服务状态，命令如下。

```
systemctl status updog.service
```

命令运行结果如图 5 - 71 所示。

④重载服务文件。

当服务文件（即". service"文件）被修改时，需要重载，重载服务文件的命令如下。

```
sudo systemctl daemon - reload
```

⑤重启服务，命令如下。

```
sudo systemctl restart updog.service
```

```
long@userver:~$ systemctl  status updog.service
● updog.service - updog
     Loaded: loaded (/lib/systemd/system/updog.service; disabled; vendor preset: enabled)
     Active: active (running) since Mon 2024-08-12 05:29:03 UTC; 9s ago
   Main PID: 2298 (updog)
      Tasks: 1 (limit: 2218)
     Memory: 18.3M
     CGroup: /system.slice/updog.service
             └─2298 /usr/bin/python3 /home/long/.local/bin/updog -p 9090 --password 123456

Aug 12 05:29:03 userver systemd[1]: Started updog.
Aug 12 05:29:03 userver updog[2298]: WARNING: This is a development server. Do not use it i
Aug 12 05:29:03 userver updog[2298]:  * Running on all addresses (0.0.0.0)
Aug 12 05:29:03 userver updog[2298]:  * Running on http://127.0.0.1:9090
Aug 12 05:29:03 userver updog[2298]:  * Running on http://192.168.200.129:9090
Aug 12 05:29:03 userver updog[2298]: Press CTRL+C to quit
lines 1-15/15 (END)
```

图 5－71　查看服务状态

命令运行结果如图 5－72 所示。

```
long@userver:~$ sudo systemctl  restart updog.service
long@userver:~$ systemctl  status updog.service
● updog.service - updog
     Loaded: loaded (/lib/systemd/system/updog.service; disabled; ve
     Active: active (running) since Mon 2024-08-12 05:30:13 UTC; 2s
   Main PID: 2363 (updog)
      Tasks: 1 (limit: 2218)
     Memory: 18.3M
     CGroup: /system.slice/updog.service
             └─2363 /usr/bin/python3 /home/long/.local/bin/updog -p
```

图 5－72　重启服务

⑥停止服务，命令如下。

```
sudo systemctl stop updog.service
```

命令运行结果如图 5－73 所示

```
long@userver:~$ sudo systemctl  stop updog.service
long@userver:~$ systemctl  status updog.service
● updog.service - updog
     Loaded: loaded (/lib/systemd/system/updog.service; disabled; vendor preset: enabled)
     Active: inactive (dead)
```

图 5－73　停止服务

3. 自动启动服务

（1）设置开机自启动，命令如下。

```
sudo systemctl enable updog
```

命令运行结果如图 5－74 所示。

```
long@userver:~$ sudo systemctl enable updog
Created symlink /etc/systemd/system/multi-user.target.wants/updog.service → /lib/systemd/system/updog.service.
```

图 5－74　设置开机自启动

（2）停止自动启动，命令如下。

```
sudo systemctl disable updog
```

命令运行结果如图 5－75 所示。

```
long@userver:~$ sudo systemctl  disable updog
Removed /etc/systemd/system/multi-user.target.wants/updog.service.
```

图 5－75　停止开机自启动

（3）检查服务，命令如下。

```
systemctl list-unit-files |grep updog
```

命令运行结果如图 5－76 所示。

```
long@userver:~$ systemctl list-unit-files | grep updog
updog.service                              disabled        enabled
```

图 5－76　检查服务

（4）手动结束服务进程，命令如下。

```
sudo systemctl --signal=SIGKILL kill updog
```

命令运行结果如图 5－77 所示。

```
long@userver:~$ sudo systemctl --signal=SIGKILL kill  updog
long@userver:~$ journalctl -u updog
-- Logs begin at Sat 2023-08-26 12:26:30 UTC, end at Mon 2024-08-12 05:34:24 UTC. --
Aug 12 05:28:16 userver systemd[1]: Started updog.
Aug 12 05:28:17 userver updog[2220]: Address already in use
Aug 12 05:28:17 userver updog[2220]: Port 9090 is in use by another program. Either identify and stop
Aug 12 05:28:17 userver updog[2220]: [+] Serving /home/long/updog...
Aug 12 05:28:17 userver systemd[1]: updog.service: Main process exited, code=exited, status=1/FAILURE
Aug 12 05:28:17 userver systemd[1]: updog.service: Failed with result 'exit-code'.
Aug 12 05:28:32 userver systemd[1]: updog.service: Scheduled restart job, restart counter is at 1.
```

图 5－77　手动结束服务进程

（5）查看服务日志，命令参考如下。

```
journalctl -u updog
```

4. 使用 rsyslog 管理 syslog，配置文件

（1）创建“/etc/rsyslog. d/updog. conf”分流服务日志，配置文件内容如下。

```
if $programname == 'updog' then /var/log/updog.log
& stop
```

（2）重启 rsyslog，如图 5－78 所示。

```
long@userver:/etc/rsyslog.d$ sudo nano updog.conf
long@userver:/etc/rsyslog.d$ sudo systemctl restart rsyslog.service
```

图 5－78　重启 rsyslog

5. 查看服务日志

在浏览器中选择服务日志文件，上传或下载服务日志文件，然后保存在“/var/log”目录下并查看，命令如下。

```
ll *log
```

命令运行结果如图 5－79 所示。

```
long@userver:/var/log$ ll *log
-rw-r--r-- 1 root   root  44271 Aug 12 04:47 alternatives.log
-rw-r----- 1 syslog adm   21986 Aug 12 05:36 auth.log
-rw-r--r-- 1 root   root 104003 Mar 14  2023 bootstrap.log
-rw-r----- 1 syslog adm  440289 Aug 12 04:51 cloud-init.log
-rw-r----- 1 root   adm   21684 Aug 12 04:51 cloud-init-output.log
-rw-r--r-- 1 root   root 597273 Aug 12 04:47 dpkg.log
-rw-r--r-- 1 root   root  32096 Aug 11 01:57 faillog
-rw-r----- 1 syslog adm  501807 Aug 12 04:51 kern.log
-rw-rw-r-- 1 root   utmp 292876 Aug 12 05:01 lastlog
-rw-r----- 1 syslog adm  418364 Aug 12 05:38 syslog
-rw------- 1 root   root   4930 Aug 11 01:47 ubuntu-advantage.log
-rw-r--r-- 1 root   root   1150 Aug 12 04:51 ubuntu-advantage-timer.log
-rw-r----- 1 syslog adm    4747 Aug 12 05:38 updog.log
```

图 5-79　查看服务日志

可以修改服务日志分流配置文件，然后重启 rsyslog，如图 5-80 所示。

```
long@userver:/var/log$ cd -
/etc/rsyslog.d
long@userver:/etc/rsyslog.d$ ll
total 24
drwxr-xr-x   2 root root 4096 Aug 12 05:36 ./
drwxr-xr-x 100 root root 4096 Aug 12 04:47 ../
-rw-r--r--   1 root root  314 Jan 21  2020 20-ufw.conf
-rw-r--r--   1 root root  255 Dec  8  2022 21-cloudinit.conf
-rw-r--r--   1 root root 1124 Feb 11  2020 50-default.conf
-rw-r--r--   1 root root   58 Aug 12 05:36 updog.conf
long@userver:/etc/rsyslog.d$ sudo nano updog.conf
long@userver:/etc/rsyslog.d$ sudo systemctl restart rsyslog.service
long@userver:/etc/rsyslog.d$ cd -
/var/log
long@userver:/var/log$ ll *log
```

图 5-80　修改服务日志分流配置文件

【任务评价】

评价内容	评价标准参考	参考分	得分
1. 在“/lib/systemd/system”目录下配置“updog. service”文件	long@userver:/lib/systemd/system$ ls u* ua-reboot-cmds.service　updog.service ua-timer.service　upower.service ua-timer.timer　usb_modeswitch@.service ubuntu-advantage.service　usbmuxd.service udev.service　user-runtime-dir@.service udisks2.service　user@.service ufw.service　user.slice umount.target　uuidd.service unattended-upgrades.service　uuidd.socket	40	
2. 查看服务状态	long@userver:~$ systemctl status updog.service ● updog.service - updog Loaded: loaded (/lib/systemd/system/updog.service; d Active: active (running) since Mon 2024-08-12 05:29: Main PID: 2298 (updog) Tasks: 1 (limit: 2218) Memory: 18.3M CGroup: /system.slice/updog.service └─2298 /usr/bin/python3 /home/long/.local/bi	20	

续表

评价内容	评价标准参考	参考分	得分
3. 通过 systemd 设置开机自启动	```long@userver:~$ sudo systemctl enable updog\nCreated symlink /etc/systemd/system/multi-user.target.wants/updog.service```	20	
4. 使用 rsyslog 管理 syslog	```long@userver:/var/log$ cd -\n/etc/rsyslog.d\nlong@userver:/etc/rsyslog.d$ ll\ntotal 24\ndrwxr-xr-x 2 root root 4096 Aug 12 05:36 ./\ndrwxr-xr-x 100 root root 4096 Aug 12 04:47 ../\n-rw-r--r-- 1 root root 314 Jan 21 2020 20-ufw.conf\n-rw-r--r-- 1 root root 255 Dec 8 2022 21-cloudinit.conf\n-rw-r--r-- 1 root root 1124 Feb 11 2020 50-default.conf\n-rw-r--r-- 1 root root 58 Aug 12 05:36 updog.conf\nlong@userver:/etc/rsyslog.d$ sudo nano updog.conf\nlong@userver:/etc/rsyslog.d$ sudo systemctl restart rsyslog.service\nlong@userver:/etc/rsyslog.d$ cd -\n/var/log\nlong@userver:/var/log$ ll *log```	20	

【相关知识】

下面对 systemctl 服务文件配置进行详解，列出了常见的配置项说明，以 "nginx. service" 文件为例。

```
# systemctl cat nginx.service
[Unit]
Description＝nginx 代理服务
After＝network.target sshd.service
Before＝tomcat.service
Wants＝mysqld.service
Requires＝mysqld.service
[Service]
Type＝forking
EnvironmentFile＝/etc/nginx/nginx.conf
ExecStart＝/usr/sbin/nginx －c /etc/nginx/nginx.conf
ExecReload＝/usr/local/nginx/sbin/nginx －s reload
ExecStop＝/usr/local/nginx/sbin/nginx －s quit
PrivateTmp＝true
[Install]
WantedBy＝multi－user.target
```

配置说明如下。

（1）［Unit］部分：定义服务的描述、启动顺序和依赖关系。

①Description：服务的简要描述。

②After：指定 nginx 服务应在这些服务之后启动（如"network. target"和"sshd. service"）。

③Before：指定 nginx 服务应在这些服务之前启动（如"tomcat. service"）。

Wants 和 Requires：对 "mysqld. service" 的依赖关系，其中 Requires 表示强依赖，Wants 表示弱依赖。

（2）［Service］部分：定义服务的行为。

①Type：服务的启动类型（这里是 forking，表示 nginx 服务启动后会分叉出一个进程）。

②EnvironmentFile：指定 nginx 服务的环境变量文件路径。

③ExecStart：启动 nginx 服务的命令。

④ExecReload：重新加载 nginx 服务配置的命令。

⑤ExecStop：停止 nginx 服务的命令。

⑥PrivateTmp：指定是否为 nginx 服务挂载私有的 "/tmp" 和 "/var/tmp" 目录，以提高安全性。

（3）［Install］部分：指定服务的启用信息。

WantedBy：表示系统在以多用户模式启动时，自动运行 nginx 服务。

任务 3　配置随时随地使用 updog 网盘

【任务分析】

IT 学员已经在云主机中安装与配置 FRP 服务端，在 Ubuntu 虚拟机中安装与配置 FRP 服务端，并在 Ubuntu 虚拟机中安装和使用 updog 网盘，并完成了 FRP 服务和 updog 网盘的开机自启动。龙师傅提问：能否通过云主机访问局域网内部的 Ubuntu 虚拟机中搭建的 updog 网盘？要通过云主机访问局域网内部的 Ubuntu 虚拟机中搭建的 updog 网盘，需要在云主机的 FRP 服务端配置 updog 网盘的代理端口（本项目中端口号为 10100）等，同时需要在 Ubuntu 虚拟机的 FRP 客户端配置 updog 网盘的连接端口（本项目中端口号为 9090），使其和云主机中 updog 网盘的代理端口对应，并且在云主机中开放对应的端口，最后需要重启 FRP 服务器端和客户端的 FRP 服务，以便使修改生效。

【任务准备】

（1）已安装并配置 updog 网盘。

（2）已安装并配置 FRP 服务端（frps）。

（3）已安装并配置 FRP 客户端（frpc）。

【任务实施】

（1）修改云主机的 "frps. ini" 文件，命令如下。

```
nano frps.ini
```

命令运行结果如图 5 – 81 所示。

（2）重启 frps，命令如下。

```
nohup ./frps -c frps.ini &
```

命令运行结果如图 5 – 82 所示。

（3）修改虚拟机的"frpc. ini"文件，命令如下。

```
nano frpc.ini
```

命令运行结果如图 5 – 83 所示。

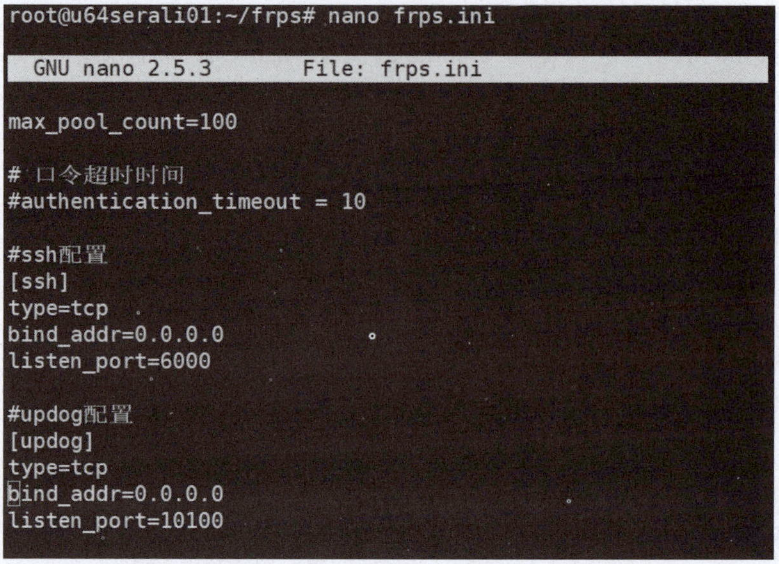

图 5 – 81 修改云主机的"frps. ini"文件

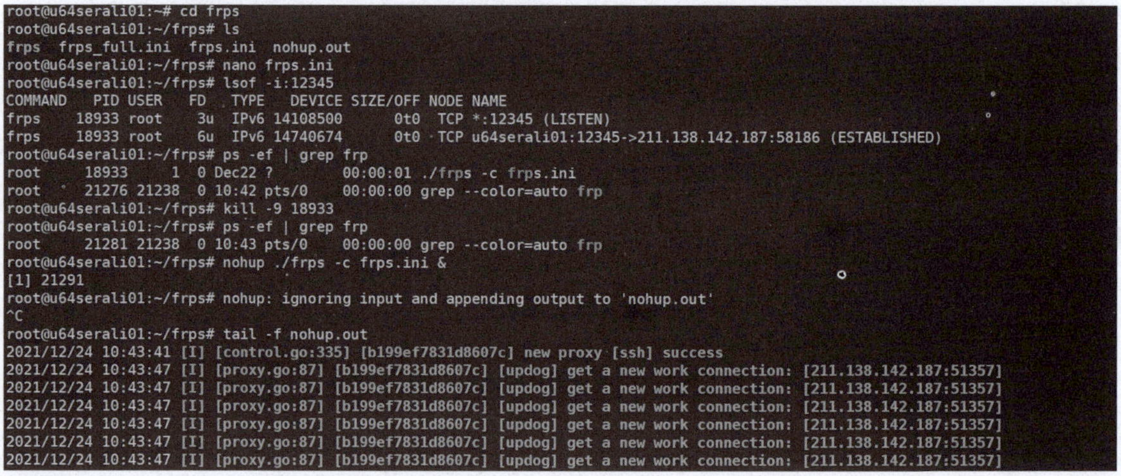

图 5 – 82 重启 frps

（4）重启 FRP 服务，命令如下。

```
sudo systemctl status frp.service
```

命令运行结果如图 5 – 84 所示。

（5）可以在浏览器中通过云主机的端口访问虚拟机的 updog 网盘，如图 5 – 85 所示。

图 5 – 83　修改虚拟机的 "frpc. ini" 文件

图 5 – 84　重启虚拟机的 FRP 服务

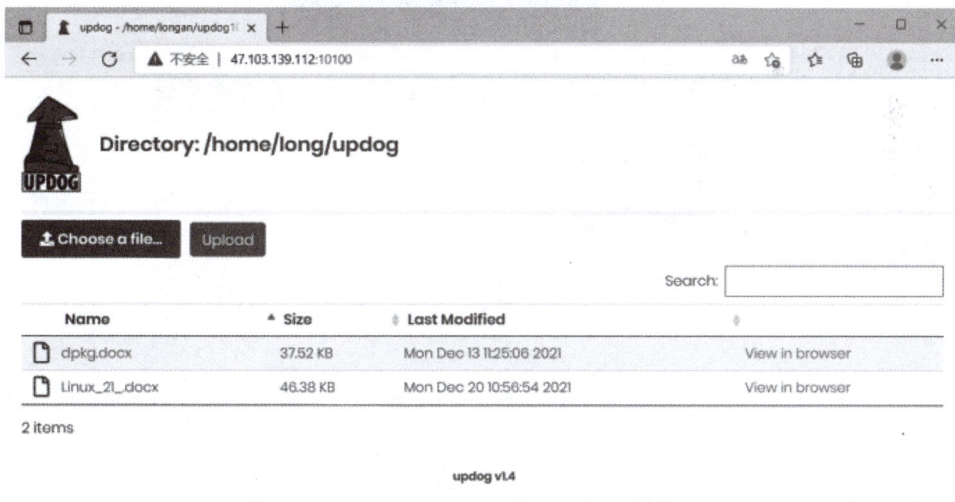

图 5 – 85　随时随地访问 updog 网盘

【任务评价】

评价内容	评价标准参考	参考分	得分
1. 配置 FRP 服务端，修改云主机的"frps. ini"文件	root@u64serali01:~/frps# nano frps.ini GNU nano 2.5.3　　　File: frps.ini max_pool_count=100 # 口令超时时间 #authentication_timeout = 10 #ssh配置 [ssh] type=tcp bind_addr=0.0.0.0 listen_port=6000 #updog配置 [updog] type=tcp bind_addr=0.0.0.0 listen_port=10100	40	

2. 配置 FRP 客户端，修改虚拟机的"frps. ini"文件	long@userver:~/frpc$ nano frpc.ini
	
	GNU nano 2.5.3
	
	#通用配置
	[common]
	server_addr=47.103.139.112
	server_port=12345
	
	#日志存储
	#log_file=/home/pi/frpc/logs
	log_level= info
	log_max_days=3
	
	#ssh连接端口配置
	[ssh]
	type=tcp
	local_ip=127.0.0.1
	local_port=22
	remote_port=6000
	
	#updog连接端口配置
	[updog]
	type=tcp
	local_ip=127.0.0.1
	local_port=9090
	remote_port=10100
		40	

3. 通过公网 IP 地址访问 updog 网盘	Directory: /home/long/updog Choose a file...　Upload Search: Name　　Size　　Last Modified dpkg.docx　37.82 KB　Mon Dec 13 11:25:08 2021　View in browser Linux_21_.docx　46.38 KB　Mon Dec 20 10:56:54 2021　View in browser 2 items updog v1.4	20	

【相关知识】

　　systemctl 是一个系统管理守护进程、工具和库的集合，用于取代 System V、service 和 chkconfig 命令，初始进程主要负责控制 systemd 系统和服务管理器。通过 systemctl Chelp 可以看到该命令主要分为查询或发送控制命令给 systemd 服务的命令，管理单元服务相关命令，服务文件相关命令，任务、环境、快照相关命令，systemd 服务配置重载相关命令，系统开/机关机相关命令。

（1）列出所有可用单元：

```
# systemctl list - unit - files
```

（2）列出所有运行中单元：

```
# systemctl list - units
```

（3）列出所有失败单元：

```
# systemctl Cfailed
```

（4）检查某个单元（如"crond. service"）是否启用：

```
# systemctl is - enabled crond.service
```

（5）列出所有服务：

```
# systemctl list - unit - files Ctype = service
```

（6）在 Linux 操作系统中启动、重启、停止、重载服务以及检查服务（如"httpd. service"）状态：

```
# systemctl start httpd.service
# systemctl restart httpd.service
# systemctl stop httpd.service
# systemctl reload httpd.service
# systemctl status httpd.service
```

注意：当使用 systemctl 的 start、restart、stop 和 reload 命令时，终端不会输出任何内容，只有 status 命令可以打印输出。

（7）激活服务并在开机时启用或禁用服务（即系统启动时自动启动"mysql. service"服务）：

```
# systemctl is - active mysql.service
# systemctl enable mysql.service
# systemctl disable mysql.service
```

（8）屏蔽（让它不能启动）或显示服务（如"ntpdate. service"）：

```
# systemctl mask ntpdate.service
ln - s '/dev/null"/etc/systemd/system/ntpdate.service'
# systemctl unmask ntpdate.service
rm '/etc/systemd/system/ntpdate.service'
```

（9）使用 systemctl 命令结束服务：

```
# systemctl kill crond
```

（10）列出所有系统挂载点：

```
# systemctl list - unit - files Ctype = mount
```

（11）挂载、卸载、重新挂载、重载系统挂载点并检查系统中的挂载点状态：

```
# systemctl start tmp.mount
# systemctl stop tmp.mount
# systemctl restart tmp.mount
# systemctl reload tmp.mount
# systemctl status tmp.mount
```

（12）在启动时激活、启用或禁用挂载点（系统启动时自动挂载）：

```
# systemctl is - active tmp.mount
# systemctl enable tmp.mount
# systemctl disable tmp.mount
```

（13）在 Linux 操作系统中屏蔽（让它不能启用）或显示挂载点：

```
# systemctl mask tmp.mount
ln - s ' /dev /null "/etc /systemd /system /tmp.mount '
# systemctl unmask tmp.mount
rm ' /etc /systemd /system /tmp.mount '
```

（14）列出所有可用系统套接口：

```
# systemctl list - unit - files Ctype = socket
```

（15）检查某个服务的所有配置细节：

```
# systemctl show mysql
```

（16）获取某个服务（httpd）的依赖性列表：

```
# systemctl list - dependencies httpd.service
```

（17）启动救援模式：

```
# systemctl rescue
```

（18）进入紧急模式：

```
# systemctl emergency
```

（19）列出当前使用的运行等级：

```
# systemctl get - default
```

（20）启动运行等级 5，即图形模式：

```
# systemctl isolate runlevel5.target
```

或

```
# systemctl isolate graphical.target
```

（21）启动运行等级 3，即多用户模式（命令行）：

```
# systemctl isolate runlevel3.target
```

或

```
# systemctl isolate multiuser.target
```

（22）设置运行等级 3（多用户模式）或运行等级 5（图形模式）为默认运行等级：

```
# systemctl set-default runlevel3.target
# systemctl set-default runlevel5.target
```

（23）重启、停止、挂起、休眠系统或使系统进入混合睡眠状态：

```
# systemctl reboot
# systemctl halt
# systemctl suspend
# systemctl hibernate
# systemctl hybrid-sleep
```

（24）运行等级说明如下。

①运行等级 0：关闭系统。

②运行等级 1：救援，维护模式。

③运行等级 2：说明从略。

④运行等级 3：多用户，无图形系统。

⑤运行等级 4：保留或自定义模式。

⑥运行等级 5：多用户，图形化系统。

⑦运行等级 6：关闭并重启机器。